Auf einen Blick

Kurzlehrbuch

Biologie

Gerd Poeggel

3. überarbeitete Auflage

112 Abbildungen

Georg Thieme Verlag
Stuttgart · New York

Professor Dr. Gerd Poeggel
Institut für Biologie, Fakultät für Biowissenschaften,
Pharmazie & Psychologie, Universität Leipzig,
Arbeitsgruppe Humanbiologie
Talstr. 33
04103 Leipzig

Grafiken: epline
Ruth Hammelehle, Kirchheim/Teck
Angelika Brauner, Hohenpeißenberg

Klinische Fälle als Kapiteleinstieg:
Lehrbuchredaktion Georg Thieme Verlag mit
Fachbeirat Dr. med. Johannes-Martin Hahn
Layout: Künkel u. Lopka, Heidelberg
Umschlaggestaltung: Thieme Verlagsgruppe
Umschlagfoto: © Mopic – Shutterstock.com

Bibliografische Information der Deutschen Nationalbibliothek
Die Deutsche Nationalbibliothek verzeichnet diese
Publikation in der Deutschen Nationalbibliografie;
detaillierte bibliografische Daten sind im Internet über
http://dnb.d-nb.de abrufbar.

Ihre Meinung ist uns wichtig! Bitte schreiben Sie uns unter

www.thieme.de/service/feedback.html

1. Auflage 2005
2. Auflage 2009

© 2005, 2013 Georg Thieme Verlag KG
Rüdigerstraße 14
70469 Stuttgart
Unsere Homepage: www.thieme.de

Printed in Germany

Satz: medionet Publishing Services Ltd, Berlin
gesetzt in: 3B2

Druck: Grafisches Centrum Cuno GmbH & Co. KG, Calbe

ISBN 978-3-13-140983-6   1 2 3 4 5 6

Auch erhältlich als E-Book und ePub:
eISBN (PDF) 978-3-13-150813-3
eISBN (ePub) 978-3-13-176503-1

Wichtiger Hinweis: Wie jede Wissenschaft ist die Medizin ständigen Entwicklungen unterworfen. Forschung und klinische Erfahrung erweitern unsere Erkenntnisse, insbesondere was Behandlung und medikamentöse Therapie anbelangt. Soweit in diesem Werk eine Dosierung oder eine Applikation erwähnt wird, darf der Leser zwar darauf vertrauen, dass Autoren, Herausgeber und Verlag große Sorgfalt darauf verwandt haben, dass diese Angabe **dem Wissensstand bei Fertigstellung des Werkes** entspricht.

Für Angaben über Dosierungsanweisungen und Applikationsformen kann vom Verlag jedoch keine Gewähr übernommen werden. **Jeder Benutzer ist angehalten**, durch sorgfältige Prüfung der Beipackzettel der verwendeten Präparate und gegebenenfalls nach Konsultation eines Spezialisten festzustellen, ob die dort gegebene Empfehlung für Dosierungen oder die Beachtung von Kontraindikationen gegenüber der Angabe in diesem Buch abweicht. Eine solche Prüfung ist besonders wichtig bei selten verwendeten Präparaten oder solchen, die neu auf den Markt gebracht worden sind. **Jede Dosierung oder Applikation erfolgt auf eigene Gefahr des Benutzers**. Autoren und Verlag appellieren an jeden Benutzer, ihm etwa auffallende Ungenauigkeiten dem Verlag mitzuteilen.

Vorwort zur 3. Auflage

In dieser dritten Auflage wurden die einzelnen Kapitel überarbeitet und aktualisiert sowie kleinere Fehler beseitigt. Anregungen von Lesern wurden dankbar aufgenommen und zusammen mit dem neu hinzu gekommenen Prüfungswissen der letzten Examina eingearbeitet. Eine Anpassung an den im Entstehen befindlichen, neuen Gegenstandskatalog ist – soweit möglich – bereits erfolgt.

Mein besonderer Dank gilt Frau Claudia Kirst, Frau Marianne Mauch und Herrn Michael Zepf vom Georg Thieme Verlag für die sehr gute Zusammenarbeit während der Entstehung dieser dritten Auflage. Weiterhin danke ich Frau Angelika Brauner für die Korrektur der Abbildungen sowie allen anderen Menschen, die an der Herstellung des Buches beteiligt waren!

Kein Buch ist perfekt, auch diese dritte Auflage wird Kritiker finden. Konstruktive Kritik, Anregungen und Verbesserungsvorschläge werden von mir gerne entgegengenommen.

Gerd Poeggel   Leipzig, im Juni 2013

Vorwort zur 1. Auflage

Die Biologie als die Wissenschaft vom Leben und den Lebewesen erforscht die Gesetzmäßigkeiten lebender Systeme. Sie ist eng verzahnt mit anderen Wissenschaftsgebieten (Physik, Chemie, Biochemie, Physiologie) und ist daher ein wichtiges Grundlagenfach in der vorklinischen Ausbildung. Die Lehrinhalte des Faches „Biologie für Medizinstudenten" werden durch den GK vorgegeben. Daher orientiert sich dieses Buch am GK, erweitert diesen Lehrstoff jedoch um zwei kleine, aber wichtige Kapitel:

Im Kapitel 5.2 *Evolution* werden die Ursachen für Evolution, die Entstehung des Lebens und die Anthropogenese besprochen, Kenntnisse, die zur Allgemeinbildung eines jeden (nicht nur Medizin-) Studenten gehören sollten.

Im Kapitel 5.3 *Parasitologie* werden die Wechselwirkung zwischen Humanparasiten und Menschen besprochen. Dieses Kapitel ist für den angehenden Mediziner enorm wichtig und erweitert das Kapitel *Mikrobiologie* auf eukaryontische Parasiten. Wenn man bedenkt, dass in Deutschland jährlich mehrere hundert Menschen durch Fehldiagnosen unnötigerweise an Malaria sterben, sollte diesem Teil der Ausbildung mehr Bedeutung zugemessen werden.

Dieses Buch ist Bestandteil der Kurzlehrbuch-Reihe des Georg Thieme Verlags und folgt einem besonderen Konzept: *Lerncoach, Merke-Elemente, Lerntipps* und ein *Check-up* am Ende eines jeden Kapitels sollen das Lernen unterstützen. Alle Kapitel enthalten außerdem einen Abschnitt zur *klinischen Relevanz*, so dass der Student nicht im Sumpf der Theorie versinkt.

Das Buch wurde sehr kompakt geschrieben, unnötige Details, die das grundlegende Verständnis erschweren, wurden weggelassen. Das Buch ist also kein allumfassendes Lehrbuch, es dient der Vorbereitung auf die 1. Ärztliche Prüfung und legt Grundlagen für die weitere Ausbildung in den theoretischen, aber auch klinischen Fächern.

Ich möchte mich recht herzlich bedanken beim Verlag Wissenschaftliche Skripten (Zwickau) für die Genehmigung zur Nutzung von Abbildungsvorlagen sowie beim Georg Thieme Verlag und Pearson Education für die Überlassung von Fachliteratur. Mein besonderer Dank gilt Frau Simone Profittlich und Frau Ursula Albrecht vom Georg Thieme Verlag für die nützlichen Tipps sowie die vielen kritischen Fragen während der Manuskriptbearbeitung und für die sehr gute Zusammenarbeit während der Herstellungsphase des Lehrbuchs. Weiterhin danke ich Frau Ruth Hammelehle für die Bearbeitung und Erstellung der Grafiken sowie allen anderen Menschen, die an der Entstehung des Buches beteiligt waren. Kein Buch ist perfekt, auch dieses Buch wird Kritiker finden. Konstruktive Kritik, Anregungen und Verbesserungsvorschläge werden von mir gerne entgegengenommen.

Gerd Poeggel   Leipzig, im Juni 2005

Inhaltsverzeichnis

© iStockphoto.com/Maria Pavlova

Kapitel 1

Einleitung

1.1 Klinischer Fall

Leben im Dunkeln

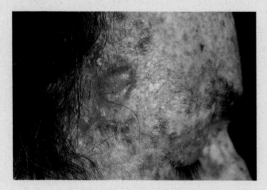

Chronische Lichtschäden bei einer Xeroderma pigmentosum: Die Haut ist trocken, schuppig, teilweise über-, teilweise unterpigmentiert. Es treten multiple Hauttumoren auf, häufig bleiben - auch von Operationen - Narben zurück. (aus Moll I. Duale Reihe Dermatologie. Thieme 2010)

Kernstück jeder Zelle des Körpers ist die DNA, der Träger der genetischen Information. Dieser Bauplan des menschlichen Lebens wird immer wieder abgeschrieben, kopiert und vervielfältigt – und muss auch repariert werden. Doch bei manchen Menschen ist dieser Reparaturmechanismus defekt. An einer solchen Krankheit – Xeroderma pigmentosum – leidet auch Lilian.

In ihrem ersten Lebensjahr war Lilian ein ganz normales Baby, doch kurz nach ihrem ersten Geburtstag, wird plötzlich alles anders: Es ist der erste schöne Frühsommertag und Lilians Mutter macht mit ihrer Jüngsten einen längeren Spaziergang. Doch sobald ein Lichtstrahl in den Kinderwagen fällt, beginnt Lilian zu weinen. Am Abend ist die Haut im Gesicht gerötet. Lilians Mutter macht sich Vorwürfe, dass sie keine Sonnencreme verwendet hat. Sie kauft eine Creme mit besonders hohem Lichtschutzfaktor und achtet darauf, dass Lilian nicht zu lange in der prallen Sonne ist. Doch als der Hochsommer beginnt, ist Lilians Haut permanent gerötet. Am liebsten verkriecht sich die Kleine unter dem Sofa, im Garten spielt sie nur ungern.

Gestörter Reparaturmechanismus

Schließlich sucht die Mutter mit Lilian einen Hautarzt auf. Dieser untersucht Lilian gründlich und erklärt, Lilian leide möglicherweise an einer extremen Lichtempfind-

lichkeit. Zur genaueren Diagnose überweist er das Mädchen in die Uniklinik. Nach einigen Spezialuntersuchungen steht fest: Lilian leidet an Xeroderma pigmentosum, einer Erbkrankheit, bei der der Reparaturmechanismus der DNA defekt ist. Sonnenbestrahlung, so erklären die Ärzte den Eltern, führe zu molekularbiologischen Veränderungen an der DNA. Normalerweise verfüge die Zelle über Reparaturmechanismen, die diese Mutationen beheben. Bei Lilian sei dies nicht der Fall. Deshalb könne es an der Haut zu Pigmentstörungen und Hautveränderungen – ja sogar zu gefährlichen Hauttumoren kommen. Lilian solle Licht so weit wie möglich meiden.

Leben im Dunkeln

Licht meiden? In Lilians Zuhause sind die Rollläden nun den ganzen Tag heruntergelassen. Nach Einbruch der Dunkelheit geht der Vater mit der Tochter auf den Spielplatz. Die Nacht wird zum Tag gemacht: Erst gegen drei Uhr nachts bringen die Eltern die Kleine ins Bett. Wenn sie am Nachmittag erwacht, muss sie im abgedunkelten Zimmer spielen. Nach zwei Jahren sind die Eltern mit ihren Nerven am Ende. Wie soll Lilian je ein normales Leben führen? Mit Hilfe eines engagierten Hautarztes aus der Uniklinik finden sich Lösungen: Die Fensterscheiben zu Hause und im Auto werden mit UV-Folie abgedunkelt. Draußen muss Lilian stets vollständig bekleidet sein – auch Handschuhe gehören dazu. Und vor dem Gesicht trägt sie einen speziellen Plastikschutzschild, der ebenfalls mit UV-Folie verkleidet ist.

Berufswunsch: Höhlenforscherin

Mit sechs Jahren wird Lilian eingeschult. Sie selbst hat sich längst an ihre Montur gewöhnt, und die Klassenkameraden finden Lilians Helm richtig „cool". Nur die Sommertage sind eine Qual: T-Shirts und kurze Hosen sind für das Mädchen tabu und von einem Besuch im Freibad kann sie nur träumen. Alle drei Monate besucht Lilian eine Spezialsprechstunde in der Uni-Hautklinik. Dort wird sie gründlich untersucht – bisher sind noch keine Hauttumoren aufgetreten. Lilians Mutter fragt regelmäßig, ob man die Krankheit inzwischen heilen könne. Doch die Ärzte machen ihr wenig Hoffnung. Eine Heilung der genetischen Erkrankung ist nicht möglich. Vielleicht können die fehlenden DNA-Reparaturenzyme eines Tages durch Cremes auf die Haut aufgetragen werden. Lilian selbst macht sich über ihre Zukunft noch wenig Gedanken. Nur einen Berufswunsch hat sie schon, der mit ihrer Erkrankung vereinbar ist: Höhlenforscherin.

1.2 Überblick

Die Biologie ist die Wissenschaft vom Leben und den Lebewesen. Sie erforscht die Gesetzmäßigkeiten lebender Systeme, den Ursprung, die Entwicklung, die Eigenschaften und die Vielfalt der Lebensformen. Dabei ist es ganz natürlich, dass eine enge Beziehung zur Medizin besteht, die Leben bewahren und eine hohe Lebensqualität bis ins hohe Alter ermöglichen soll. Während der Biologe noch vor ca. 150 Jahren mehr beschreibend und ordnend versuchte seine Umwelt zu erfassen, dringt er heute, gemeinsam mit Medizinern, in molekulare Dimensionen vor.

Dieses Buch soll den Medizinstudenten in die Lage versetzen, grundlegende Lebensprozesse zu verstehen. Im ersten Abschnitt dieses Buches werden die molekularen Grundlagen des Lebens, die charakteristische stoffliche Zusammensetzung, abgehandelt, da sie die Voraussetzung für das Verständnis aller nachfolgenden Kapitel (Zellbiologie, Genetik, Mikrobiologie, Evolution und Parasitismus) bilden.

1.3 Kennzeichen des Lebens

Wenn man sich mit den Grundlagen des Lebens beschäftigt, muss man zwangsläufig die Frage beantworten, was Leben eigentlich ist.

- Leben ist an **Zellen** gebunden. Nach der Erfindung des Mikroskops konnten **Schleiden** und **Schwann** 1839 die Zelle als die kleinste Funktionseinheit von Geweben und Organen erkennen. **Virchow** konnte 1855 zeigen, dass jede Zelle durch **Zellteilung** entsteht. Es gibt zwei unterschiedliche Typen von Zellen: **prokaryontische** (Abb. 1.1) und **eukaryontische** Zellen (Abb. 1.2).
- Lebende Systeme verfügen über eine hohe strukturelle und funktionelle **Komplexität**.
- Lebende Systeme haben eine charakteristische **stoffliche Zusammensetzung** (komplexe Makromoleküle wie Proteine, Lipide, Nukleinsäuren, Zucker)
- Lebende Systeme haben einen **autonomen Stoff- und Energiewechsel**. Sie können viele Prozesse innerhalb bestimmter Grenzen unabhängig von den Umweltbedingungen regeln (z. B. Temperatur, Zellstoffwechsel). Diese Unabhängigkeit ist jedoch relativ, Stoff- und Energiewechsel stehen in einem dynamischen Fließgleichgewicht mit der Umwelt.
- Lebende Systeme haben einen **Bau- und Funktionsplan**. Dieser ist in der **DNA** gespeichert und wird über Transkription und Translation realisiert.
- Lebende Systeme können sich **vermehren**, wobei die Information über den Bau- und Funktionsplan an die Nachfolgegeneration weitergegeben wird.
- Lebende Systeme **entwickeln** sich, sie durchlaufen eine Individualentwicklung **(Ontogenese)**. Beim Menschen entwickelt sich aus einer diploiden Zelle **(Zygote)** ein komplexer Organismus, der aus ca. 10^{13}–10^{19} Zellen besteht. Neben dieser Individualentwicklung findet ein Optimierungsprozess über lange Zeiträume, die **Stammesentwicklung (Phylogenese)** statt.
- Lebende Systeme sind **reizbar**, sie reagieren auf chemische (Transmitter, Hormone, Pheromone) und physikalische (taktile, visuelle, akustische) Reize.
- Lebende Systeme können sich **bewegen**. Damit ist nicht nur der Ortswechsel gemeint, sondern auch die Bewegung von Zellorganellen, Zilien, Geißeln und Protoplasma.

Als **Grundeigenschaften** des Lebens sollte man einige dieser Kriterien für eine Bewertung herausheben:

- Den Bau- und Funktionsplan,
- die Vermehrung,
- und die Entwicklung.

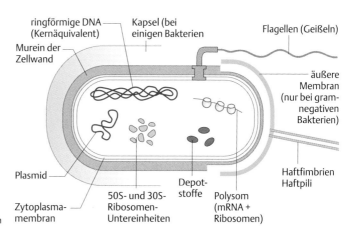

Abb. 1.1   Aufbau einer prokaryontischen Zelle. (nach Kayser FH et al. Taschenlehrbuch Medizinische Mikrobiologie. Thieme 2010)

ringförmige DNA (Kernäquivalent)
Kapsel (bei einigen Bakterien
Flagellen (Geißeln)
Murein der Zellwand
äußere Membran (nur bei gram-negativen Bakterien)
Plasmid
Haftfimbrien Haftpili
Zytoplasma-membran
50S- und 30S-Ribosomen-Untereinheiten
Depot-stoffe
Polysom (mRNA + Ribosomen)

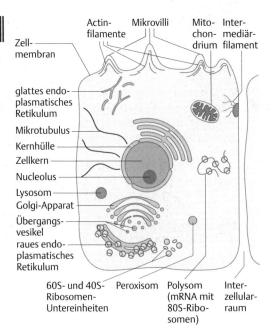

Actin-filamente · Mikrovilli · Mito-chon-drium · Inter-mediär-filament
Zell-membran
glattes endoplasmatisches Retikulum
Mikrotubulus
Kernhülle
Zellkern
Nucleolus
Lysosom
Golgi-Apparat
Übergangs-vesikel
raues endoplasmatisches Retikulum

60S- und 40S-Ribosomen-Untereinheiten · Peroxisom · Polysom (mRNA mit 80S-Ribosomen) · Interzellular-raum

Abb. 1.2 Aufbau einer eukaryontischen Zelle. (nach Königshoff M, Brandenburger T. Kurzlehrbuch Biochemie. Thieme 2012)

1.4 Sind Viren auch Leben?

Einen Grenzfall des Lebens bilden die Viren, von denen lange unklar war und auch heute noch nicht ganz klar ist, wie sie phylogenetisch einzuordnen sind. Viren „werden gelebt", da sie für ihre Vermehrung und Entwicklung auf lebende Zellen angewiesen sind. Es scheint, als ob es sich um „rückentwickelte", extrem parasitäre Bakterien handelt, die praktisch alle Zellorganellen über Bord geworfen haben und nur noch aus Nukleinsäure und Proteinen bestehen. Eine andere Theorie leitet Viren von in der Evolution entstandenen, selbstreplizierenden Molekülen ab (Koevolution). Eine dritte Hypothese geht davon aus, dass es sich um verselbstständigte Zellbestandteile handelt. Viren haben in jedem Fall einen **Bau-** und **Funktionsplan** (**RNA** oder **DNA**), der sie zur Regeneration ihrer Struktur befähigt. Sie können dies aber nicht unabhängig, sondern sind auf Wirtszellen angewiesen. Auf Grund ihrer hohen Vermehrungs- und Mutationsrate können sie sich extrem schnell an veränderte Umweltbedingungen anpassen **(Entwicklung)**.

1.5 Heutige Schwerpunkte der biologischen Forschung

Großes wissenschaftliches Interesse besteht in der Biologie heutzutage in folgenden Bereichen:
– Die Beherrschung und gezielte Beeinflussung der **genetischen Informationsprozesse**, der **Zelldifferenzierung** und des **Alterns**,
– die Informationsverarbeitung im menschlichen **Gehirn**, die Mechanismen von **Lernen** und **Gedächtnis**,
– die **Gentechnik** (gekoppelt mit der Biotechnologie),
– die **molekulare Bioinformatik** und
– die **Umweltforschung**.

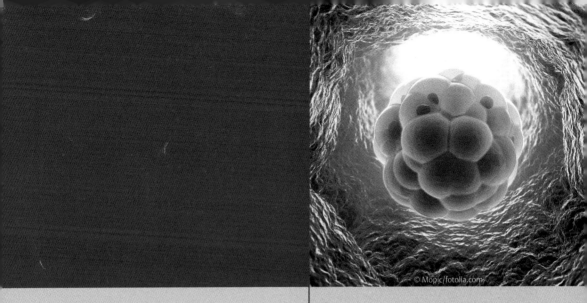

© Mopic/fotolia.com

Kapitel 2
Allgemeine Zellbiologie

2.1 Klinischer Fall

Eingefrorenes Grinsen

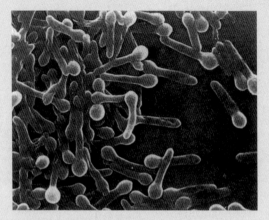

Der Tetanus-Erreger: *Clostridium tetani* (REM, Vergr. 1:5000]
(aus Riede UN, Werner M, Schäfer HE [Hrsg.]. Allgemeine und
spezielle Pathologie. Thieme 2004)

Der menschliche Organismus besteht aus Milliarden von Zellen. Wie diese aufgebaut sind und welche Funktionen Zellen übernehmen, lesen Sie im zweiten Kapitel dieses Kurzlehrbuchs. Dabei werden Sie auch Formen der Kommunikation von Zellen mit ihrer Umgebung kennen lernen. Eine dieser Kommunikationsmöglichkeiten ist die Exozytose, mit der Stoffe an die Zellumgebung abgegeben werden können. Ist dieser Transport blockiert, kann das schwerwiegende Folgen haben. Beispielsweise bei einer Infektion mit dem Bakterium *Clostridium tetani*. Ein vom Bakterium gebildetes Toxin, das Tetanospasmin, verhindert die Ausschleusung von wichtigen Botenstoffen des Nervensystems: Es kommt zu einem erhöhten Muskeltonus und einer vermehrten Erregbarkeit der Muskulatur. Dies beginnt meist an der Kaumuskulatur. Wie bei Gustav B.

Am Wochenende lässt sich der 56-jährige Waldarbeiter Gustav B. normalerweise Zeit für ein gemütliches Frühstück. Doch an diesem Sonntag schmeckt ihm der Morgenkaffee nicht: Seine Lippen wollen sich nicht ordentlich um den Tassenrand schließen und auch das Schlucken fällt ihm unerklärlich schwer. Genauso ergeht es ihm, als er in sein Brot beißen will: Sein Mund gehorcht ihm nicht mehr. Später, beim Rasieren, scheint ihn ein fremdes Gesicht im Spiegel anzuschauen. Der Mund ist zu einem seltsamen Grinsen verzogen, das Gustav nicht beeinflussen kann.

Kieferorthopäde oder Psychiater?

Ein weiteres von Gustavs Sonntagsritualen ist das Telefonat mit seiner Schwester. Doch als Gustav den Hörer abhebt, kann er kaum seinen Namen sagen. Mit einem hilflosen Lallen antwortet er auf die Fragen seiner Schwester, die immer besorgter wird. Eine halbe Stunde später steht sie vor der Tür. Ihr Entschluss steht fest: Gustav B. muss sofort zum Arzt.

Zunächst suchen sie den Dorfarzt auf, der auch sonntags Zeit für seine Patienten hat. Doch er kann sich auf diese Symptome keinen Reim machen. Welche neurologische Erkrankung führt zu einem derartigen Kieferkrampf? Oder handelt es sich gar um ein psychiatrisches Krankheitsbild? Soll er den Patienten zum Kieferorthopäden überweisen? Schließlich empfiehlt der Arzt, die nächste neurologische Klinik aufzusuchen.

Eine Wunde ist schuld!

Auch in der Klinik wird die Diagnose nicht sofort gestellt. Die Krämpfe lassen nicht nach. Speichel rinnt Gustav unaufhörlich aus dem Mund. Plötzlich bleibt der Blick der Arztes an der Narbe an Gustavs Unterarm hängen: Vor etwa zwei Wochen hat sich Gustav beim Baumfällen verletzt. Die Wunde ist jedoch gut verheilt. „Sind Sie gegen Tetanus geimpft?" will der Arzt wissen. Gustav schüttelt den Kopf: Impfungen hat er seit seiner Kindheit nicht mehr erhalten. Gustav wird sofort auf die Intensivstation verlegt und dort behandelt. Bei vollem Bewusstsein erlebt er die Symptome einer Tetanusinfektion: Sein Rücken wird steif und wölbt sich nach oben. Auch seine Bauchmuskeln sind bretthart. Bei jeder Berührung durch Arzt oder Pflegepersonal kommt es zu Krämpfen. Als wenig später auch Atemprobleme hinzukommen, wird Gustav intubiert und beatmet. Erst Wochen später ist er über den Berg. Glück für ihn: Eine Tetanusinfektion endet bei einem Viertel der Erkrankten tödlich.

Gerade für Gustav wäre eine Tetanusimpfung äußerst wichtig gewesen: Bei seiner Arbeit im Wald kann er sich leicht infizieren, da das Bakterium aus dem Boden in Wunden eindringen kann. Entlang der Nervenbahnen wandert das vom Bakterium gebildete Gift Tetanospasmin ins Gehirn und entfaltet dort seine Wirkung: Es verhindert die Freisetzung von hemmenden Überträgerstoffen (Transmittern) an den Synapsen zwischen den einzelnen Nervenzellen. In Deutschland ist die Erkrankung durch die Impfung selten geworden – ein Grund dafür, warum es lange gedauert hat, bis bei Gustav die richtige Diagnose gestellt werden konnte.

2.2 Biologisch wichtige Makromoleküle

Lerncoach

Dieses Buch ist kein Chemielehrbuch. Daher werden in diesem Kapitel nur solche biologisch wichtigen Moleküle besprochen, die für ein Verständnis nachfolgender Kapitel unerlässlich sind. Bei der Prüfungsvorbereitung sollten Sie sich daher parallel den Chemielehrstoff zu Kohlenhydraten, Lipiden, Nukleinsäuren und Proteinen erarbeiten.

2.2.1 Überblick und Funktion

Lebende Systeme sind durch ihre spezifische stoffliche Zusammensetzung gekennzeichnet. Charakteristisch für fast alle lebenden Organismen ist das Vorkommen bestimmter Makromoleküle, die wiederum aus definierten Grundbausteinen zusammengesetzt sind. Zu diesen Makromolekülen gehören **Strukturmoleküle** (Kohlenhydrate, einige Proteine, Phospholipide, rRNA), **Informationsträger** (DNA, RNA), **Reservestoffe** (Lipide, Kohlenhydrate) und **Enzyme** (Proteine). Grundlegende zelluläre Prozesse wie Membransynthese, Weitergabe der genetischen Information und Realisierung der genetischen Information lassen sich nur verstehen, wenn man sich über die Strukturprinzipien dieser Makromoleküle im Klaren ist.

2.2.2 Kohlenhydrate

Es gibt eine Vielzahl unterschiedlicher biologisch wichtiger Kohlenhydrate. Hier sollen nur zwei Gruppen besprochen werden, deren Kenntnis für das weitere Verständnis nötig ist.

D-Glucose – eine Hexose

Eine zentrale Rolle im Kohlenhydratstoffwechsel spielt die D-Glucose (Abb. 2.1). D-Glucose ist eine **Hexose**, was bedeutet, dass sie aus einem Gerüst aus 6 C-Atomen aufgebaut ist. Sie ist der Grundbaustein verschiedener Zucker.

Solche Zuckermoleküle können Ketten bilden **(polymerisieren)**, indem zwei OH-Gruppen unter Wasserabspaltung miteinander verbunden werden (sog. O-glykosidische Bindung). Dann entstehen entweder gestreckte, unverzweigte Moleküle, die parallel angeordnet sind ($\beta1\rightarrow4$-Glucane bilden das Strukturkohlenhydrat **Zellulose** der Pflanzenzellwand) oder verzweigte Ketten ($\alpha1\rightarrow4,1\rightarrow6$-Glucane bilden die Speicherkohlenhydrate **Glykogen** in tierischen Zellen oder **Stärke** in pflanzlichen Zellen).

Pentosen

Eine zweite wichtige Gruppe von Zuckern sind Pentosen, Zucker mit fünf C-Atomen. Zwei dieser Zucker

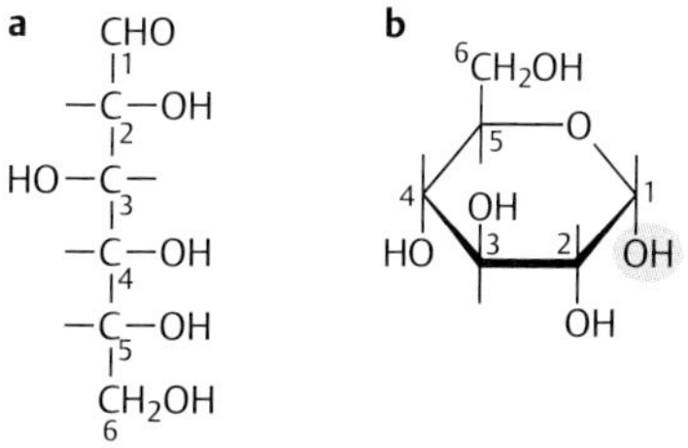

Abb. 2.1   α-D-Glucosemolekül. a Fischer-Projektion. b Haworth-Formel. Die Orientierung der farbig unterlegten OH-Gruppe bestimmt, ob α-Konformation (hier gezeigt) oder β-Konformation vorliegt.

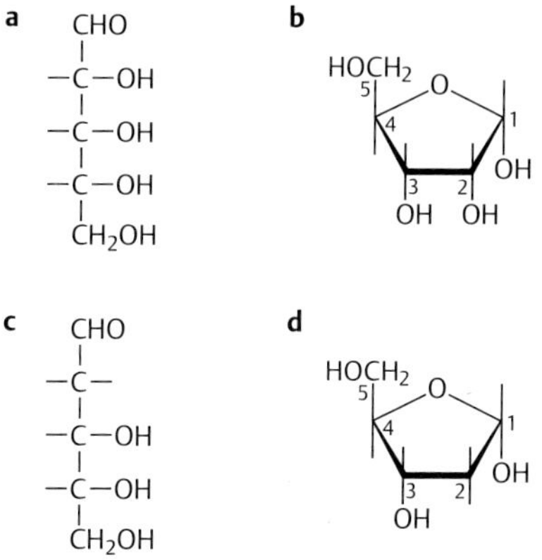

Abb. 2.2   Ribose (a,b) und 2'-Desoxyribose (c,d) in Fischer-Projektion und als Haworth-Formel. Die Moleküle unterscheiden sich durch das Vorhandensein (Ribose) bzw. Fehlen (2'-Desoxyribose) der OH-Gruppe am C-2-Atom.

sind für uns besonders wichtig, da sie zu den Bausteinen der Nukleinsäuren gehören: **Ribose** als Baustein der RNA und die **2'-Desoxyribose** als Baustein der DNA (Abb. 2.2).

Auch die Pentosen können polymerisieren. Über Phosphatbrücken zwischen der OH-Gruppe am C-3-Atom des einen Moleküls und der OH-Gruppe am C-5-Atom eines weiteren Moleküls bilden sie unter Wasserabspaltung Ketten (Riboseketten in der RNA, Desoxyriboseketten in der DNA).

2.2.3 Lipide

Lipide sind Naturstoffe, die in Wasser unlöslich, in organischen Lösungsmitteln jedoch löslich sind. Sie werden häufig aus Fettsäuren (FS) gebildet.

Aufbau von Fettsäuren

Fettsäuren sind **Monocarbonsäuren** und bestimmen mit ihren **hydrophoben Alkylresten** die physikalischen Eigenschaften der Lipide. Die Carbonsäuregruppe ist hydrophil und kann verestert werden.

a

$$R-OH \; + \; HOOC-R \longrightarrow R-O-\overset{\displaystyle O}{\overset{\|}{C}}-R$$

$$H_2O$$

b

$$H_2C-O-\overset{\displaystyle O}{\overset{\|}{C}}-R_1$$
$$HC-O-\overset{\displaystyle O}{\overset{\|}{C}}-R_2$$
$$H_2C-O-\overset{\displaystyle O}{\overset{\|}{C}}-R_3$$

Triacylglycerin (TAG)

$$-\overset{\displaystyle O}{\overset{\|}{C}}-R_{1-3}$$

Fettsäuren beliebiger
Länge verestert

Abb. 2.3 Triglyceridsynthese. a Bildung einer Esterbindung zwischen einem Alkohol und einer Carbonsäure. **b** Bei der Veresterung von Glycerol mit drei Fettsäuren entsteht Triacylglycerol.

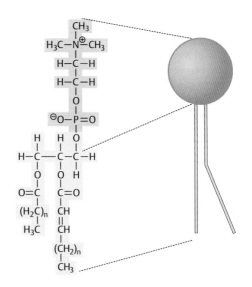

Abb. 2.4 Lecithin (Phosphatidylcholin), rechts schematisch dargestellt.

Fettsäuren unterscheiden sich durch die Länge ihrer Alkylreste und die Anzahl ihrer Doppelbindungen. **Gesättigte** Fettsäuren haben im Gegensatz zu **ungesättigten** Fettsäuren keine Doppelbindungen. Beispiele für Fettsäuren ($HOOC\text{-}(CH_2)_nCH_3$) sind:
- $n = 14$ Palmitinsäure ($C = 16$)
- $n = 16$ Stearinsäure ($C = 18$)

Der menschliche Organismus kann bestimmte ungesättigte Fettsäuren nicht selbst synthetisieren. Solche Fettsäuren werden als **essenziell** bezeichnet, sie müssen über die Nahrung aufgenommen werden (z. B. Linolenat und Linolat).

Triglyceride

Fettsäuren bilden Ester mit mehrwertigen Alkoholen. Ein wichtiger Alkohol ist das dreiwertige **Glycerol** (drei OH-Gruppen). Jede der drei OH-Gruppen kann mit einem Fettsäuremolekül unter Wasserabspaltung reagieren. Dadurch entstehen Triglyceride, die als Speicherfette eine wichtige Rolle spielen (Abb. 2.3).

Phospholipide

 Lerntipp

> Im Folgenden werden die chemischen Eigenschaften der Phospholipide besprochen. Diese werden Ihnen im Kapitel Zytoplasmamembran (S. 23) wieder begegnen. Dort lernen Sie die große Bedeutung der Phospholipide für den Membranaufbau kennen.

In Phospholipiden sind zwei OH-Gruppen des **Glycerols** mit einer **Fettsäure** und die dritte OH-Gruppe mit einer **Phosphatgruppe** verestert, welche auf Grund ihrer OH-Gruppen weitere Reaktionen eingehen kann.

Ein sehr wichtiges Phospholipid ist das **Lecithin** (Phosphatidylcholin), bei dem eine OH-Gruppe des Phosphatrestes mit Cholin verknüpft ist (Abb. 2.4). Cholin enthält ein quarternäres, also vierfach substituiertes, positiv geladenes Stickstoffatom. In wässriger Lösung liegt die freie OH-Gruppe der Phosphatgruppe dissoziiert vor (dann ist sie negativ geladen) und das Molekül ist in sich neutral. Moleküle mit hydrophilen und hydrophoben Eigenschaften nennt man **amphipathisch**, d. h. sie sind sowohl hydrophob, bedingt durch die beiden Fettsäureschwänze, als auch hydrophil, bedingt durch den geladenen Kopf (Phosphatgruppe und Cholin). Eine der beiden Fettsäuren ist gesättigt (enthält keine Doppelbindungen), die zweite ist üblicherweise einfach oder mehrfach ungesättigt (enthält eine oder mehrere Doppelbindungen). Da Doppelbindungen starr sind, entsteht ein Knick im Molekül (Abb. 2.4).
Weitere für den Membranaufbau wichtige Phospholipide, die alle amphipathisch sind und damit ähnliche physikochemische Eigenschaften wie das Lecithin aufweisen, sind:
- **Phosphatidylserin:** wie Lecithin, aber mit Serin statt Cholin als hydrophilen Kopf,
- **Phosphatidylinositol:** wie Lecithin, aber mit Inositol statt Cholin als hydrophilen Kopf,
- **Phosphatidylethanolamin:** wie Lecithin, aber mit Ethanolamin statt Cholin als hydrophilen Kopf,
- **Diphosphatidylglycerol (Cardiolipin):** zwei Phospholipide sind über ihre Phosphatgruppen mit dem C-1- und C-3-Atom eines weiteren Glycerol-Moleküls verestert und

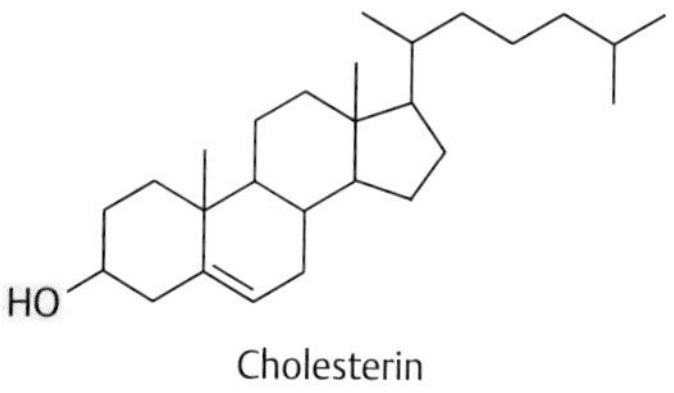

Abb. 2.5   Strukturformel von Cholesterin. Die polare Kopfgruppe ist farbig unterlegt.

Carbonsäuregruppe

α-C-Atom

Aminogruppe

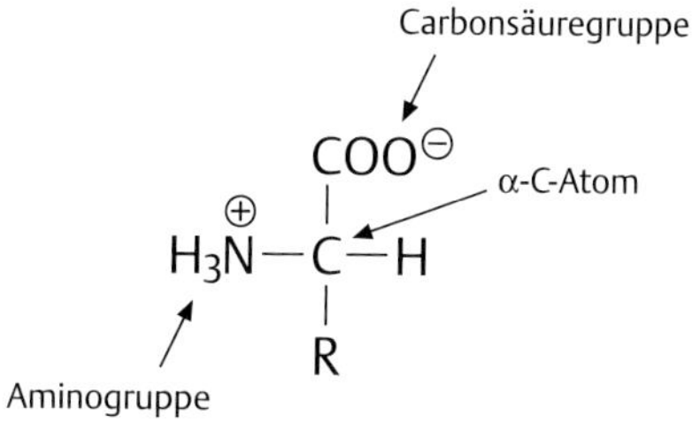

Abb. 2.6   Grundstruktur von α-Aminosäuren.

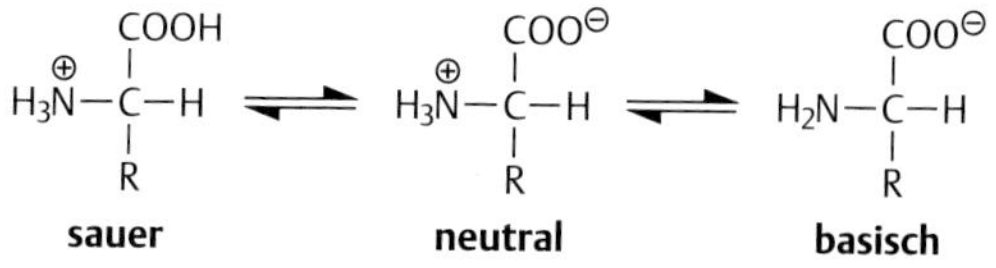

sauer   neutral   basisch

Abb. 2.7   Verhalten von Aminosäuren in wässrigen Lösungen.

– **Sphingophospholipide:** hier sind Fettsäure und Phosphatrest nicht an Glycerol gebunden, sondern an den Amino-Di-Alkohol **Sphingosin**. Sphingophospholipide sind ein wichtiger Bestandteil von Nervenzellmembranen.

Glykolipide

Glykolipide sind Bausteine von Zellmembranen, insbesondere im Nervengewebe. Es handelt sich um zuckerhaltige Lipide, deren Grundgerüst an Stelle von Glycerol das langkettige Sphingosin bildet. Dieses reagiert mit einem Fettsäuremolekül und glykosidisch mit einem Zuckerrest.

Cholesterin

Cholesterin regelt die Fluidität tierischer Zellmembranen. Es besteht aus einem hydrophoben Steroidgerüst und weist eine kleine hydrophile Kopfstruktur in Form einer einzigen OH-Gruppe auf (Abb. 2.5). Cholesterin lagert sich in die Lücken zwischen den Fettsäuremolekülen und beeinflusst so die Fluidität von Membranen (S. 24).

2.2.4 Proteine

Proteine erfüllen eine Vielzahl von Funktionen. Sie sind zum einen wichtige **Strukturelemente** von Zellen und Geweben (z. B. Zytoskelett oder extrazelluläre Matrix), sie steuern als **Biokatalysatoren** (Enzyme) die zellulären Stoffwechselvorgänge und fungieren als **Signalstoffe, Transporter, Speichersubstanzen** und **biologische Motoren**.

Grundbausteine: Aminosäuren

Lerntipp

Zum Verständnis der vielfältigen Funktionen und Strukturen von Proteinen ist es wichtig, sich die Eigenschaften ihrer Grundbausteine, der Aminosäuren, klar zu machen! In diesem Kapitel wird Ihnen das Basiswissen dazu vermittelt. Weiterführende Informationen finden Sie in Lehrbüchern der Biochemie.

Der Grundbaustein der Proteine sind α-Aminosäuren (AS). α-Aminosäuren sind organische Säuren, bei denen am Kohlenstoffatom, das auf die Carbonsäuregruppe folgt (dem α-C-Atom), ein Wasserstoffatom durch eine Aminogruppe ersetzt ist. Es gibt 22 verschiedene proteinogene, also in Proteinen vorkommende, Aminosäuren. Sie besitzen alle einen identischen Grundkörper und unterscheiden sich nur in ihrer Seitenkette, im sogenannten „Aminosäurerest" R (Abb. 2.6). Beim Menschen werden nur 20 Aminosäuren durch den genetischen Code verschlüsselt.

Aminosäuren haben einen **amphoteren Charakter**, da sie je nach pH-Wert sowohl sauer als auch basisch reagieren können. In wässriger neutraler Lösung kann gleichzeitig die Carbonsäuregruppe dissoziiert und die Aminogruppe protoniert vorliegen; ist dies der Fall, so spricht man von der Bildung eines „inneren" Salzes, da sowohl eine positive als auch eine negative Ladung vorhanden ist (Abb. 2.7). Bei Protonenüberschuss (saure Lösung) wird das freie Elektronenpaar des Stickstoffatoms protoniert, die Carbonsäuregruppe dissoziiert nicht, die Aminosäure ist insgesamt positiv geladen (wenn der Aminosäurerest R neutral ist!). Bei Protonenmangel (basische Lösung) dissoziiert die Carbonsäuregruppe, das Stickstoffatom wird nicht protoniert, die Aminosäure ist dann negativ geladen.

Die unterschiedlichen Eigenschaften von Aminosäuren resultieren aus den **unterschiedlichen chemischen Eigenschaften** ihrer Reste „R". Diese Reste können z. B. folgende Struktur besitzen:

– **Neutrale ungeladene unpolare AS,** z. B.: R = H (Glycin); R = CH$_3$ (Alanin),
– **neutrale ungeladene polare AS,** z. B. R = CH$_2$OH (Serin); R = CHOH-CH$_3$ (Threonin),

Tab. 2.1	
Einteilung der Aminosäuren (AS) nach ihrer Essenzialität	
nicht essenzielle AS	**essenzielle AS**
– Alanin	– Histidin (semiessenziell)
– Asparagin	– Arginin (semiessenziell)
– Aspartat	– Isoleucin
– Cystein	– Leucin
– Glutamat	– Lysin
– Glutamin	– Methionin
– Glycin	– Phenylalanin
– Prolin	– Threonin
– Serin	– Tryptophan
– Tyrosin	– Valin
– Selenocystein (selten)	
Die 22. AS Pyrrolysin wurde in einem Archaebakterium entdeckt.	

- **saure AS** enthalten zusätzlich Carbonsäuregruppen im Rest, wie z. B. Glutamat und Aspartat,
- **basische AS** wie Lysin und Arginin enthalten zusätzlich Aminogruppen im Rest.

Weiterhin kann R noch verschiedene Gruppen enthalten, welche die physikochemischen Eigenschaften der Aminosäuren bestimmen:
- Eine **SH-Gruppe** im Cystein ermöglicht intra- und intermolekulare Disulfidbrückenbildung,
- **C-S-CH$_3$-Gruppe** im Methionin,
- **Phenolring** im Phenylalanin,
- **Indolring** im Tryptophan.

Der menschliche Organismus kann nicht alle Aminosäuren selbst produzieren. Man unterscheidet daher zwischen **nicht essenziellen Aminosäuren** (Selbstproduktion) und **essenziellen Aminosäuren** (müssen mit der Nahrung zugeführt werden) (Tab. 2.1). **Semiessenzielle Aminosäuren** können nicht in ausreichendem Maße selbst hergestellt werden, sie müssen also zur Deckung des Bedarfs teilweise über die Nahrung aufgenommen werden.

Proteinstruktur

Die verschiedenen α-AS sind durch die sogenannte **Peptidbindung** in Proteinen miteinander verknüpft. Dabei reagiert die COOH-Gruppe der einen AS unter Wasserabspaltung mit der NH$_2$-Gruppe der nächsten. So entsteht eine Kette, aus der die Seitengruppen der Aminosäuren seitlich als Reste herausragen. Sie hat an einem Ende eine freie Carboxylgruppe **(Carboxyterminus)**, am anderen Ende eine freie Aminogruppe **(Aminoterminus)**. Das Rückgrat der Kette bildet eine Triplettsequenz der Abfolge C-C-N (Abb. 2.8).

MERKE
Proteine sind Polymere von **α-Aminosäuren**. Es gibt beim Menschen **21** verschiedene **proteinogene Aminosäuren**.

Die Abfolge (oder Sequenz) der Aminosäuren innerhalb einer Kette nennt man die **Primärstruktur** des

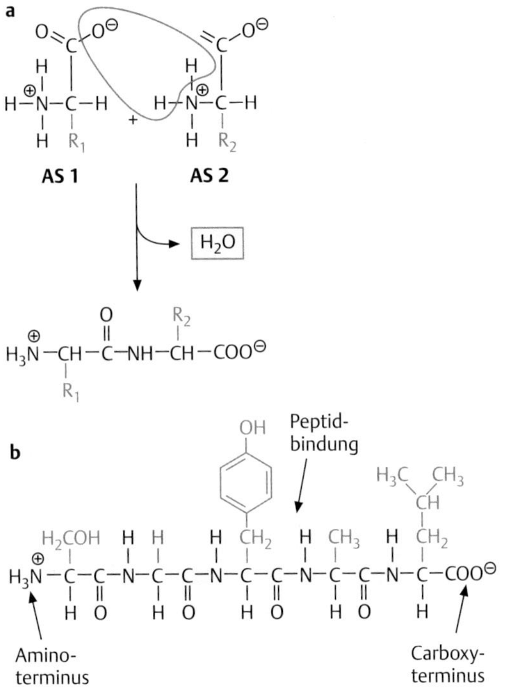

Abb. 2.8 Peptidbindung. a Reaktion von zwei beliebigen Aminosäuren unter Wasserabspaltung zu einem Dipeptid. Die dabei geknüpfte Peptidbindung ist hellblau unterlegt. **b** Kette aus fünf Aminosäuren (Pentapeptid).

Proteins. Sie ist genetisch in der DNA durch einen Triplettcode (S. 74) determiniert. Die Eigenschaften eines Proteins leiten sich aus der Summe der Eigenschaften seiner Seitenketten, also der Aminosäurereste R, ab.

Die polaren Wechselwirkungen zwischen den CO- und NH-Gruppen des Rückgrates führen zur Ausbildung von Wasserstoffbrücken innerhalb des Moleküls. Durch diese Wasserstoffbrücken entsteht die sogenannte **Sekundärstruktur**. Dabei bildet sich entweder die **α-Helix** (schraubenförmige Anordnung der Kette, Abb. 2.9) oder die **β-Faltblattstruktur** (ziehharmonikaähnliche, parallele oder antiparallele Anordnung der Moleküle, Abb. 2.10) aus. Beide Sekundärstrukturen können innerhalb des gleichen Proteins vorkommen.

Die dreidimensionale Anordnung einer solchen Kette im Raum (Konformation), wird als **Tertiärstruktur** bezeichnet. Sie kommt durch Wechselwirkungen der Aminosäureseitenketten untereinander zustande. Neben kovalenten Bindungen (z. B. Disulfidbrücken zwischen zwei Cysteinresten) wird die Faltung durch verschiedene nichtkovalente Bindungen aufrechterhalten (z. B. Ionenbeziehung, hydrophobe Wechselwirkungen, Wasserstoffbrücken). Das dabei entstehende Molekül kann z. B. fibrillär (Kollagenmolekül, Gerüstprotein) oder globulär sein (g-Actin, Myoglobin).

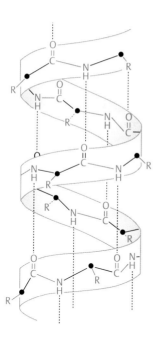

Abb. 2.9   α-Helix. Die Wasserstoffbrücken zwischen den 4 Aminosäuren voneinander entfernten Peptidbindungen sind punktiert gezeichnet. (nach Mortimer CE, Müller U. Chemie. Thieme 2010)

Oft besteht ein funktionelles Protein aus **mehreren Untereinheiten** (Dimer, Trimer, Tetramer, Oktamer), d. h. mehrere Proteine lagern sich zu einem funktionsfähigen Komplex zusammen.

Dabei können die Untereinheiten identisch (= Homomere) oder unterschiedlich sein (= Heteromere). Die Gesamtstruktur, die mehrere Proteinuntereinheiten miteinander ausbilden, nennt man **Quartärstruktur**.

Die chemisch-physikalischen Kräfte, die bei der Ausbildung einer Quartärstruktur beteiligt sind, entsprechen denen der Tertiärstruktur. Beispiele für komplexe, aus mehreren Untereinheiten formierte Proteine sind Hämoglobin (S. 83), Kollagenfasern (S. 36) und f-Actin (S. 34).

> **MERKE**
>
> — **Primärstruktur:** genetisch determinierte Aminosäuresequenz
> — **Sekundärstruktur:** α-Helix oder β-Faltblatt
> — **Tertiärstruktur:** dreidimensionale Struktur der Proteinkette
> — **Quartärstruktur:** räumliche Anordnung mehrerer Proteinuntereinheiten
>
> Die Primärstruktur legt letztlich alle anderen Strukturen fest.

Abb. 2.10   β-Faltblattstruktur. a Antiparalleles β-Faltblatt. **b** Paralleles β-Faltblatt. Gestrichelt sind die Wasserstoffbrücken zwischen den verschiedenen Peptidsträngen dargestellt. (nach Mortimer CE, Müller U. Chemie. Thieme 2010)

2

Prionen. Einige gefährliche und in ihrem Verlauf tödliche Krankheiten werden wahrscheinlich durch eine Infektion mit reinen Proteinen ausgelöst. Diese infektiösen Proteine nennt man Prionen (abgeleitet von: proteinartige infektiöse Partikel). Sie enthalten **keine Nukleinsäuren**. Es sind also **keine lebenden Erreger** für diese Erkrankungen verantwortlich wie bei anderen Infektionskrankheiten. Dennoch sind Prionenkrankheiten übertragbar, wobei die Übertragungswege noch nicht ganz aufgeklärt sind. Möglicherweise erfolgt nach Aufnahme des infektiösen Proteins über die Nahrung eine aufsteigende Infektion über Nervenendigungen des autonomen Nervensystems zum Zentralnervensystem.

Prionen sind Auslöser von **Rinderwahnsinn (BSE**, bovine spongiforme Enzephalopathie), **Katzen-** und **Nerzwahnsinn**, **Scrapie** (bei Schafen) und der **Creutzfeldt-Jakob-Krankheit (CJD)** beim Menschen. Zusammenfassend werden diese Krankheiten als **„transmissible spongiforme Enzephalopathie" (TSE)** bezeichnet.

Die Erkrankung beruht auf einer **Akkumulation von fehlgefalteten Proteinen im Gehirn**, durch die das Nervensystem zerstört wird: Offensichtlich kommen die Gene von Prion-Proteinen in den Säugetieren selbst vor. Sie kodieren für Proteine, die im Gehirn bestimmte Funktionen erfüllen. Wenn sich ein solches Protein fehlfaltet und eine unphysiologische Raumstruktur einnimmt, wird es zum Prion und induziert (ähnlich einer Kettenreaktion) die Fehlfaltung weiterer normaler Proteine, die so ihre ursprüngliche Funktion nicht mehr erfüllen können. Es wirkt also wie ein Kristallisationskeim und wird zu einem infektiösen Agens. Diese fehlgefalteten Proteine sind außerdem extrem stabil gegenüber Proteasen, können also von den erkrankten Organismen nicht abgebaut werden.

Über **Scrapie** weiß man, dass es zwei stabile Konformationen des betroffenen Proteins gibt:

— **PrPc** ist normal gefaltet und kommt natürlicherweise im Gehirn von Schafen vor.

— **PrPsc** ist fehlgefaltet und somit krankheitsauslösend. Eine Fehlfaltung dieser Proteine kann jedoch auch ohne Infektion **genetisch bedingt** stattfinden. Durch eine Mutation im normalen Gen entsteht ein defektes Protein, welches sich z. B. bei der klassischen Creutzfeldt-Jakob-Krankheit fehlfaltet, mit der Zeit akkumuliert und in fortgeschrittenem Alter zu einer Zerstörung der Hirnsubstanz führt.

Bei der **neuen Variante der CJD (nvCJD)**, die bereits in frühen Lebensjahren auftreten kann, geht man jedoch davon aus, dass sie durch die Aufnahme infektiöser Partikel über die Nahrung (BSE-kontaminiertes Rindfleisch) ausgelöst wird.

2.2.5 Nukleinsäuren

Nukleinsäuren sind der Speicher der genetischen Information. Man unterscheidet Desoxyribonukleinsäuren (DNA) von Ribonukleinsäuren (RNA).

Grundbausteine: Nukleotide

Nukleinsäuren sind Polymere aus Nukleosidmonophosphaten, die aus Nukleosidtriphosphaten unter Pyrophosphatabspaltung synthetisiert werden. Nukleosidmonophosphate bestehen aus einer **organischen Base** (Purin- oder Pyrimidinbase), einem **Zucker** (Ribose oder 2'-Desoxyribose) und einem **Phosphatrest**. Diese Komponenten sind charakteristisch miteinander verknüpft. Dabei nennt man die Verbindung aus Zucker und Base allein **Nukleosid**. Kommen eine oder mehrere Phosphatgruppen hinzu, so spricht man von **Nukleotiden**.

Die organischen Basen der DNA sind die **Purinbasen** Adenin (A) und Guanin (G) sowie die **Pyrimidinbasen** Cytosin (C) und Thymin (T). Die Zuckerkomponente in der DNA ist die Pentose 2'-Desoxyribose (S. 15). In der RNA kommen die gleichen Basen wie in der DNA vor, allerdings findet man an Stelle von Thymin die Base Uracil (U). Der Zucker der RNA ist die Pentose Ribose (S. 15).

Die drei Bausteine Zucker, Base und Phosphatrest sind folgendermaßen verknüpft: Am C-1 des Zuckers hängt die organische Purin- oder Pyrimidinbase, das C-5-Atom des Zuckers ist mit Phosphat verestert (Abb. 2.11a).

Aufbau und Struktur der Nukleinsäuren
Verknüpfung der Nukleotide

Schreibt man zwei Nukleotide übereinander, so stellt man fest, dass über die Phosphatgruppe am C-5-Atom des einen Moleküls die Ausbildung einer **Esterbindung** mit der OH-Gruppe am C-3-Atom des anderen Moleküls möglich ist. In der DNA und RNA sind viele Nukleotide über diese **C-3-C-5-Phosphorsäurediesterbindungen** zu linearen Ketten miteinander verknüpft (Abb. 2.11b). Die Basen ragen dabei seitlich aus diesem sogenannten Pentose-Phosphat-Rückgrat heraus (Abb. 2.11c). Die Abfolge (oder Sequenz) der Nukleotide der DNA macht den genetischen Code (S. 74) aus.

DNA (Desoxyribonukleinsäure)

Die DNA ist **doppelsträngig**, sie besteht aus zwei **antiparallelen** Nukleotidsträngen, die in Form einer α-Doppelhelix vorliegen (Durchmesser = 2 nm). Dabei liegen sich immer zwei festgelegte **(komplementäre)** Basen gegenüber und bilden untereinander Wasserstoffbrücken aus (Abb. 2.12).

— **Adenin (A)** paart unter Ausbildung von zwei Wasserstoffbrücken immer mit **Thymin (T)** und

— **Guanin (G)** bildet über drei Wasserstoffbrücken immer eine Basenpaarung mit **Cytosin (C)**.

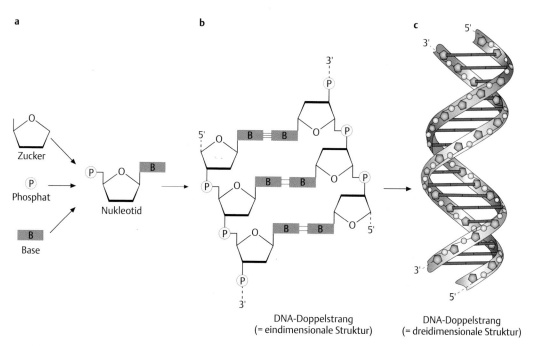

Abb. 2.11   Struktur der Nukleinsäure DNA. a Aufbau eines Nukleotids. **b** Bildung des DNA-Doppelstrangs (im DNA-Doppelstrang liegen sich die komplementären Basen gegenüber). **c** Struktur der DNA-Doppelhelix. (nach Königshoff M, Brandenburger T. Kurzlehrbuch Biochemie. Thieme 2012)

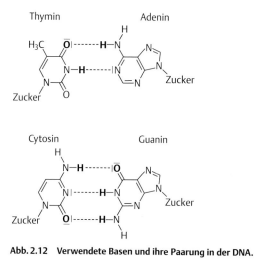

Abb. 2.12   Verwendete Basen und ihre Paarung in der DNA.

> **MERKE**
>
> **DNA** ist **doppelsträngig** und besteht aus zwei antiparallelen, umeinander gewundenen Strängen. Die Bausteine der DNA sind **A**denin-, **T**hymin-, **G**uanin- und **C**ytosinnukleotide.

Die **Stabilität** der DNA-Doppelhelix (Abb. 2.13) ist vor allem auf sogenannte Stacking-Interaktionen zurückzuführen. Diese Wechselwirkungen entstehen durch die Basenstapelung im Innern der Helix.

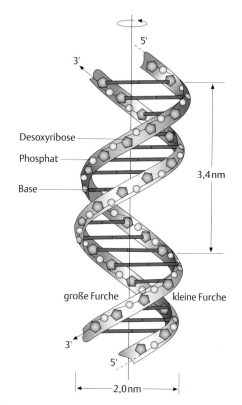

Abb. 2.13   Ausschnitt aus einer DNA-Doppelhelix. Man beachte, dass die beiden Stränge antiparallel vorliegen. (nach Emminger H [Hrsg.]. Physikum EXAKT. Thieme 2005)

2

Auch die Wasserstoffbrückenbindungen tragen zur DNA-Stabilität bei. Eine einzelne Wasserstoffbrückenbindung hat nur eine sehr geringe Bindungsenergie, ihre hohe Anzahl jedoch trägt zum Zusammenhalt der beiden DNA-Stränge bei. Durch Wärmezufuhr kann man diese Bindungen sprengen, die DNA liegt dann einzelsträngig vor.

RNA (Ribonukleinsäure)

RNA ist **einzelsträngig** und bildet nur abschnittsweise intramolekulare helikale Strukturen aus. Innerhalb der RNA findet man statt der Pyrimidinbase Thymin die Base **Uracil (U)**, die sich durch das Fehlen einer CH_3-Gruppe von Thymin unterscheidet. Kommt es z.B. während der Transkription (S. 79) unter RNA-Beteiligung zur Basenpaarung, so paart ein Uracilnukleotid U mit einem Adeninnukleotid A.

> **MERKE**
>
> RNA ist **einzelsträngig**; durch intramolekulare Basenpaarungen können jedoch doppelhelikale Bereiche entstehen. Die Bausteine der RNA sind **A**denin-, **U**racil-, **G**uanin- und **C**ytosinnukleotide.

Man unterscheidet funktionell drei wichtige Typen von RNA:

— Die **Messenger-RNA (mRNA)**: Sie fungiert als Boten-RNA bei der Synthese von Proteinen. Die genetische Information der DNA wird während der **Transkription** (S. 79) in mRNA umgeschrieben und ins Zytoplasma der Zelle transportiert. Da es viele verschieden große Proteine gibt, gibt es auch viele mRNA-Moleküle unterschiedlicher Länge. Die mRNA ist die vielfältigste RNA.

— Die **ribosomale RNA (rRNA)**: Sie ist eine **Struktur-RNA** und baut gemeinsam mit Proteinen die Ribosomen (S. 40) auf. In prokaryontischen Zellen gibt es drei, in eukaryontischen Zellen gibt es vier verschiedene rRNA-Moleküle.

— Die **Transfer-RNA (tRNA)**: Sie bindet im Zytoplasma die Aminosäuren und transportiert sie zur **Translation** (S. 84) (Proteinsynthese) zu den Ribosomen. Da es 20 proteinogene Aminosäuren gibt, muss es auch mindestens 20 verschiedene tRNA-Moleküle geben. Tatsächlich ist die Zahl jedoch höher. Aufgrund des sogenannten degenerierten genetischen Codes (S. 74) gibt es für viele Aminosäuren mehrere tRNAs. In jeder Zelle finden sich daher mindestens 60 verschiedene tRNA-Moleküle.

Bringt man ein tRNA-Molekül zweidimensional in eine Ebene, sieht es aus wie ein Kleeblatt (Abb. 2.14). Durch **posttranskriptionale Modifikation** werden nach der Synthese der tRNA viele Basen nachträglich verändert. Es entstehen sogenannte **seltene Basen**,

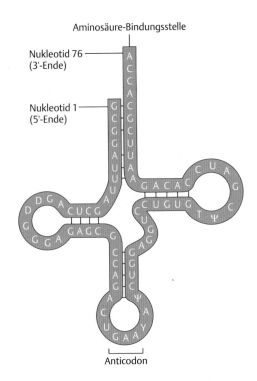

Abb. 2.14 Kleeblattstruktur eines tRNA-Moleküls.

die zu ungewöhnlichen Wechselwirkungen führen. Im Bereich der Stege dieses Kleeblattes kommt es durch intramolekulare Basenpaarungen zu doppelhelikalen Abschnitten.

Die Bindung der Aminosäuren erfolgt am letzten Nukleotid an der 3'-OH-Gruppe des Zuckers (Adenosin). Dieses Ende ist bei allen tRNA-Molekülen identisch (CCA-Ende). Die richtige Position auf der mRNA wird bei der **Translation** (S. 84) über das Anticodon nach dem Prinzip der Basenpaarung gefunden. Die beiden anderen Schleifen dienen der Wechselwirkung mit dem Ribosom und der Aminoacyl-tRNA-Synthetase (das Enzym, welches die passende tRNA mit der passenden Aminosäure verknüpft).

Check-up

✓ Rekapitulieren Sie den Aufbau einer Aminosäure.

✓ Wiederholen Sie die chemischen Reaktionen zwischen zwei OH-Gruppen (Zucker und Phosphorsäure), zwischen COOH- und NH_2-Gruppen (Peptidbindung) sowie zwischen COOH- und OH-Gruppen (Triglyceride).

✓ Vergegenwärtigen Sie sich den Aufbau von Nukleotiden und ihre Polymerisation zu Nukleinsäuren.

✓ Machen Sie sich die Unterschiede zwischen RNA und DNA klar.

2.3 Zytoplasmamembran

Lerncoach

Die chemischen Eigenschaften der Zytoplasmamembran und die von ihr gebildeten Strukturen sind für viele zelluläre Funktionen wichtig. Ihr Hauptbestandteil sind die Phospholipide. Wiederholen Sie deshalb ggf. deren Aufbau.

2.3.1 Überblick und Funktion

Das Zytoplasma der Zellen ist von der Zytoplasmamembran (Plasmalemma, Dicke 5–10 nm) umgeben. Das Plasmalemma grenzt die Zellen nach außen ab und verhindert einen freien unkontrollierten Stoffaustausch mit der Umgebung. Dadurch ist jede Zelle „relativ" isoliert.

Der prinzipiell gleiche Typ von Membran umgibt auch viele Zellorganellen, kompartimentiert also die Zelle und schafft so relativ unabhängige Reaktionsräume. Diese **Abgrenzungsfunktion** wird ergänzt durch eine **Kontrollfunktion**, da der Stoffaustausch durch die Membran über eine Vielzahl von spezifischen Transportmechanismen reguliert wird. Außerdem ist die Zytoplasmamembran bei der Ausbildung von **Zell-Zell-Kontakten** beteiligt. Diese sind wichtig für die **Stabilität** von Zellen und Geweben, sie können der **Abdichtung von Zellzwischenräumen** dienen und ermöglichen **Stoffaustausch** zwischen benachbarten Zellen.

2.3.2 Aufbau der Zytoplasmamembran

„Unit-Membrane"-Modell

Davson und **Danielli** erkannten Mitte der 30er Jahre, dass es sich bei der Zytoplasmamembran um ein ein-heitliches Gebilde („**unit membrane**") handelt, das aus einer regelmäßigen Anordnung von **Phospholipiden** (S. 16) besteht. Phospholipide haben aufgrund ihres amphiphilen Charakters die Tendenz in wässriger Lösung Doppelschichten zu bilden. Die hydrophilen Köpfe sind dem wässrigen Medium zugewandt, die hydrophoben Schwänze wenden sich im Inneren der Doppelschicht einander zu (Abb. 2.15). Weitere Strukturen, die gebildet werden können (Mizellen, Monolayer und Liposomen), werden ebenfalls in Abb. 2.15 gezeigt.

Klinischer Bezug

Liposomen. Viele Medikamente entfalten ihre Wirkung erst innerhalb der Zelle, was bedeutet, dass sie die Barriere Zellmembran überwinden müssen. Einige Pharmaka sind auf Grund ihres lipophilen Charakters dazu in der Lage, andere hydrophile Substanzen können dies nicht. Eine Möglichkeit, auch solche hydrophilen Wirkstoffe in Körperzellen einzuschleusen, existiert seit der Entwicklung von Liposomen (Abb. 2.15).

Liposomen sind kleine **künstliche Vesikel**, die im Bau ihrer Vesikelmembran der Struktur der Zytoplasmamembran entsprechen. Der hydrophile Wirkstoff, der durch Diffusion nicht in die Zelle gelangen kann, wird in das Innere der Liposomen gebracht. An der Zielzelle angelangt, fusionieren die Liposomen mit der Zytoplasmamembran, der Wirkstoff wird in die Zelle aufgenommen und kann so trotz seines hydrophilen Charakters die lipophile Membranbarriere überwinden.

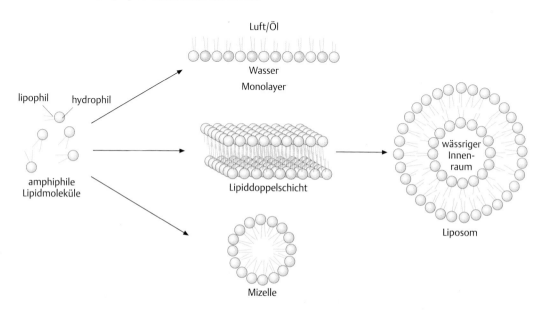

Abb. 2.15 Strukturierung von Lipidmolekülen an Grenzflächen. (nach Boeck G. Kurzlehrbuch Chemie. Thieme 2008)

2

„Fluid-Mosaik"-Modell

Die physikochemischen Eigenschaften von Zytoplasmamembranen ließen sich jedoch allein durch das „Unit-Membrane"-Modell nicht erklären. 1972 stellten **Singer** und **Nicholson** daher ihr „Fluid-Mosaik"-**Modell** vor. Die Grundstruktur der Zytoplasmamembran entspricht auch in diesem Modell dem Modell der „unit membrane". Der bimolekulare Phospholipidfilm wird jedoch als ein **viskoses Lösungsmittel** betrachtet, in das verschiedene periphere und integrale **Proteine** eingelagert sind, die innerhalb der Membran lateral beweglich sind.

> **MERKE**
>
> Die **Lipide** bilden ein **zweidimensionales visköses Lösungsmittel**, in das sowohl **integrale** als auch **periphere Proteine** eingebettet sind. Die Komponenten der Zytoplasmamembran sind **lateral beweglich**.

Die Lipiddoppelschicht ist **asymmetrisch**. Die Phospholipide (S. 16) sind in dieser Doppelschicht ungleichmäßig verteilt. Die **innere (intrazelluläre) Schicht** wird von einem höheren Anteil Phosphatidylserin, Phosphatidylinositol und Phosphatidylethanolamin gebildet, während die **äußere (extrazelluläre) Schicht** mehr Sphingomyelin und Phosphatidylcholin enthält.

Die **Fluidität** der Membran hängt von ihrem Gehalt an ungesättigten Fettsäuren ab, je mehr ungesättigte Fettsäuren vorhanden sind, desto fluider ist die Membran. **Cholesterin** (S. 17), das auf beiden Membranseiten gleichmäßig verteilt ist, erhöht in Membranen mit überwiegend gesättigten Fettsäuren die Fluidität. In Membranen, die viele ungesättigte Fettsäuren enthalten, füllt es die Lücken, die durch das Abknicken ungesättigter Fettsäureschwänze entstehen, und senkt damit ihre Fluidität.

Eingelagerte **Proteine** können die Membran einmal oder mehrfach in Form von α-Helices durchziehen oder kovalent an Lipide der äußeren oder der inneren Schicht gebunden sein. Die in der Membran liegenden Teile der α-Helices bestehen aus hydrophoben Aminosäuren, deren Seitenketten nach außen gerichtet sind (in das hydrophobe Innere der Membran). Die Proteine und Lipide der Membran sind außerdem häufig mit Kohlenhydraten (Oligosacchariden) verknüpft **(Glykoproteine, Glykolipide)**. Diese Kohlenhydratanteile nennt man in ihrer Gesamtheit **Glykokalix**. Sie zeigen immer nach außen (Abb. 2.16). Zwischen den Membranen einzelner Zellen besteht normalerweise ein **Abstand von 10–20 nm (Interzellularspalt)**.

> **MERKE**
>
> Die **Kohlenhydratanteile** der Zytoplasmamembran liegen immer auf der **Extrazellularseite**! Sie werden in ihrer Gesamtheit als Glykokalyx bezeichnet.

> **Klinischer Bezug**
>
> **Mukoviszidose.** Ein anderes Beispiel zeigt, wie wichtig die Funktionsfähigkeit transmembranöser Proteine ist. Mukoviszidose ist eine Krankheit, die auf einen Defekt der **Chlorid-Ionenkanäle** (CFTR-Protein, ein ABC-Transporter) zurückzuführen ist. Die Folge dieses Defekts ist die Produktion von zähem, kochsalzreichem Schleim, welcher zur Verstopfung der Bronchien, zu zystischen Erweiterungen der Drüsengänge und zur Verdauungsinsuffizienz (Bauchspeicheldrüse!) führt. Diese Krankheit hat oft schon im Kindesalter den Tod zur Folge.

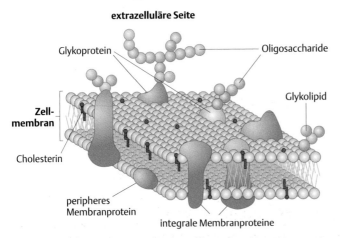

extrazelluläre Seite

Glykoprotein — Oligosaccharide

Glykolipid

Zellmembran

Cholesterin

peripheres Membranprotein

integrale Membranproteine

zytoplasmatische Seite

Abb. 2.16 Aufbau der Zytoplasmamembran. (nach Koolmann J, Röhm KH. Taschenatlas der Biochemie. Thieme 2009)

2.3.3 Funktionen der Zytoplasmamembran

Zytoplasmamembran als Permeationsschranke

Die physikochemischen Eigenschaften der Zytoplasmamembran haben zur Folge, dass nur kleine, nicht polare Stoffe (z. B. Gase) und sehr kleine, polare Stoffe (wie z. B. Wasser) hindurch diffundieren können. Die Membran wirkt somit als Barriere für größere polare Substanzen und Ionen.

Erkennungsfunktion

Die Glykoproteine und Glykolipide der Zytoplasmamembran dienen den Zellen der gegenseitigen Identifizierung, so sind sie z. B. ein **chemischer Ausweis** gegenüber dem körpereigenen Immunsystem. Die Glykokalyx ermöglicht also die Erkennung von Zellen und nichtzelluläre Strukturen. Diese Erkennung wird auch für gezielte Wanderbewegungen genutzt (z. B. während der Embryonalentwicklung). **Selectine** sind z. B. Glykoproteine, die bei Entzündungen auf der Oberfläche von Endothelzellen exprimiert und von Lymphozyten erkannt werden. Auf diese Art werden die Zellen des Immunsystems zu einem Entzündungsherd „gelockt". Auch **Lektine** sind membrangebundene Proteine, die selektiv an bestimmte Strukturen der Glykokalyx anderer Zellen binden können.

Rezeptorfunktion

Viele Membranproteine fungieren als Rezeptoren. Sie erkennen chemische Signale anderer Zellen (z. B. Hormone, Neurotransmitter) und leiten diese Information über verschiedene Mechanismen (S. 67) in die Zelle hinein. Rezeptoren können **permanent** vorhanden sein (wie z. B. der Insulinrezeptor auf der Oberfläche von Hepatozyten) oder **temporär** ausgebildet werden wie die im vorangehenden Abschnitt bereits erwähnten **Selectine**. Diese bei Entzündungen temporär in die Zellmembran von Endothelzellen eingebauten Adhäsionsmoleküle dienen der Bindung von Granulozyten und ermöglichen deren Migration aus dem Blut ins Gewebe.

Pumpstation, Reizperzeption und Reizleitung

Für den geregelten Ablauf zellulärer Vorgänge ist häufig eine **Ionenungleichverteilung** zwischen Zellinnerem und Zelläußerem nötig. Dieses Ungleichgewicht realisieren in der Membran liegende transmembranöse Proteine (Ionenpumpen, z. B. die **Na$^+$-K$^+$-ATPase**).

Das durch Ionenpumpen erzeugte Ionenungleichgewicht von Na$^+$-, K$^+$-, Ca^{2+}- und Cl$^-$-Ionen bildet beispielsweise die Grundlage für Erkennung und Weiterleitung elektrischer Signale über die Membranoberfläche innerhalb des Nervensystems.

Elektrische Isolation

Wenn Information durch den Fluss von elektrischen Strömen übertragen wird, müssen natürlich auch verschiedene Informationsleiter voneinander elektrisch isoliert werden. Diese elektrische Isolation wird im Nervensystem von Membranen realisiert, die in vielfachen Lagen übereinander gewickelt sind **(Myelinscheiden)**.

Zell-Zell-Kontaktbildung

Für den Zusammenhalt und die Kommunikation untereinander bilden Zellen spezifische Zell-Zell-Kontakte zwischen ihren Zytoplasmamembranen aus (Abb. 2.17).

Lerntipp

Bei der Ausbildung von Zell-Zell-Kontakten spielen verschiedene Komponenten des Zytoskeletts eine wichtige Rolle. Ausführliche Informationen hierzu finden Sie im Kap. Zytoskelett (S. 33).

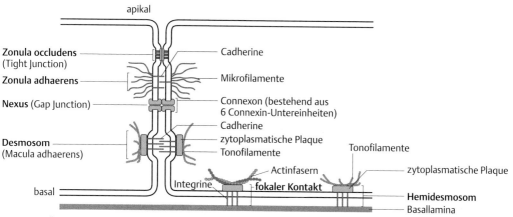

Abb. 2.17 Übersicht über Zell-Zell-Kontakte.

Zonula occludens

Die Zonula occludens (**Tight Junction**) dient dem Verschluss von Zellzwischenräumen. Sie ist eine gürtelförmige Struktur mit **Occludinen** und **Claudinen**, die einen Interzellularspalt von weniger als 1 nm zwischen benachbarten Zellen beläßt (Abb. 2.17). Praktisch ist also kein Interzellularspalt mehr vorhanden. Proteine der benachbarten Zytoplasmamembranen rücken in so enge Nachbarschaft, dass es zur Ausbildung von sogenannten Verschlussnähten kommt. Diese Form des Zell-Zell-Kontaktes soll verhindern, dass Stoffe unkontrolliert zwischen den Zellen hindurch diffundieren können. Tight Junctions findet man daher überall dort, wo Körperinneres gegen Körperäußeres abgedichtet werden muss (z. B. im Darmepithel) oder wo besonders empfindliche Organe geschützt werden müssen (Endothelien der Hirnkapillaren). Es handelt sich also um **Diffusionsbarrieren**. Eine weitere Funktion dieser Kontakte ist die **Fixierung von Membranproteinen** auf bestimmte Bereiche der Zytoplasmamembran, da durch die „Verschweißung" benachbarter Zellen die laterale Diffusion von Proteinen in der Membran behindert wird. Die Proteine können diese „Nähte" nicht überwinden und werden auf bestimmte Domänen der Epithelzellen fixiert (apikal oder basolateral).

Zonula adhaerens

Die Zonula adhaerens (Haftzone) ist ebenfalls eine Struktur, die gürtelförmig um Epithelzellen herum läuft. Sie dient der **mechanischen Stabilisierung** dieser Zellen in einem Zellverband. An diesen Stellen erscheint die Zytoplasmamembran optisch verdickt. Dieser Eindruck entsteht durch dicke **Actinfaserbündel (Mikrofilamente)**, die als Bestandteile des Zytoskeletts (S. 34) auf der zytoplasmatischen Seite aufgelagert und über Anheftungsproteine (Catenine, Vinculin, α-Actinin) mit transmembranösen Zelladhäsionsproteinen **(Cadherinen)** verbunden sind. Die Cadherine überlappen im Interzellularspalt und verhindern somit ein Auseinandergleiten der miteinander verbundenen Zellen (Abb. 2.17).

> **MERKE**
>
> Die **Actinfaserbündel** reichen *nicht* von Zelle zu Zelle. Die Verfestigung der Zellen untereinander wird über Transmembranproteine (**Cadherine**) realisiert. Die Anbindung an das Zytoskelett erfolgt über **Anheftungsproteine** an Mikrofilamente (**Actin**).

Während der Embryonalentwicklung wandern Zellen und verändern dabei ihre Position in einem Zellverband. Dann müssen die Haftstrukturen zwischen den Zellen aufgelöst werden, was u. a. durch eine Verminderung der Cadherine realisiert wird.

Desmosom (Macula adhaerens, Haftplatte)

Im Unterschied zur Zonula adhaerens handelt es sich bei den Desmosomen um punktförmige Zell-Zell-Kontakte. Sie dienen, vergleichbar mit Schweißpunkten, ebenfalls der **mechanischen Stabilisierung** von Zellen in einem Zellverband und wirken Scher- und Zugkräften entgegen. Auch bei Desmosomen erfolgt die Verfestigung zwischen den Zellen über **Cadherine**. Diese Cadherine sind jedoch intrazellulär über Anheftungsproteine (zytoplasmatische Plaques) mit **Tonofilamenten (Zytokeratin)** verbunden und nicht mit Mikrofilamenten. Die Tonofilamente durchziehen die Zelle von Desmosom zu Desmosom und stabilisieren damit die gesamte Zellstruktur. Zu den in den Interzellularspalt ragenden transmembranösen Cadherinen der Desmosomen gehören Desmoglein und Desmocollin. Desmoplakin verbindet als Bestandteil der zytoplasmatischen Plaques Desmoglein mit den zellulären Tonofilamenten.

> **Klinischer Bezug**
>
> **Pemphigus vulgaris.** Eine Erkrankung, die auf einer **Fehlfunktion von Zellkontakten** beruht, ist Pemphigus vulgaris. Die Bildung von Autoantikörpern gegen desmosomale Proteine führt zu einer Aufhebung der Zellhaftung und damit zur Instabilität von Epithelien, was sich als Blasenbildung in Haut und Schleimhäuten zeigt.
>
> **Epidermolysis simplex bullosa.** Diese Erkrankung entsteht durch **Mutation von Keratingenen**. Hierbei lösen bereits minimale Verletzungen Spaltbildungen in den basalen Keratozyten der Haut aus. Es kommt ebenfalls zur Blasenbildung.

Hemidesmosomen

Hemidesmosomen bilden Kontakte von Zellen zu nichtzellulären Strukturen. Sie dienen der **Befestigung von Zellen auf einer Unterlage** (Basallamina) und verhindern, dass Epithel- oder Endothelzellen über die Basallamina rutschen. Die Verbindung zwischen Membran und Basallamina wird über Zelladhäsionsproteine **(Integrine)** hergestellt (Abb. 2.17). Die Anbindung der Integrine an das Zytoskelett erfolgt wie bei Desmosomen über Anheftungsproteine (zytoplasmatische Plaques) an **Tonofilamente (Zytokeratin)**.

> **Klinischer Bezug**
>
> **Bullöses Pemphigoid.** Bei dieser ebenfalls zu den blasenbildenden Hautkrankheiten zählenden Autoimmunerkrankung werden **Autoantikörper gegen das Kollagen XVII**, dem Verankerungsprotein der Hemidesmosomen in der Basalmembran, gebildet. Als Folge der Entzündungsreaktion kommt es zur Einlagerung von Wasser zwischen Epidermiszellen und Basalmembran. Da das Blasendach recht dick ist (die gesamte Epidermis wird angehoben), bilden sich vergleichsweise feste Blasen.

Fokale Kontakte

Fokale Kontakte sind ebenfalls punktförmig und vermitteln auf ähnliche Weise wie die Hemidesmosomen einen **Kontakt zwischen Zellen und extrazellulärer Matrix.** Im Unterschied zu Hemidesmosomen sind die **Integrine** der Zytoplasmamembran jedoch über zytoplasmatische Plaques mit den **Actinfasern** des Zytoskeletts verbunden (Abb. 2.17). Über komplizierte Mechanismen können durch extrazelluläre Signale Polymerisation und Depolymerisation dieser Actinfasern reguliert werden, sodass die Zelle über eine Unterlage „kriechen" kann. Dabei werden fokale Kontakte aufgelöst und wieder neu geknüpft und dabei Filopodien oder Lamellopodien gebildet. Diese Form von Kontakten findet man weniger bei Epithelzellen, sondern überall dort, wo **Zellen aktiv wandern** (Bewegung von Makrophagen, embryonale Zellbewegungen).

Kommunikationskontakte (Nexus, Gap Junction)

Kommunikationskontakte (Nexus, Gap Junctions) sind poröse **Verbindungen des Zytoplasmas** zweier benachbarter Zellen. In die Zytoplasmamembran beider Zellen sind Proteinrohre **(Connexone)** eingelagert (Abb. 2.17). Jedes Connexon besteht aus 6 transmembranösen zylindrischen Proteinen **(Connexinen)**, welche wiederum jeweils mit 4 α-Helices die Membran durchqueren. Die Connexone zweier Zellen lagern sich aneinander und bilden ein durchgängiges Proteinrohr mit einem Durchmesser von ca. 1,5 nm. Dadurch ist ein Austausch kleiner Moleküle bis zu einem Molekulargewicht von 1000–1500 Dalton zwischen den Zellen möglich (Disaccharide, Aminosäuren, Vitamine, cAMP, Steroidhormonen, Wachstumsfaktoren). Der Interzellularspalt verringert sich an den Gap Junctions auf 2–4 nm. Diese Kontakte dienen u. a. der **elektrischen Kopplung** von Zellen (z. B. im Herzmuskel) und während der Embryonalentwicklung der **Synchronisation bei der Gewebsdifferenzierung.**

Regulation des Stoffaustausches

Lerntipp

Machen Sie sich bei den nachfolgend dargestellten Transportvorgängen bewusst, wie diese angetrieben werden und in welchen Fällen der Einsatz von ATP als Energielieferant erforderlich ist.

Diffusion

Eine Form des **passiven** Stoffaustausches mit der Umgebung ist die Diffusion durch die Zytoplasmamembran (Abb. 2.18). Sie wird durch die chemischen Eigenschaften der Zellmembran beeinflusst und beschränkt sich auf Gase, Wasser und unpolare lipophile Substanzen. Diffusion durch die Zytoplasmamembran kann prinzipiell in beide Richtungen erfolgen. Die Richtung wird jedoch durch das **Konzentrationsgefälle** des jeweiligen Stoffes festgelegt. Durch diesen Konzentrationsunterschied wird der Vorgang der Diffusion überhaupt erst angetrieben, da immer ein Konzentrationsausgleich auf beiden Seiten einer durchlässigen Membran angestrebt wird. Die Zelle muss daher bei der Diffusion keine Energie aufwenden.

Die Geschwindigkeit der Diffusion hängt u. a. vom Ausmaß des Konzentrationsunterschiedes, von der Molekülgröße, dem lipophilen Charakter und der Größe der Hydrathülle einer Substanz ab.

Facilitierte (erleichterte) Diffusion

Sie ist ebenfalls eine Form des **passiven** Transports und findet, wie auch die Diffusion, nur in Richtung des Konzentrationsgefälles statt, verläuft jedoch wesentlich schneller. Die Barrierefunktion der Zytoplasmamembran wird dabei durch spezifische transmembranöse Proteine, sogenannte **Permeasen**, herabgesetzt (Abb. 2.18). Diese Permeasen können unterschiedlich funktionieren, z. B. durch Bildung eines **Kanals** (wässrige Pore) oder als **Carrier** (Flip-flop-Modell oder Pendel). Einen solchen Carrier kann man sich als einen nach einer Seite offenen Kanal vorstellen, der sich durch eine Konformationsänderung (nach Bindung der zu transportierenden Substanz) „umstülpt" und diese dann auf der anderen Seite der Membran wieder freigibt.

Permeasen haben eine **hohe Spezifität**, transportieren also nur definierte Substanzen durch eine Membran. Der Transport kann – in Abhängigkeit vom Konzentrationsgradienten – auch hier prinzipiell in beide Richtungen erfolgen. Die Konformationsänderung der Permeasen verbraucht keine Energie.

MERKE

Permeasen funktionieren in beide Richtungen! Die effektive Transportrichtung hängt nur von der Richtung des **Konzentrationsgefälles** ab.

Da Wasser nur schlecht durch die lipophilen Zellmembranen diffundieren kann, in einigen Zellen (Nierentubuli, Drüsenzellen) jedoch ein intensiver Wasseraustausch nötig ist, gibt es in den Membranen „Wasserporen", sogenannte **Aquaporine**. In den Nierentubuli wird die Rückresorption von Wasser durch Vasopressin (Adiuretin) reguliert. Dieses in der Neurohypophyse freigesetzte Hormon erhöht die Zahl der Aquaporinkanäle dadurch, dass unter seinem Einfluss unter der Zyoplasmamembran lokalisierte Vesikel mit einem hohen Anteil an Aquaporin-

2

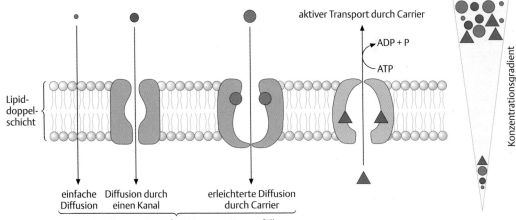

Abb. 2.18   Aktive und passive Transportsysteme.

poren mit der Zytoplasmamembran verschmelzen. Durch diese Aquaporine kann jetzt das Wasser in die Zellen strömen. Sinkt die Konzentration von Vasopressin, werden die Aquaporine durch Pinozytose wieder entfernt.

Aminosäuren und Zucker sind weitere Beispiele für Substanzen, die häufig über facilitierte Diffusion transportiert werden. Glucose ist eine der Hauptenergiequellen von Zellen, für einige Zellen die einzige Möglichkeit der Energieverwertung. Da Glucose nur schwer durch die lipophile Membran in die Zellen gelangen kann, wird sie über Permeasen (**Glucosetransporter**, GLUT) transportiert. Dieser Transport kann insulinabhängig (**GLUT 4** in Fettzellen, quergestreifter Muskulatur) oder auch insulinunabhängig sein (GLUT 1, GLUT 2 und GLUT 3). **GLUT 1** ist ein Transporter mit einer sehr hohen Affinität zu Glucose und ist daher stets gesättigt. Man findet ihn überall dort, wo auch unter extrem niedrigen Blutglucosekonzentrationen eine Versorgung mit Glucose gewährleistet sein muss (Endothelien des Gehirns, Erythrozyten). **GLUT 2** hat eine geringe Affinität zu Glucose. Über ihn wird in Abhängigkeit von der Glucosekonzentration des Blutes die Freisetzung von Insulin aus dem Pankreas und die Aufnahme von Glucose in die Leber gesteuert. Außerdem kommt er basolateral in der Darmmucosa vor und ist damit an der Glucoseaufnahme aus der Nahrung beteiligt. **GLUT 3** reguliert die basale Glucoseversorgung des Gehirns.

Aktiver Transport

Transporte gegen ein Konzentrationsgefälle durch die Membranen benötigen immer entweder direkt oder indirekt **Energiezufuhr**. Solche **aktiven** Transporte werden ebenfalls über transmembranöse „Carrier"-Proteine realisiert (Abb. 2.18).

Einer der bekanntesten Transporter ist der **Na⁺-K⁺-Transporter**: In den Axonen der Nervenzellen ist das Verhältnis der Na⁺-Ionen innen zu außen 1 : 9, das der K⁺-Ionen 41 : 1. Dieses Ionenungleichgewicht muss für die elektrische Reizweiterleitung immer aufrechterhalten werden. Dazu pumpt die Na⁺-K⁺-ATPase jeweils gegen das Konzentrationsgefälle gleichzeitig 3 Na⁺-Ionen nach außen und 2 K⁺-Ionen nach innen. Der Energiebedarf wird hierbei direkt durch Spaltung eines ATP-Moleküls gedeckt. Daher wird dieser Transporter auch **Na⁺-K⁺-ATPase** genannt.

> **MERKE**
>
> **Aktive Transporte** benötigen **Energie**, meist in Form von ATP.

Cotransport

Werden zwei Substanzen gekoppelt durch die Zytoplasmamembran transportiert, handelt es sich um Cotransporte. Ist die Transportrichtung beider Substanzen identisch, handelt es sich um einen **Symport**; ist die Transportrichtung entgegengesetzt, handelt es sich um einen **Antiport**. Dabei kann eine der beiden Substanzen gegen ihr Konzentrationsgefälle transportiert werden, die andere muss mit ihrem Konzentrationsgradienten transportiert werden, sie treibt den Prozess an (Abb. 2.19).

Auf den ersten Blick verbraucht die Zelle für diese Art des Transportes keine Energie. Das ist jedoch falsch! Die Energie wurde bereits vorher eingesetzt, um den Konzentrationsgradienten des „antreibenden" Stoffes aufzubauen! Der Transport verbraucht also **indirekt** Energie.

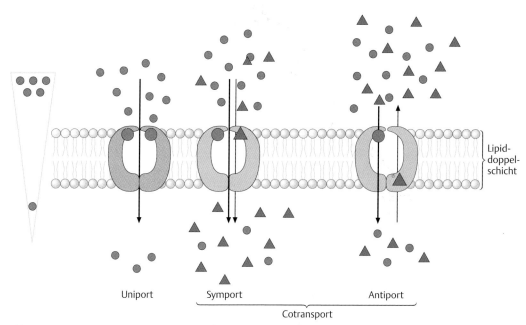

Abb. 2.19 Cotransporte. Die Energie stammt aus dem Konzentrationsgefälle der ersten Substanz (farbige Kreise), die zweite Substanz (Dreiecke) wird gegen ihr Konzentrationsgefälle transportiert.

 Lerntipp

Machen Sie sich klar, dass Cotransport eine Form des aktiven Transports ist: Für jeden Cotransport, der gegen ein Konzentrationsgefälle erfolgt, muss im Vorfeld bereits Energie zum Aufbau eines anderen Konzentrationsgradienten aufgewendet worden sein.

Beispiel: Glucose-Na⁺-Ionen-Symport

Ein konkretes Beispiel für die Kopplung solcher Prozesse ist die Glucoseaufnahme über das Darmepithel. Die Glucosekonzentration im Darm schwankt und ist von der Nahrungszusammensetzung abhängig. Dagegen wird die Glucosekonzentration im Blut innerhalb bestimmter Grenzen reguliert. Würde die Glucoseaufnahme rein passiv realisiert (erleichterte Diffusion), könnte es bei ungünstigen Konzentrationsverhältnissen passieren, dass Glucose nicht aufgenommen, sondern vom Darmepithel in das Darmlumen abgegeben wird. Um das zu verhindern, erfolgt die Glucoseaufnahme in das Darmepithel mittels eines **Na⁺-getriebenen Cotransports**. Die Na⁺-Ionen des Darmlumens strömen entlang ihres Konzentrationsgefälles in Darmepithelzellen und „schleppen" dabei Glucosemoleküle gegen ihren Konzentrationsgradienten mit. Damit liefert das Na⁺-Ionen-Konzentrationsgefälle die Energie für den **apikalen** Glucosetransport aus dem Darmlumen in die Epithelzelle auch gegen einen Glucosegradienten. Dieses System würde zwangsläufig mit dem Ausgleich der Na⁺-Ionen-Konzentrationen zum Erliegen kom-

men. Um das zu verhindern, sitzen in der **basolateralen** Zytoplasmamembran der Darmepithelzellen Na⁺-Transporter, die unter Energieverbrauch die Na⁺-Ionen aus dem Zytoplasma der Zelle wieder herauspumpen und so immer für eine niedrige intrazelluläre Na⁺-Ionen-Konzentration sorgen. Die Glucose verlässt die Zellen ebenfalls basolateral mittels facilitierter Diffusion über **Permeasen**. Eine wichtige Rolle spielt bei diesen Prozessen auch die **Zonula occludens** (Tight Junction). Sie verhindert die freie laterale Diffusion der Transportsysteme. So wird garantiert, dass die in der apikalen Membrandomäne befindlichen Na⁺-Glucose-Cotransporter nicht in die basolaterale Domäne diffundieren können und die aktiven Na⁺-Transporter und die Glucose-Permeasen sich nicht in die apikale Domäne verschieben (Abb. 2.20).

Exozytose

Bei den nachfolgenden Formen des Stofftransports nutzt die Zelle ihre Fähigkeit, aus Membranen **Vesikel** zu bilden und die zu transportierende Substanz in diese einzuschließen. Die Vesikel bewegen sich auf festgelegten Routen innerhalb des sogenannten **Membranflusssystems**.

Bei der **Exozytose** wird eine Substanz durch Verschmelzen eines gefüllten Vesikels mit der Zytoplasmamembran aus der Zelle **ausgeschleust**. Dieser Vorgang kann **permanent** (z. B. bei vielen Drüsenzellen oder zur Regeneration der Plasmamembran) oder **auf einen Reiz hin** (z. B. bei Synapsen) stattfinden. Exozytiert werden z. B. Sekrete oder Signalstoffe. Sie wer-

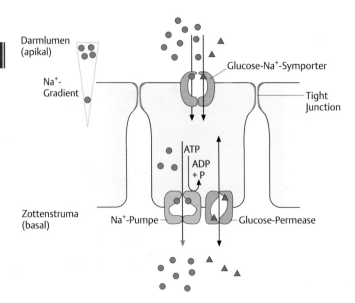

Abb. 2.20 **Glucoseaufnahme aus dem Darm mittels Na⁺-Cotransport.**

den im **Golgi-Apparat** verpackt und die gefüllten Vesikel werden mit molekularen Markern versehen. Die Zielmembran verfügt über ein Erkennungssystem, das die markierten Vesikel identifiziert und sie daraufhin an der Membran fixiert. Durch einen energieaufwändigen, Ca^{2+}-Ionen-abhängigen, komplizierten Prozess verschmelzen die Membranen miteinander, sodass der transportierte Inhalt nach außen freigesetzt wird **(merokrine Sekretion)**. Bei diesem Prozess spielt eine Gruppe von Proteinen, die **Annexine**, eine besondere Rolle. Annexine können sich direkt an Membranen binden, Ca^{2+}-Kanäle bilden und mit dem Zytoskelett interagieren. Die Fähigkeit von Annexinen, durch Ca^{2+}-Ionen-Bindung Kontakte zwischen benachbarten Membranen herzustellen, unterstreicht ihre Rolle bei der reizvermittelten Exozytose (S. 44).

Weitere Sekretionsmechanismen sind die **apokrine Sekretion** (Abschnürung des Zellapex, z. B. bei Milchdrüsen) und die **holokrine Sekretion**, bei der die ganze Zelle in Apoptose geht und als Sekret abgegeben wird (z. B. Talgdrüsen).

Klinischer Bezug

Tetanus- und Botulinustoxin. Einige bakterielle Toxine, wie das Tetanustoxin (*Clostridium tetani*) und Botulinustoxin (*Clostridium botulinum*) wirken hochgradig (im ng-Bereich!) toxisch, da sie die Exozytose von Neurotransmittern aus den präsynaptischen Terminalien blockieren. Diese Gifte verhindern die Fusion der synaptischen Vesikel mit der Zytoplasmamembran in glycinergen (Tetanustoxin) oder cholinergen (Botulinustoxin) Synapsen. Beide Toxine bewirken den Abbau des für die Membranfusion wichtigen v-SNAREs (S. 44) **Synaptobrevin**. Es resultieren Krämpfe und Lähmungen.

Endozytose

Endozytose beschreibt die **Aufnahme** von Substanzen aus dem Extrazellularraum in die Zelle. Es gibt zwei Formen der Endozytose: Phago- und Pinozytose.

Phagozytose

Phagozytose bezeichnet die Aufnahme **größerer partikulärer Substanzen** (wie z. B. Bakterien). Diese Form der Aufnahme findet man hauptsächlich bei amöboid beweglichen Zellen. Die aufzunehmenden Partikel werden von der Zytoplasmamembran umflossen und das sich bildende Vesikel (Phagosom) wird nach innen abgeschnürt. An diesem Vorgang ist auch Actin beteiligt.

Pinozytose

Pinozytose bezeichnet die Aufnahme von **gelösten Stoffen**. Sie kann unspezifisch oder rezeptorvermittelt sein.

Bei der **rezeptorvermittelten Pinozytose** erfolgt über Rezeptoren eine selektive Anreicherung der aufzunehmenden Substanz bis zum 1000-Fachen im Vergleich zur normalen Pinozytose. Dadurch wird verhindert, dass zu viel Wasser in die Zelle gelangt. Die beladenen Rezeptoren werden intrazellulär durch sogenannte **Adaptine** erkannt (Auswahl der Importsubstanz), welche anschließend **Clathrin** binden (Abb. 2.21).

Clathrinmoleküle bilden durch Aggregation einen hexagonalen Käfig, in den die Zytoplasmamembran hineingezogen wird. Es entstehen Grübchen (**Coated Pits**), die sich zu Vesikeln formen und unter Energieverbrauch (GTP-Spaltung) nach innen abgeschnürt werden (Abb. 2.21). Die Clathrinmoleküle umgeben diese Vesikel wie ein Mantel (sie werden daher auch

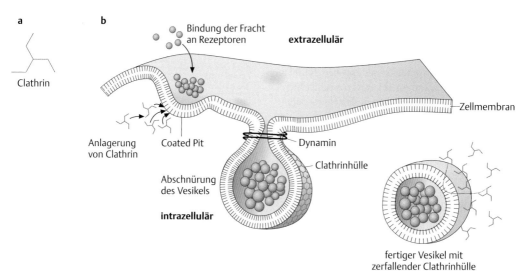

Abb. 2.21   Rezeptorvermittelte Pinozytose (Beschreibung s. Text).

„coated" Vesikel oder Stachelsaumvesikel genannt). Die Abtrennung des Vesikels von der Membran erfolgt durch einen kontraktilen Ring, der durch das Protein **Dynamin** gebildet wird. Unmittelbar nach der Pinozytose zerfällt der Clathrinmantel und gibt damit die Vesikel frei.

Die rezeptorgekoppelte Pinozytose vermittelt z. B.
- die Aufnahme von **Cholesterin**, das extrem wasserunlöslich ist und proteingebunden in Form von LDL-Partikeln (low density lipoprotein) in die Zellen aufgenommen wird,
- den **Eisentransport** (über den Transferrin-Rezeptor) und
- die Aufnahme von **Viren** in die Zelle.

Der Inhalt solcher Vesikel wird umgehend durch Verschmelzung an das sogenannte **endosomale Kompartiment** übertragen, ein System miteinander verbundener Membranröhren und Vesikel, das von Membrannähe **(frühe Endosomen)** bis Zellkernnähe **(späte Endosomen)** reicht. In diesem System wird der Inhalt der Vesikel sortiert. Durch Erzeugung eines sauren pH-Werts werden schließlich Rezeptor und Fracht voneinander getrennt. Die Fracht wird ihrem Ziel zugeführt (zum Abbau z. B. den Lysosomen) und die Rezeptoren werden – immer noch eingebettet in die Membran eines Vesikels – zur Zytoplasmamembran zurücktransportiert.

Klinischer Bezug

Familiäre Hypercholesterinämie Typ II. Durch eine autosomal-dominant vererbte Mutation ist der **LDL-Rezeptor** nicht funktionstüchtig. Dadurch erhöht sich der Serumcholesterinspiegel stark, was schon im Kindesalter zu Arteriosklerose (Gefäßverkalkung) und Durchblutungsstörungen führt.

Transzytose

Transzytose ist eine Kopplung von rezeptorvermittelter Pinozytose und Exozytose. Da die Transzytose (oder auch **Zytopempsis**) der Durchschleusung von Substanzen durch eine Schicht von Epithel- oder Endothelzellen dient, erfolgt in diesem Fall keine Trennung der Fracht vom Rezeptor. Die an einem Zellpol durch Pinozytose gebildeten Vesikel durchwandern die Zelle und verschmelzen am anderen Zellpol wieder mit der Zytoplasmamembran. Der Inhalt der Vesikel wird dort nach außen abgegeben.

In diesem Zusammenhang sind sogenannte **„Lipid Rafts"** zu erwähnen – cholesterinreiche Mikrodomänen der Zytoplasmamembran, die viele Sphingolipide und Glykolipide enthalten und der lateralen Domänenbildung (Abgrenzung) dienen. In ihnen liegen häufig kleine Einstülpungen (Caveolae), in denen das Protein **Caveolin** angereichert ist. Diese Strukturen bringt man einerseits mit Clathrin-unabhängigen Transzytosevorgängen in Verbindung, andererseits sollen es stationäre Mikrostrukturen für die Kopplung bestimmter Rezeptoren an intrazelluläre Signalwege sein.

MERKE

Exozytose, **Phagozytose**, **Pinozytose** und **Transzytose** sind Transportvorgänge, bei denen Membranvesikel „fließen". Man spricht deshalb auch vom **Membranflusssystem**.

2.3.4   Funktionelle Anpassungen der Membranoberfläche

Vergrößerung der Zelloberfläche

Für eine Verbesserung der Austauschvorgänge an der Zytoplasmamembran, sind Zellen zur Vergrößerung ihrer Zelloberfläche befähigt. Das kann durch Ausstülpung oder Einstülpung geschehen.

Mikrovilli

Mikrovilli sind Ausstülpungen der **apikalen Zytoplasmamembran**. Sie kommen bei stark resorbierenden Zellen, z. B. im Darmepithel und in den Nierentubuli, vor. Es entsteht eine erhebliche Vergrößerung der Austauschfläche, wodurch die Resorptionsleistung wesentlich verbessert wird. Mikrovilli bilden häufig einen dichten, sogenannten **Bürstensaum** auf der Oberfläche resorbierender Epithelien. Diese Membranausstülpungen werden durch kompakte Actinfilamentbündel, die im Actin des Zytoskeletts verankert sind, versteift. Diese Actinfilamente sind durch Fimbrin quervernetzt und mit der Zytoplasmamembran verbunden.

Basales Labyrinth

Das basale Labyrinth der Nierentubuli dient ebenfalls der Vergrößerung der Membranoberfläche. Es entsteht durch eine Einfaltung der **basalen Zytoplasmamembran** zur Vergrößerung der Ionenaustauschfläche. In der stark eingefalteten Membran sitzt eine Vielzahl von Ionentransportern und hilft bei der Rückresorption von Ionen und Wasser aus dem Primärharn.

2.3.5 Basallamina

Epithelien und Endothelien bilden an ihrem basalen Pol die **Basallamina (Basalmembran)**, ein 30–80 nm starkes filziges Gebilde aus **Tropokollagen, Glykoproteinen** und **Mucopolysacchariden**. Diese Basallamina bildet die Unterlage für die Zellen. Die Zellen sind über Hemidesmosomen auf dieser Unterlage befestigt.

Check-up

✓ Wiederholen Sie die allgemeinen Eigenschaften von Phospholipiden und leiten Sie daraus die Grundeigenschaften von Membranen ab.

✓ Rekapitulieren Sie die unterschiedlichen Formen passiver und aktiver Transportprozesse.

✓ Erarbeiten Sie sich die Wechselwirkung von Zytoskelett und Zellkontakten.

✓ Machen Sie sich noch einmal klar, wie die Zellorganellen (ER, Golgi-Apparat, Zytoplasmamembran, Phagosomen, Endosomen, Lysosomen) am Membranflusssystem beteiligt sind.

2.4 Zelluläre Strukturen und ihre Funktion

Lerncoach

Kenntnisse über Aufbau und Funktion von Zellen sind elementare Grundlagen für nahezu alle anderen Fächer. Dieses grundlegende Wissen soll in diesem Kapitel vermittelt werden.

Tab. 2.2

Aufbau eukaryontischer Zellen		
	bestehend aus	**bestehend aus**
Zytoplasma-membran		
Protoplasma	– Zellkern (Nucleus)	– Karyolemm (Kernhülle) – Karyoplasma (Kernplasma)
	– Zytoplasma	– Zytosol – Zellorganellen – Paraplasma

2.4.1 Überblick

Zellen sind die kleinsten Funktionseinheiten lebender Systeme. Obwohl es eine Vielzahl unterschiedlich differenzierter Zellen gibt, haben alle Zellen prinzipiell den gleichen Aufbau. Die äußere Begrenzung der Zelle ist die **Zytoplasmamembran**, welche die gesamte strukturierte Substanz der Zelle, das **Protoplasma**, umgibt. Die chemischen Bestandteile des Protoplasmas sind zu ca. 70–80 % Wasser, 15–20 % Proteine, 2–3 % Lipide, 1 % Kohlenhydrate, 10 % Nukleinsäuren und 1 % Mineralien, wobei es natürlich große Unterschiede zwischen verschiedenen Zelltypen geben kann. Das Protoplasma untergliedert sich in den **Zellkern** (Nucleus; nur bei Eukaryonten!) und das **Zytoplasma** bestehend aus dem Zytosol, den Zellorganellen und den paraplasmatischen Einschlüssen (Tab. 2.2).

2.4.2 Zytosol

In das Zytosol sind alle Zellorganellen eingebettet. Es ist im Elektronenmikroskop strukturlos, enthält jedoch eine große Anzahl chemischer Substanzen wie Wasser, Proteine, Lipide, Ribonukleinsäure, Kohlenhydrate und Ionen.

Kationen und Anionen bilden in der Zelle ein **Puffersystem**, beeinflussen die **Fluidität** des Zytosols und bestimmen die **Ladungsverteilung** entlang von Membranen.

Im Zytosol vorkommende Mg^{2+}-Ionen sind außerdem **Kofaktoren** vieler Enzyme und spielen bei der Wechselwirkung von Proteinen eine wichtige Rolle. Auch Ca^{2+}-Ionen nehmen einen besonderen Stellenwert ein. Die Zellen müssen ihre Ca^{2+}-Ionen-Konzentration innerhalb ganz enger Grenzen regulieren, da Ca^{2+} **Proteinkinasen** kaskadenartig aktivieren kann und so zur Reizauslösung, Exozytose, dem Zelltod und vielen weiteren zellulären Prozessen beiträgt.

Durch die unterschiedlichen Wechselwirkungen zytosolischer Proteine untereinander, mit Wasser und mit den Ionen der Zelle kann der „Flüssigkeitsgrad" des Zytosols verändert werden (Sol-Gel-Übergänge). Dabei spielen neben Ionenbeziehungen auch kovalente Bindungen (Disulfidbrücken) und hydrophobe Wechselwirkungen eine Rolle.

Im Zytosol erfolgt außerdem die **Synthese** einer Vielzahl zellulärer Bausteine wie von Aminosäuren, Fettsäuren, Zuckermolekülen und Nukleotiden. Die anaerobe Energiegewinnung durch die Spaltung von Glucose zu Pyruvat (Glykolyse) findet ebenfalls im Zytosol statt.

Das Vorkommen von **Proteinen** im Zytosol ist **zellspezifisch**. So haben z. B. Actin und Myosin in der Muskelzelle andere Konzentrationen als in einer Epithelzelle.

Zytosolproteine können sehr unterschiedliche **Funktionen** haben:
— Strukturproteine (z. B. Actin, Tubulin und Keratin des Zytoskeletts)
— Enzyme (z. B. zur Glykolyse)
— Transportproteine (z. B. Transferrin, Hämoglobin)
— Motorproteine (z. B. Myosin, Dynein)
— Speicherproteine (z. B. Ferritin, Ovalbumin, Casein)
— Signalproteine (z. B. Insulin – in Vesikel verpackt).

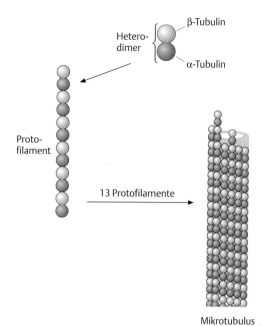

Abb. 2.22 **Aufbau von Mikrotubuli.**

> **MERKE**
>
> Funktionen des **Zytosols**:
> — Lösungsmittel
> — Pufferung
> — Regulation von Fluidität und elektrischer Ladungsverteilung
> — Bereitstellung von (ionischen) Kofaktoren und Transmittern
> — Synthese von Biomolekülen
> — Energiegewinnung.

2.4.3 Zytoskelett und seine Wechselwirkung mit der extrazellulären Matrix

Das Zytoskelett der Zelle setzt sich aus drei verschiedenen Haupttypen von Fasern zusammen, die über Adapterproteine untereinander und mit der extrazellulären Matrix in Wechselwirkung treten: Mikrotubuli, Mikrofilamente und Intermediärfilamente.

Mikrotubuli

Mikrotubuli sind aus dem globulären Protein **Tubulin** aufgebaut und dienen der Stabilisation der Zelle. Außerdem bilden sie während der Zellteilung den Spindelapparat (S. 52) aus und bauen Basalkörper und Zentriolen (S. 36) sowie Zilien und Geißeln (S. 37) auf.

Aufbau

Tubulin ist ein **Heterodimer**, d. h. es besteht aus zwei verschiedenen Untereinheiten. Diese Untereinheiten sind über Disulfidbrücken miteinander verbunden. Durch Reaktion der α-Untereinheit eines Moleküls

mit der β-Untereinheit eines weiteren Moleküls entstehen kettenförmige polare **Protofilamente**. 13 solche Protofilamente lagern sich durch seitliche Wechselwirkung über Wasserstoffbrückenbindungen zu einem hohlen, schraubenförmigen Proteinzylinder zusammen (Abb. 2.22). Mikrotubuli haben einen Durchmesser von ca. 20 nm und können eine Länge von einigen μm erreichen.

Mikrotubuli entstehen in einem Organisationszentrum **(MTOC)**, welches in der **Zentrosomenregion** in der Nähe des Zellkerns liegt. Sie sind **polar**: An einem Ende der Kette gibt es eine freie α-Untereinheit (Minus-Ende), am anderen Ende eine freie β-Untereinheit **(Plus-Ende)**. Das **Minus-Ende** liegt in der Zentrosomenregion, von hier aus wachsen die Mikrotubuli in Richtung Peripherie (hier liegt das Plus-Ende). Jedoch sind sie sehr labil: Über eine ständige **Aggregation** und **Disaggregation** am Plus-Ende erfolgt ein schneller Auf- und Abbau der Mikrotubuli.

> **MERKE**
>
> **Mikrotubuli** sorgen in der Zelle für Stabilität, sie sind jedoch selbst sehr instabil und werden permanent **auf- und abgebaut**.

An Mikrotubuli sind Proteine assoziiert (**MAPs**, Mikrotubuli-assoziierte Proteine), die eine Stabilisierung (Hemmung der Disaggregation) und Transporte entlang der Mikrotubuli vermitteln können. Diese Transporte sind in Abhängigkeit vom verwendeten Motorprotein richtungsgebunden:

2

— **Kinesine** transportieren vom Minus- zum Plus-Ende,
— **Dyneine** transportieren vom Plus- zum Minus-Ende.

Die Zelle kann so Zellorganellen, Vesikel und Makromoleküle gerichtet verlagern. Mikrotubuli helfen damit bei der Organisation der Zelle.

Hemmung der Mikrotubulusfunktion

Sowohl die Polymerisation des Tubulins zu Mikrotubuli als auch die Depolymerisation der Mikrotubuli zu Tubulin kann durch Gifte unterbunden werden.
Die **Polymerisation** des Tubulins kann durch **Colchicin** (ein Alkaloid der Herbstzeitlosen) blockiert werden. Es bindet an freies Tubulin und verhindert so die Polymerisation und damit auch den intrazellulären Transport. Colchicin wirkt dementsprechend auch als **Spindelgift** während der Mitose: Durch die Hemmung der Tubulinpolymerisation werden die Chromosomen nicht auseinander gezogen, die **Zellteilung** wird daher **in der Metaphase arretiert**.
Die **Depolymerisation** der Mikrotubuli wird durch **Taxol** verhindert. Auch hier kommt es zur **Arretierung der Zellen in der Metaphase**, weil zur Verteilung der Chromatiden sowohl Auf- als auch Abbauvorgänge nötig sind.

▌Klinischer Bezug

Chemotherapie. In der Tumorbehandlung werden die **Vinca-Alkaloide** Vincristin und Vinblastin eingesetzt. Sie verhindern ebenfalls die Ausbildung des Spindelapparates und hemmen damit die Zellteilung.

Mikrofilamente

Aufbau

Zu den am Aufbau des Zytoskeletts beteiligten Mikrofilamenten gehört das **Actin**. Actin ist ein globuläres Protein (**g-Actin**, 375 Aminosäuren) welches unter ATP-Verbrauch zu einer helikalen α-Helix polymerisiert. Zwei solcher Polymere lagern sich zu einem helikalen Actinfilament (**f-Actin**) zusammen. Dieses ist sehr dünn (8 nm) und biegsam. Mehrere solcher Actinfilamente können sich in sehr **engen parallelen Bündeln** zusammenlagern, sie werden dabei durch weitere Proteine seitlich stabilisiert. Handelt es sich bei diesen Proteinen um das quervernetzende **Fimbrin**, dann ist der Abstand zwischen den Actinfilamenten so gering, dass sich keine anderen Proteine dazwischen lagern können. Solche Actinfilamente dienen der **Stabilisierung** der Zelle und ihrer Oberflächenstrukturen wie **Zonula adhaerens**, **Mikrovilli**, **Einstülpungen** oder **Wülste**. Über weitere quervernetzende Proteine bildet sich ein Actinfasernetz aus, welches besonders ausgeprägt unmittelbar unterhalb der Zytoplasmamembran zu finden ist und hier ein gelartiges Netzwerk bildet, welches als **Zellkortex** bezeichnet wird.

Regulation der Polymerisation

Die Polymerisation des Actins wird sehr dynamisch reguliert. **Keimbildende Proteine** fördern die Polymerisation, Proteine wie **Thymosin** und **Profilin** binden an Actinmonomere und verlangsamen die Polymerisation. Der Gelzustand des Actinnetzwerkes kann verflüssigt werden, wenn Proteine wie **Gelsolin** die Actinfilamente zerschneiden.

Funktion

Bei der Polymerisation von Actin können blattartige (**Lamellipodien**) oder fingerförmige (**Filopodien**) Ausstülpungen aus der Zelle gebildet werden. Diese Ausstülpungen bilden mit Haftpunkten, sog. fokalen Kontakten (S. 27), die Grundlage für die amöboide **Kriechbewegung** der Zelle und für **Phagozytose** (S. 30). Durch Wechselwirkung mit anderen Proteinen (**Vinculin, Talin, Integrin und Fibronectin**) erfolgt eine Ankopplung an die **extrazelluläre Matrix**. Diese Actinfasern sind mit **Myosin** assoziiert und werden auch als **Stressfasern** bezeichnet.
In Erythrozyten bildet Actin gemeinsam mit **Spektrin**, einem weiteren zytoskeletalen Protein, ein dichtes Netzwerk unterhalb der Zytoplasmamembran. Beide Proteine sind mittels **Bande-4.1-Protein** bzw. **Ankyrin** an die membranösen Proteine **Glykophorin C** bzw. **Bande-3-Protein** gekoppelt und realisieren die bikonkave Form der Erythrozyten.

▌Klinischer Bezug

Sphärozytose. Wird durch verschiedene Mutationen in den entsprechenden Genen (**Ankyrin-, Bande-3-, Spektringene**) diese Wechselwirkung gestört, verlieren die Erythrozyten ihre bikonkave Form und kugeln sich ab. Solche Erythrozyten werden als defekt erkannt und in Milz und Leber schnell abgebaut. In der Folge treten Anämie (Blutarmut) und Ikterus (Gelbsucht) auf.

Werden Actinfilamente durch α-Actinin seitlich stabilisiert, so bilden sich **lockere Bündel** in die sich das Motorprotein **Myosin II** einlagert. Durch Wechselwirkung mit weiteren Proteinen (**Troponin, Tropomyosin**) entstehen kontraktile Strukturen, die charakteristisch für die Funktion von Muskelzellen, die Zelldurchschnürung (Zytokinese) und die Auffaltung und Abschnürung von Zellwülsten (Bildung des Neuralrohres) sind. Mithilfe von **Myosin I** können Vesikel auf der Oberfläche von Actinfilamenten transportiert werden.

Intermediärfilamente

Intermediärfilamente sind Polymere aus **Faserproteinen**, die stark **zellspezifisch** sind. Zu ihnen gehören:

- das **Keratin** in Epithelzellen,
- **Vimentin** in Fibroblasten (Endothelzellen),
- **Neurofilamente** in Neuronen,
- **Desmin** in Muskelfasern
- **gliäres fibrilläres saures Protein** (GFAP) in Astroglia (Astrozyten),
- **Peripherin** in peripheren Neuronen sowie
- eine Gruppe von Proteinen, die charakteristisch für den Zellkern sind, die **Kernlamine**.

Alle Intermediärfilamente sind ähnlich strukturiert und bestehen zentral aus einer **langen α-Helix**. Zwei solcher Moleküle lagern sich zu **Doppelwendel-Dimeren** zusammen. Durch seitliche versetzt angeordnete Zusammenlagerung **(Tetramerbildung)** und Kopf-Schwanz-Reaktion entstehen große **seilartige Proteinbündel** (Abb. 2.23).

Die Funktion der Intermediärfilamente besteht darin, Zellverbände mechanisch zu stabilisieren **(Zugelasti-** zität). Sie setzen sich jedoch nicht direkt von Zelle zu Zelle fort, sondern sind über Adapterproteine und Membranproteine **(Cadherine)** indirekt miteinander verknüpft oder über **Integrine** mit der extrazellulären Matrix verbunden. Die Filamente ziehen von Desmosom zu Desmosom (bzw. Hemidesmosom) und verbinden über diese Haftpunkte die Zellen untereinander und mit der extrazellulären Matrix.

> **MERKE**
>
> **Intermediärfilamente** verbinden Desmosomen und Hemidesmosomen und geben dem Zellverband eine **Zugelastizität**.

> **Klinischer Bezug**
>
> **Tumordiagnostik.** Der histopathologische Nachweis unterschiedlicher **Intermediärfilamente** ist sehr hilfreich bei der Tumordiagnose. Die Charakterisierung von Intermediärfilamenten in Metastasen kann einen Hinweis auf die Lokalisation des Primärtumors geben.

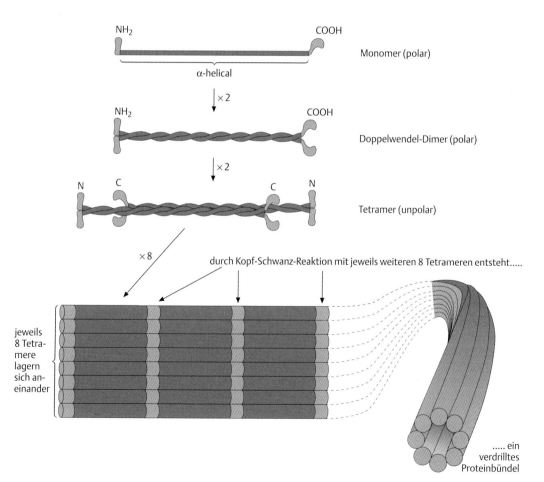

Abb. 2.23   Struktur von Intermediärfilamenten. Im Unterschied zu Mikrotubuli und Actinfilamenten sind Intermediärfilamente nicht polar gebaut.

2

Extrazelluläre Matrix

Die extrazelluläre Matrix füllt die Zwischenräume der Zellen aus und vermittelt so den Kontakt zwischen den Zellen. Sie kann, je nach Art und Funktion des Gewebes, aus den verschiedensten Substanzen bestehen (Fibroblasten bilden Bindegewebe, Chondroblasten bilden Knorpel, Osteoblasten bilden Knochen). Die extrazelluläre Matrix nimmt also ebenfalls Einfluss auf Form und Beweglichkeit von Zellen und Geweben sowie auf deren Stabilität (insbesondere beim Knochen/Knorpel).

Die extrazelluläre Matrix besteht in erster Linie aus **Faserproteinen** (Elastin, Kollagen), die in ein hydratisiertes **Polysaccharidgel** eingebettet sind. Das Polysaccharidgel wird aus **Glucosaminoglycanen** gebildet. Es dient wie ein Wasserkissen dem Druckausgleich. In dieses Polysaccharidgel sind die Faserproteine eingelagert, von denen das Strukturprotein Kollagen und das Anheftungsprotein Fibronectin im folgenden Abschnitt beispielhaft betrachtet werden sollen.

Kollagen

Kollagenprotofibrillen werden am rauen endoplasmatischen Retikulum (S. 41) der Zellen synthetisiert. Sie sind ca. 1000 Aminosäuren lang und lagern sich noch im endoplasmatischen Retikulum zu einer **Tripel-Helix** von **Prokollagenmolekülen** zusammen. Damit diese Prokollagenmoleküle nicht bereits in der Zelle zu Kollagen reagieren, sind die Enden der Protofibrillen durch sogenannte **Extensionspeptide** verlängert. Die Prokollagenmoleküle werden in den Interzellularraum exozytiert. Durch Abspaltung der Extensionspeptide werden die Prokollagenmoleküle zu **Kollagen** (1,5 nm Durchmesser) umgewandelt, welches durch Kopf-Schwanz-Reaktion und seitliche Zusammenlagerung **Fibrillen** (10–300 nm Durchmesser) bildet, die sich zu **Fasern** (0,5–3 µm Durchmesser) zusammenlagern (Abb. 2.24).

Fibronectin

Die Verknüpfung der Zellen mit dem Kollagen der extrazellulären Matrix erfolgt über das Anheftungsprotein Fibronectin. Es handelt sich um ein **Dimer** aus zwei ähnlichen Untereinheiten von je 2500 Aminosäuren, die über zwei Disulfidbrücken am Carboxyende verbunden sind (Abb. 2.25a). Fibronectin hat eine **Bindungsstelle für Kollagen** und eine **Bindungsstelle für das Integrin der Zytoplasmamembran** (Abb. 2.25b). Es dient der Anheftung von Zellen an das Kollagen des Interzellularraumes, also der Kopplung zwischen Zellen und Matrix. Bei verfestigend wirkenden **Hemidesmosomen** (S. 26) ist über Fibronectin das Zytokeratin indirekt mit dem Kollagen verbunden. Bei **fokalen Kontakten** (S. 27), die eine Kriechbewegung der Zelle ermöglichen, verbindet Fibronectin das Actin indirekt mit dem Kollagen.

Lerntipp

Machen Sie sich klar, dass die Verbindung zwischen Zytoskelett und extrazellulärer Matrix indirekt erfolgt: Zytoskelettproteine – Adapterproteine – transmembranöses Integrin – Fibronectin – Kollagen.

2.4.4 Mikrotubuli als Bausteine von Zellorganellen

Basalkörper und Zentriol

Basalkörper und Zentriolen sind Zellorganellen, die aus **Mikrotubuli** aufgebaut werden und nicht von einer Membran umgeben sind.

Jeweils drei Mikrotubuli lagern sich dabei zusammen und bilden eine **Triplettstruktur**. Von diesen Tripletts besteht nur **ein Mikrotubulus** aus allen **13 Protofilamenten**. Die beiden anderen haben nur 10 Protofilamente und benutzen jeweils drei ihres Nachbarn mit. Neun solcher Tripletts bilden dann einen ca. 0,5 µm langen **Hohlzylinder** (9 × 3-Struktur, Abb. 2.26). Radiäre Proteinstrukturen **(Speichen)** verbinden die drei Mikrotubuli eines Tripletts und ziehen zum verdichteten Zylinderinnern, das aus einer Proteinmatrix be-

Abb. 2.24 Kollagenfibrillen. Die periodische Querstreifung ist erkennbar. (aus Lüllmann-Rauch R. Histologie. Thieme 2009)

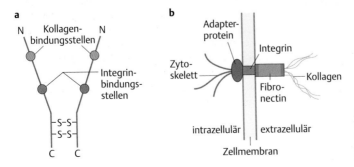

Abb. 2.25 Fibronectin. a Aufbau des Fibronectinmoleküls. **b** Strukturelemente, die an der indirekten Verbindung des Zytoskeletts der Zelle mit dem Kollagen der extrazellulären Matrix beteiligt sind.

steht. Weiterhin ziehen Verbindungsproteine (**Nexine**) vom A-Tubulus eines Tripletts zum C-Tubulus des benachbarten Tripletts und wirken stabilisierend.
Basalkörper (Kinetosomen) sind der **Ursprung von Zilien und Geißeln** und können daher in den Zellen in größerer Zahl vorkommen.
Zentriolen sind wie die Basalkörper aufgebaut und liegen in der bereits erwähnten Zentrosomenregion der Zelle, in der auch die Mikrotubuli des Zytoskeletts entspringen. Sie liegen als **Diplosomen** in Form zweier, senkrecht aufeinanderstehender Zylinder vor, wobei einer dieser Zylinder als Organisationszentrum für die Bildung des zweiten wirkt. Während der späten G_1/S-Phase trennen sich beide Zylinder, es entstehen zwei Zentrosomenregionen, von denen jede ein einzelnes Zentriol enthält. Während der Wanderung der Zentrosomenregionen zu den Zellpolen bildet sich unter Mitwirkung eines Ca^{2+}-bindenden Proteins (**Centrin**) senkrecht auf jedem Zentriol ein zweites Zentriol, so dass wieder Diplosomen entstehen. Die beiden Zentrosomenregionen organisieren während der Mitose die Ausbildung des **Spindelapparates**. Nicht immer ist das Vorhandensein von Zentriolen für die Ausbildung des Spindelapparates nötig, denn in Pflanzenzellen gibt es keine Zentriolen, wohl aber einen mitotischen Spindelapparat.

Zilien und Geißeln

Basalkörper organisieren auch die Ausbildung von Zilien (genauer: Kinozilien) und Geißeln. **Zilien** sind kurz (5–10 µm) und – wenn vorhanden – zahlreich auf einer Zelle vertreten, **Geißeln** sind länger (150 µm), kommen aber nur einzeln oder in geringer Zahl auf Zellen vor. Aus Mikrotubuli aufgebaute Zilien und Geißeln gibt es nur bei eukaryontischen Zellen.

Beide Strukturen sind in dünnen Ausläufern des Zytoplasmas eingebettet und umgeben von der Zytoplasmamembran. Bei der Ausbildung von Zilien und Geißeln geht die Triplettstruktur der Basalkörper (9 × 3) in eine **Duplettstruktur (9 × 2)** über. Im Zentrum des Hohlzylinders bilden sich dann noch einmal zwei vollständige Mikrotubulusstränge aus (**9 × 2 + 2**), die über Proteine miteinander verbunden sind.

Bei den peripheren Duplettstrukturen ist wieder nur **ein Mikrotubulus vollständig** ausgebildet (13 Protofilamente), der zweite besteht aus 10 Protofilamenten und nutzt drei des gepaarten Mikrotubulus mit. Die Dupletts sind über Proteine (**Nexine**) miteinander verbunden. Außerdem ziehen radiäre Proteine als **Speichen** in das Zentrum des Hohlzylinders und reichen hier an eine zentrale Proteinscheide heran, welche die zentrale Duplette umgibt. Aus dem A-Tubulus ragen zwei hakenförmige **Dyneinarme** heraus (Abb. 2.27). Sie können sich mit dem B-Tubulus des benachbarten Dupletts verbinden und unter Energieverbrauch (**ATP-Spaltung**) ihren Winkel so verändern, dass es zu einer relativen Verschiebung benachbarter Dupletts kommt. Da diese jedoch basal fest verankert und seitlich durch Proteine stabilisiert sind, resultiert diese Verschiebung in einer **Krümmung** der Zilie (oder Geißel), was zum Zilienschlag führt. Entfernt man experimentell durch Proteasen die stabilisierenden Proteine, so erfolgt keine Krümmung, sondern die Tubulusdimeren gleiten aneinander entlang.

> **MERKE**
>
> – **Basalkörper** und **Zentriol** haben eine **9 × 3-Struktur**.
> – **Zilien** und **Geißeln** haben eine **9 × 2 + 2-Struktur**.

Zilien und Geißeln dienen der **Fortbewegung** (Spermien, Protozoa), der **Bewegung umgebender Flüssigkeit** (Flimmerepithelien), der **Nahrungssuche** (Protozoa), dem **Transport** von Sekreten (Bronchialtrakt) sowie dem Transport des Eies im Eileiter. Unter Verlust der Beweglichkeit haben sich Zilien zu **sensorischen Rezeptoren** umgewandelt (z. B. Stäbchen und Zapfen der Retina), erkennbar am noch erhaltenen Basalkörper.

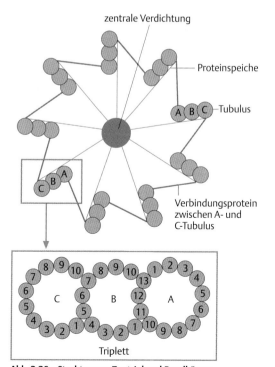

Abb. 2.26   Struktur von Zentriol und Basalkörper.

2

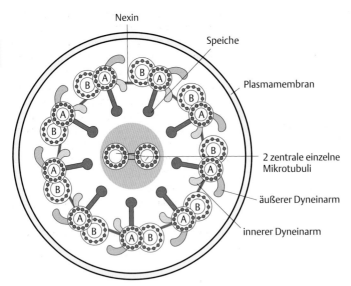

Nexin

Speiche

Plasmamembran

2 zentrale einzelne Mikrotubuli

äußerer Dyneinarm

innerer Dyneinarm

Abb. 2.27   Querschnitt durch eine Geißel.

Kartagener-Syndrom. Hierbei handelt es sich um eine autosomal-rezessiv vererbte Krankheit, bei der durch Mutation eines Gens auf Chromosom 5 **defektes Dynein** gebildet wird. Dadurch ist der Zilien-/Geißelschlag behindert. Der Ausfall der Zilien- und Geißelbewegung führt u. a. zu Problemen beim Schleimtransport im respiratorischen Trakt, beim Eitransport im Eileiter und bei der Spermienbeweglichkeit.

2.4.5 Mitochondrien

Mitochondrien dienen der **aeroben Energiegewinnung** und kommen in Zellen in großer Zahl (100–10 000/Zelle) vor. Nur wenige Zelltypen, wie Erythrozyten, besitzen keine Mitochondrien.

Aufbau

Mitochondrien sind meist ovoid, können aber auch sehr unterschiedliche Formen annehmen und sich sogar verzweigen. Ihre Größe reicht von 0,5 μm bis zu einigen μm Länge. Sie besitzen eine **doppelte Membran**, wobei sich die innere Membran zur Oberflächenvergrößerung sehr stark einfaltet. Nach der **Form der Einfaltung** unterscheidet man morphologisch **3 Typen** von Mitochondrien:

- **Cristaetyp:** Dieser Typ ist charakteristisch für die meisten tierischen Zellen. Die innere Membran bildet flächenförmige Einfaltungen, die im Schnitt wie lange Röhren erscheinen (Abb. 2.28a).
- **Tubulustyp:** Dieser Typ ist auf Zellen beschränkt, die Steroidhormone produzieren, wie z. B. die Zellen der Nebennierenrinde. Die Einstülpungen der inneren Membran sind fingerförmig und erschei-

nen im Schnitt mehr oder weniger rund (Abb. 2.28b).
- **Sacculustyp:** Dieser Typ ist charakteristisch für Pflanzenzellen. Die innere Membran bildet sackförmige Einbuchtungen mit großem Lumen.

Wenn wir jede Membran selbst als einen Reaktionsraum betrachten entstehen in den Mitochondrien **4 verschiedene Reaktionsräume:**
- die äußere Membran,
- die äußere Matrix (oder der Intermembranraum),
- die innere Membran und
- die innere Matrix.

Beide Membranen bilden eine Barriere zur inneren Matrix. Die eigentliche Hürde für den Stoffdurchtritt ist jedoch die innere Membran, da die äußere Membran das Protein **Porin** enthält, welches als Proteinpore praktisch alle Moleküle mit einem **MW < 5000 Dalton** durchlässt.

Funktion

Wie bereits erwähnt, sind die Mitochondrien die Orte der **aeroben Energiegewinnung** der Zellen. Wie aber funktioniert diese Energiegewinnung innerhalb der verschiedenen Kompartimente? Dazu hier ein kurzer Überblick (für Details siehe Lehrbücher der Biochemie).
- In der **inneren Matrix** der Mitochondrien findet der **Citratzyklus** statt. Das zentrale Molekül des Citratzyklus ist Oxalacetat. Dieses reagiert mit aktivierter Essigsäure (Acetyl-Coenzym A) zu Zitronensäure. Durch mehrere enzymatische Reaktionen wird die Acetylgruppe oxidiert, wobei der Kohlenstoff in Form von CO_2 als Abfallprodukt abgegeben und Wasserstoff an NAD^+ und FAD fixiert wird.

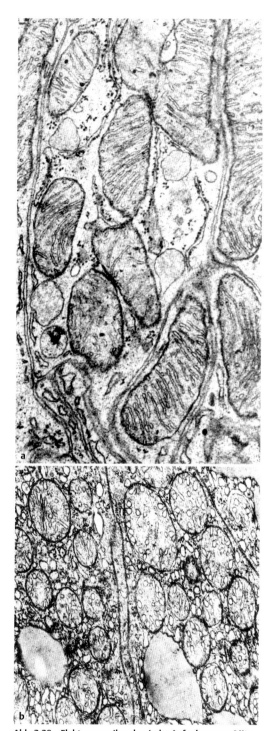

Abb. 2.28   Elektronenmikroskopische Aufnahme von Mitochondrien. a Cristaetyp. **b** Tubulustyp.

– Die Hauptquellen für das Acetyl-CoA sind die Glykolyse (im Zytoplasma der Zelle) und die **β-Oxidation der Fettsäuren**, die – genau wie der Citratzyklus – in der **inneren Matrix** der Mitochondrien stattfindet.

– Der im Zitronensäurezyklus entstandene Wasserstoff wird an der **inneren Membran** der Mitochondrien im Prozess der **oxidativen Phosphorylierung** oxidiert. Im Rahmen dieser „Atmungskette" werden die Elektronen des Wasserstoffs in mehreren Schritten auf Sauerstoff übertragen. Die dabei frei werdende Energie wird genutzt, um einen H^+-Konzentrationsgradienten über die innere Mitochondrienmembran aufzubauen. Dieser Gradient wiederum treibt das Enzym ATP-Synthetase an, welches ADP zu ATP phosphoryliert, dem Energiespeicher der Zelle.

– In braunem Fettgewebe kommt es zu einer **Entkopplung von Atmung und ATP-Synthese**, die Energie wird dann als Wärme frei, die Mitochondrien fungieren dort als Wärmemaschinen (Heizkissen).

 Lerntipp

   Machen Sie sich klar, dass innere Mitochondrienmatrix und innere Mitochondrienmembran die wichtigsten Reaktionsräume für die aerobe Energiegewinnung sind.

Endosymbiontentheorie

Die Endosymbiontentheorie besagt, dass Mitochondrien in der Evolution der Zelle durch eine **Symbiose** von Ur-Eukaryonten mit **aeroben Prokaryonten** entstanden sind, die durch Phagozytose aufgenommen, jedoch nicht abgebaut wurden (Abb. 5.5). Im Verlauf der Evolution haben die Mitochondrien dann ihre Unabhängigkeit von der Zelle verloren.

Ein erster Hinweis zur Bestätigung dieser Theorie, ergab sich schon bei der Aufklärung der Struktur der inneren Mitochondrienmembran. Diese enthält nämlich **Cardiolipin**, welches für Prokaryonten charakteristisch ist. Mitochondrien **vermehren sich** außerdem **unabhängig vom Zellzyklus** durch Wachstum und Teilung. Sie enthalten **ringförmige, doppelhelikale DNA-Moleküle** und zusätzlich einen eigenen **Proteinbiosynthese-Apparat** (eigene Ribosomen).

Beim Menschen besteht die **mitochondriale DNA** aus ca. 16 500 Nukleotiden, die zwei rRNAs, 22 tRNAs und 13 Polypeptide kodiert; es gibt keine Introns. Dadurch sind Mitochondrien zwar in der Lage, Proteine für den Elektronentransport selbst zu synthetisieren, sie sind aber auch auf den **Import einer großen Zahl von Proteinen** angewiesen, die im Kern kodiert werden. Für diesen Protein-Import existieren bestimmte Transportproteine, die in die Mitochondrienmembranen eingelagert sind (**Translokatoren:** innere Membran → **TIM** [translocase of the inner membrane], äußere Membran → **TOM** [translocase of the outer membrane]).

Die **Ribosomen** der Mitochondrien unterscheiden sich in ihrem Sedimentationsverhalten von denen

2

des Zytoplasmas, es sind **70S-Ribosomen**, die aus 50S- und 30S-Untereinheiten bestehen (im Zytoplasma sind es 80S-Ribosomen, die aus 60S- und 40S-Untereinheiten bestehen, Abb. 2.29).

MERKE

Für die **Endosymbiontentheorie** sprechen folgende Eigenschaften der Mitochondrien:
— die Zusammensetzung der inneren Membran und die Bildung von ATP,
— die ringförmige DNA und das Fehlen von Introns im Genom,
— der eigene Proteinsyntheseapparat und das Sedimentationsverhalten ihrer Ribosomen,
— ihre Vermehrung durch Teilung.

Mitochondrial kodierte Merkmale werden zytoplasmatisch vererbt und unterliegen nicht den Mendel-Regeln. Die Merkmale werden **maternal** vererbt, d. h. **von der Mutter auf alle Kinder.**

Klinischer Bezug

Mitochondrien-assoziierte Erkrankungen. Mitochondriale Fehlfunktionen können je nachdem, wo die Störung lokalisiert, ist ein sehr heterogenes Spektrum an Krankheitssymptomen hervorrufen:
— **Mitochondriale Enzephalomyopathien** sind degenerative Krankheiten, die entstehen, wenn Zellen ihren Energiebedarf nicht mehr decken können. Sie betreffen bevorzugt das zentrale und periphere Nervensystem sowie die Muskulatur, also Gewebe mit einem sehr hohen Energiebedarf.
— Die **hereditäre Optikusatrophie** bei Theodor-Leber-Krankheit ist auf unterschiedliche Punktmutationen in den Genen für Untereinheiten der NADH-Dehydrogenase zurückzuführen. Symptome sind dabei ein akut oder subakut auftretender Ausfall des zentralen Gesichtsfeldes, einhergehend mit einer Demyelinisierung und Degeneration der Ganglienzellschicht der Retina und einer vorübergehenden oder dauerhaften Erblindung durch eine Atrophie des Nervus opticus.

Von **Heteroplasmie** spricht man, wenn in einer Zelle sowohl Mitochondrien mit mutiertem als auch mit nicht mutiertem Erbgut nebeneinander vorliegen.

2.4.6 Ribosomen

Ribosomen sind die Orte der **Proteinsynthese**, die im Kap. Translation (S.84) noch detailliert besprochen wird. Sie sind nicht von einer Membran umgeben und bestehen aus **zwei Untereinheiten**, die im Zytoplasma getrennt vorliegen. Nur zur Translation lagern sich die Untereinheiten unter Mitwirkung von Mg^{2+}-Ionen und weiterer Faktoren zusammen. Ribo-

Prokaryonten-Ribosom

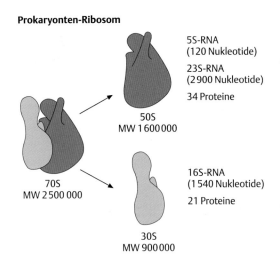

5S-RNA (120 Nukleotide)
23S-RNA (2900 Nukleotide)
34 Proteine

50S MW 1 600 000

70S MW 2 500 000

16S-RNA (1 540 Nukleotide)
21 Proteine

30S MW 900 000

Eukaryonten-Ribosom

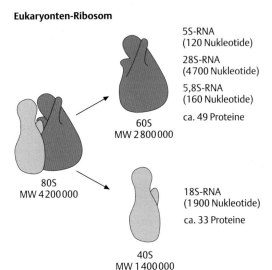

5S-RNA (120 Nukleotide)
28S-RNA (4700 Nukleotide)
5,8S-RNA (160 Nukleotide)
ca. 49 Proteine

60S MW 2 800 000

80S MW 4 200 000

18S-RNA (1 900 Nukleotide)
ca. 33 Proteine

40S MW 1 400 000

Abb. 2.29 Aufbau von prokaryontischen und eukaryontischen Ribosomen.

somen haben eine kurze Lebensdauer (Halbwertszeit 4–5 Tage). Die ribosomalen Untereinheiten sind aus **Ribonukleoproteinen** aufgebaut, d. h. sie bestehen aus Ribonukleinsäure und Proteinen. Da die in den Ribosomen enthaltene Nukleinsäure ausschließlich in diesen Organellen vorkommt, wird sie als ribosomale RNA (**rRNA**) bezeichnet. In den Ribosomen fungiert sie als Strukturmolekül, sie hat aber auch eine Funktion bei der Bildung der Peptidbindung, also eine katalytische Funktion. Solche RNA-Moleküle mit katalytischen Eigenschaften werden als **Ribozyme** bezeichnet.

Die Ribosomen von Prokaryonten und Eukaryonten unterscheiden sich in ihrer Zusammensetzung und damit in ihrem **Sedimentationsverhalten** (Abb. 2.29).

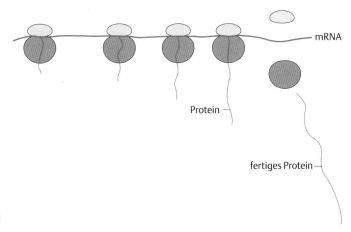

Abb. 2.30 Polysom. Das Ribosom ganz links hat die Synthese gerade begonnen, das ganz rechts hat die Synthese gerade beendet und setzt das Protein frei.

Die Ribosomen der Mitochondrien entsprechen in ihrem Bau den Ribosomen von Prokaryonten.

Während der **Translation** lagern sich die Ribosomenuntereinheiten an einer mRNA zu kompletten Ribosomen zusammen, gleiten über die mRNA, organisieren die Ablesung der Information und die Verknüpfung der Aminosäuren in der richtigen Reihenfolge. Dabei wird ein mRNA-Molekül gleichzeitig von mehreren Ribosomen belegt, es entstehen **Polysomen** (Abb. 2.30). Solche Polysomen können frei im Zytoplasma vorliegen. In der Regel ist dies der Fall bei der Synthese von Proteinen, die auch direkt im Zytoplasma benötigt werden, die nicht glykosyliert oder verpackt werden müssen. Proteine für den Export (Sekrete), für die Zytoplasmamembran (Transmembranproteine) oder für Lysosomen werden an Polysomen gebildet, die auf dem endoplasmatischen Retikulum (S. 41) liegen. Die Information, die den Zielort des Proteins festlegt, ist in der Aminosäuresequenz des sich bildenden Proteins als Signalpeptid (S. 87) verschlüsselt. Die **an einem Polysom** gebildeten Proteine sind **alle identisch!**

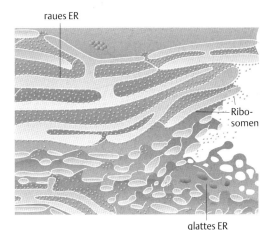

Abb. 2.31 Raues und glattes ER.

| MERKE |

Ribosomen bestehen nur aus Ribonukleinsäuren und Proteinen. Sie sind **nicht** von einer Membran umgeben.

2.4.7 Endoplasmatisches Retikulum

Das endoplasmatische Retikulum ist eine **membranöse Struktur**, welche die ganze Zelle **dreidimensional netzförmig** durchzieht, die Zelle dadurch kompartimentiert und aus **Lamellen**, **Zisternen** und **Tubuli** gebildet wird. Das ER bildet damit unterschiedliche Reaktionsräume und ein die ganze Zelle durchziehendes Transport- und Speichersystem. Es ist in verschiedenen Zelltypen in Abhängigkeit von der Zellfunktion unterschiedlich stark ausgeprägt und

kommt in zwei Erscheinungsformen vor (Abb. 2.31): dem granulären endoplasmatischen Retikulum (**raues endoplasmatisches Retikulum, rER**) und dem agranulären endoplasmatischen Retikulum (**glattes [smooth] endoplasmatisches Retikulum, sER**). Beide Formen können ineinander übergehen, das raue ER entsteht durch die Auflagerung von Ribosomen auf der zytoplasmatischen Seite des Membransystems. Vom ER wird auch die **äußere Hülle des Zellkerns** gebildet, der Zellkern liegt also in einer Zisterne des ER. Der Raum zwischen innerer und äußerer Membran des Zellkerns hat so eine direkte Verbindung mit dem Lumen des ER. Auch die äußere Hülle kann mit Ribosomen besetzt sein.

Raues endoplasmatisches Retikulum (rER)

Wie weiter oben bereits erwähnt, dient das raue ER der Synthese und Modifikation von Exportproteinen, Membranproteinen und lysosomalen Proteinen. Es ist also verstärkt in **sekretorischen Zellen** zu finden. Das raue ER ist überwiegend **lamellenförmig** aufgebaut.

2

Die an den Ribosomen des ER gebildeten Proteine werden bereits während ihrer Synthese durch die Membran in das Lumen des ER eingefädelt (der genaue Mechanismus wird im Kap. Translation am rER (S. 87) beschrieben). Innerhalb des Membranflusssystems werden sie dann **transportiert** und in Zisternen **gespeichert**.

Viele Proteine werden im ER noch während ihrer Synthese **glykosyliert**. Ein an einem Lipidanker (Dolichol) vorgefertigter Kohlenhydratbaum aus 14 Zuckern wird in einem Schritt auf Asparaginseitenketten des sich bildenden Proteins übertragen (N-Glykosylierung). Welche Asparaginseitenketten glykosyliert werden, hängt von der benachbarten Aminosäuresequenz ab (Asn-X-Ser/Thr). Noch im ER wird dieser Kohlenhydratbaum modifiziert.

Die Bildung von **Disulfidbrücken** zwischen Cysteinseitenketten erfolgt ebenfalls im ER. Spezifische Proteine, sogenannte **Chaperone** (S. 88), kontrollieren, ob die Proteine eine korrekte Raumstruktur eingenommen haben und korrigieren diese, indem sie die Proteine bei der Faltung und korrekten Zusammenlagerung unterstützen. Die meisten so gefertigten Proteine werden im nächsten Schritt in **Vesikel** verpackt und zum **Golgi-Apparat transportiert**. Proteine, die am C-terminalen Ende eine bestimmte Signalsequenz enthalten (Lys-Asp-Glu-Leu-Sequenz) werden im ER zurückgehalten und sind für den **Eigenbedarf** des ER bestimmt.

Klinischer Bezug

Hereditärer α_1-Antitrypsinmangel. α_1-Antitrypsin ist ein Proteasehemmer, der über das raue endoplasmatische Retikulum gebildet, über den Golgi-Apparat verpackt und anschließend sekretiert wird. Es wirkt extrazellulär als Hemmstoff von Proteasen, die hauptsächlich von Granulozyten freigesetzt werden, und schützt so die Zellen sowie die extrazelluläre Matrix vor der Verdauung. Bei einer **Mutation** können die Chaperone das α_1-Antitrypsin nicht richtig falten, es wird daher im ER zurückgehalten (obwohl es möglicherweise sogar noch funktionieren würde). Der sich daraus ergebende Mangel an α_1-Antitrypsin im Serum kann zu einem **Lungenemphysem** (Überblähung der Lunge) führen. Parallel dazu kann sich durch die Ablagerung von fehlgefaltetem α_1-Antitrypsin in den Leberzellen eine **Leberzirrhose** (chronische Erkrankung der Leber mit Zerstörung der Läppchen- und Gefäßarchitektur durch eine entzündliche Fibrose) entwickeln.

Ein raues ER, das dicht mit Ribosomen bepackt ist, lässt sich aufgrund des großen Gehaltes an **rRNA** mit basischen Farbstoffen gut anfärben. Es ist dann schon im Lichtmikroskop sichtbar und wird **Ergastoplasma** genannt (z. B. die **Nissl-Schollen** in spezifischen Neuronen).

MERKE

Die an den **Polysomen** auf dem rauen ER gebildeten Proteine werden während der Synthese
- in das Lumen des ER eingefädelt,
- dort glykosyliert,
- in ihre räumliche Struktur gebracht,
- in Vesikel eingeschlossen und zum Cis-Golgi-Netz transportiert.

Glattes endoplasmatisches Retikulum (sER)

sER-Beteiligung beim Aufbau von Membranen

Die Synthese von **Cholesterin** und **Phospholipiden** für die Membranen erfolgt im glatten ER, das eher eine **tubulusartige** Struktur aufweist. Da Membranen von den Zellen nicht „de novo" gebildet werden können, können nur die **bereits vorhandenen Membranen** des ER erweitert und anderen Zellstrukturen zur Verfügung gestellt werden. In den Zellen existiert dafür ein reguliertes **Membranflusssystem**, innerhalb dessen abgeschnürte Membranvesikel zwischen ER, Golgi-Apparat, Lysosomen und Zellmembranen zirkulieren und aufgrund bestimmter Signale mit ihren Zielmembranen verschmelzen und diese erweitern.

Die Synthese der Phospholipide erfolgt durch spezifische Enzyme auf der **zytoplasmatischen Seite** der ER-Membran. Unter Verbrauch von Energie werden dann die fertigen Phospholipide durch „**Flippasen**" auch auf die innere Seite der ER-Membran transportiert.

sER-Beteiligung bei der Entgiftung

Eine weitere wichtige Funktion des glatten ER ist die **Entgiftung** der Zelle. Viele lipophile Xenobiotika (Fremdstoffe und Medikamente, wie z. B. Barbiturate) werden durch eine Gruppe von Enzymen, den **Cytochrom-P450-Monooxygenasen** in Leber- und Nierenzellen durch Oxidation unschädlich gemacht (**Biotransformation**). Durch die Einführung von OH-Gruppen in das Kohlenwasserstoffgerüst werden die lipophilen Substanzen hydrophil und können über die Niere ausgeschieden werden.

Klinischer Bezug

Cytochrom-P450-System. Dieses Schutzsystem kann sich fatalerweise auch in das Gegenteil verkehren, wenn harmlose Produkte wie Benzpyren durch die Wirkung des Cytochrom-P450-Systems in potente **Karzinogene** umgewandelt werden.

Wenn gehäuft Substrate für das Entgiftungssystem anfallen (z. B. während der Behandlung eines Patienten mit **Barbituraten**), induziert dies in den Leberzellen einen Anstieg des Anteils an glattem ER.

Weitere Funktionen des sER

Im glatten ER werden die **Steroidhormone** synthetisiert. Es überwiegt daher in Zellen, die der Synthese dieser Hormone dienen (Nebennierenrinde, Leydig-Zwischenzellen des Hodens, Follikelzellen der Eierstöcke). In Leberzellen findet man beide Formen des ER zu etwa gleichen Anteilen.

Eine weitere Syntheseleistung des glatten ER ist die **Bildung von Speicherfetten** (Triglyceriden), die anschließend im Zytoplasma in Form von Fetttröpfchen gespeichert werden.

Auch in den **Kohlenhydratstoffwechsel** ist das glatter ER eingebunden. Es ist an der **Gluconeogenese** (Synthese von Glucose aus nicht Kohlenhydrat-Vorstufen) und an der **Glykogenolyse** (Glucose-6-Phosphatase-Reaktion) beteiligt. Damit ist es essenziell für die Glucosefreisetzung aus der Leber in den Blutstrom.

MERKE

Funktionen des **glatten ER**:

- Synthese von Phospholipiden (ER als membranbildender Bestandteil des Membranflusssystems),
- Synthese von Cholesterin,
- Entgiftung körperfremder Stoffe (Xenobiotika),
- Synthese von Steroidhormonen,
- Synthese von Speicherfetten,
- Ort der Gluconeogenese und Glykogenolyse.

Klinischer Bezug

Hepatorenale Glykogenose. Glykogenspeicherkrankheiten (Glykogenosen) können auf verschiedene Ursachen zurückgeführt werden, das gemeinsame Merkmal ist jedoch, dass der Glykogenabbau gestört ist. Die hepatorenale Glykogenose (Glykogenose Typ I, Morbus von Gierke) ist z. B. durch einen Defekt des im glatten ER lokalisierten Enzyms **Glucose-6-Phosphatase** bedingt. In den Zellen von Leber, Herz, quer gestreifter Muskulatur und Niere reichert sich Glykogen an, im Blut kommt es zum Glucosemangel (Hypoglykämie) mit entsprechenden sekundären Folgeerscheinungen.

Sarkoplasmatisches Retikulum (SR)

Im **Muskel** wird das glatte endoplasmatische Retikulum als sarkoplasmatisches Reticulum (SR) bezeichnet. Es dient der schnellen intrazellulären Verteilung eingehender Reize zur optimalen **Synchronisation der Kontraktion** der einzelnen Muskelfasern. Aus dem SR werden dabei schlagartig Ca^{2+}-Ionen freigesetzt, die dann eine koordinierte Muskelkontraktion auslösen. Durch ATP-getriebene Ionenpumpen werden die Ca^{2+}-Ionen wieder in das SR zurückgeführt und dort gespeichert. Die Ca^{2+}-Ionenkonzentration im Lumen des SR übersteigt dabei die des Zytosols

um ein Vielfaches, es dient also auch als Ca^{2+}-Ionenspeicher.

2.4.8 Golgi-Apparat

Der Golgi-Apparat steht in engem Zusammenhang mit dem endoplasmatischen Retikulum und ist in das **Membranflusssystem** der Zelle eingebunden. Er wurde 1898 durch **Golgi** entdeckt.

Aufbau

Der Golgi-Apparat einer Zelle besteht aus 1–100 **Diktyosomen** – Stapel flachgedrückter membranöser Zisternen, die peripher dilatieren und Vesikel abschnüren (Abb. 2.32). Diese Stapel sind **halbmondförmig gebogen** und damit polar.

Die konvexe Seite (**cis-Seite**, Regenerationsseite) der Diktyosomen ist dem ER zugewandt und bildet hier das **Cis-Golgi-Netz**.

Vom ER lösen sich **Übergangsvesikel** ab, die Proteine und Lipide enthalten und mit ihren Membranen den Golgi-Apparat regenerieren. Diese Vesikel tragen einen spezifischen „Coat Complex" aus Proteinen (**CO-PII**, Coat Protein Complex II), der als anterogrades Signal vom rER zum Golgi-Apparat dient. Dort verschmelzen die Vesikel mit den Golgi-Zisternen der cis-Seite und geben ihren Inhalt in das Lumen der Zisterne ab.

Durch **laterale Abschnürung** von Vesikeln und Verschmelzung mit der nächsten Zisterne wird das angekommene Material von Zisterne zu Zisterne von der cis-Seite über die Mittelzisternen zur **trans-Seite** (konkave Seite, Reifungsseite) transportiert und dabei prozessiert. An der trans-Seite werden dann über das **Trans-Golgi-Netz** große Sekretvesikel abgeschnürt, die entweder

- **Exportproteine** enthalten (Exozytose),
- die **Zytoplasmamembran** und deren Proteine regenerieren,
- primäre **Lysosomen** sind oder
- wieder zum **ER** zurückfließen.

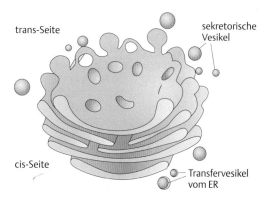

Abb. 2.32   Aufbau eines Diktyosoms.

trans-Seite

sekretorische Vesikel

cis-Seite

Transfervesikel vom ER

2

Vesikel, die wieder zum ER zurückgeführt werden sollen, tragen ein retrogrades Signal, einen weiteren spezifischen „Coat Complex" aus Proteinen (**COPI**, Coat Protein Complex I).

Export von Proteinen

Auf dem Weg durch die Zisternen des Golgi-Apparats werden die Proteine und Lipide **modifiziert**:

- Der bereits im ER modifizierte Kohlenhydratbaum wird weiter verändert (Zucker werden entfernt und neu angehängt) und eventuell wird im Golgi-Apparat erneut glykosyliert (O-Glykosylierung). Dadurch entstehen Glykoproteine und Glykolipide, die später mit ihren spezifischen Kohlenhydratstrukturen die **Glykokalyx** der Zelle bilden. Das Anhängen der Zucker erfolgt durch zuckerspezifische Transferasen (Glykosyltransferasen), von denen die Galaktosyltransferase das Leitenzym des Golgi-Apparates ist.
- Außerdem werden schwefelhaltige Glykoproteine und Mucopolysaccharide durch **Sulfatierung** gebildet,
- Proteine werden **acyliert** (Anhängen von Fettsäuren), **phosphoryliert** und **markiert** (z. B. durch Anhängen von Mannose-6-Phosphat als Sortiersignal für lysosomale Proteine).
- Einige am rauen ER gebildeten Proteine werden als Vorstufen gebildet, sind also noch unreif. Auf dem Weg durch die Golgi-Zisternen können solche unreifen Proteine durch **proteolytische Spaltung** in funktionsfähige reife Proteine umgewandelt werden. Dieses findet man z. B. in den β-Zellen des endokrinen Pankreas, wo inaktives Proinsulin im Golgi-Apparat in aktives Insulin umgewandelt wird. Ist dieser Prozess wie bei der Hyperproinsulinämie gestört, treten Symptome des Diabetes mellitus auf.

Die im Golgi-Apparat modifizierten Proteine werden anschließend gezielt **in Vesikel verpackt** und im Trans-Golgi-Netz abgeschnürt. Die Vesikelmembran bekommt dabei einen Adressaufkleber in Form eines spezifischen Transmembranproteins (**v-SNARE**), der das Vesikelziel kodiert. Diese v-SNAREs werden am Zielort durch andere Transmembranproteine (**t-SNAREs, target-Rezeptor**) nach dem Schlüssel-Schloss-Prinzip erkannt, ermöglichen ein Andocken und die anschließende Fusion mit der Zielmembran.

Die Sekretion der Exportproteine kann **konstitutiv** (ungeregelt, fortlaufend) oder **reguliert** (signalabhängig) erfolgen. Die richtige Füllung der Vesikel ist ein komplizierter Prozess.

- Proteine mit einem Retentionssignal zum **ER** werden in Vesikel verpackt und zum ER zurückgeführt.
- Proteine mit Mannose-6-Phosphat-Signal werden gesammelt, in Vesikel verpackt und als **primäre Lysosomen** abgeschnürt.

- Proteine für die **signalvermittelte Sekretion** lagern sich im Trans-Golgi-Netz zusammen, kondensieren und bilden Proteinaggregate. Diese Aggregate werden erkannt, in Vesikel verpackt und zur Zytoplasmamembran transportiert. Durch die Aggregatbildung wird in den Vesikeln eine vielfach höhere Konzentration erzielt als ohne Aggregation.
- Vesikel für die **konstitutive Sekretion** aggregieren nicht. Sie werden durch den normalen Vesikelfluss zur Zytoplasmamembran transportiert und dort ausgeschieden.

Bei der Vesikelbildung im Trans-Golgi-Netz spielen die bereits besprochenen Mechanismen der Endo- (S. 30) und Exozytose (S. 29) eine Rolle. **Clathrin-Moleküle** und unterschiedliche **Adaptine** helfen beim „Einsammeln" der korrekt beladenen Frachtrezeptoren und realisieren die Vesikelbildung („coated vesicles"). Nach der Abschnürung der Vesikel vom Trans-Golgi-Netz wird das Clathrin entfernt. Beim Vesikelverkehr zwischen ER und Golgizisternen sowie zwischen den einzelnen Golgizisternen wird nicht Clathrin, sondern ein anderes hüllenbildendes Protein, das **Coatomer** zur Vesikelbildung benutzt.

 Lerntipp

> Man kann sich den Golgi-Apparat wie ein zentrales, zelluläres Auslieferungslager vorstellen: Er modifiziert die Fracht, verpackt sie in Vesikel und versieht die Vesikel mit „Adressaufklebern", damit sie zum richtigen Zielort gelangen.

Klinischer Bezug

I-Zellen-Krankheit. Eine Fehlfunktion des **Golgi-Apparates**, die mangelhafte Übertragung von Phosphatgruppen an Mannose, das als Mannose-6-Phosphat Signalcharakter hat (Signal für lysosomales Enzym), führt zu einer Fehlfunktion der Lysosomen. Diese Krankheit wird als I-Zellen-Krankheit (I von inclusion cells = Zellen mit Einschlusskörpern) oder Mucolipidose II bezeichnet. Die für die Lysosomen bestimmten hydrolytischen Enzyme können nicht in Lysosomen verpackt werden. Die Krankheitssymptome entstehen durch eine Ansammlung von Lipiden und Polysacchariden in den funktionsunfähigen Lysosomen und die unkontrollierte Freisetzung der für die Lysosomen bestimmten Enzyme in die extrazelluläre Matrix. Charakteristische Krankheitssymptome sind u. a. schwere Skelettdefekte mit Brustkorb- und Wirbelsäulendeformation, Hüftgelenksbeeinträchtigung, Knochenbrüche, Leisten- oder Nabelbrüche, allgemeine muskuläre Schwäche, ausgeprägte Zahnfleischwucherung und vergrößerte Zunge.

2.4.9 Lysosomen

Primäre Lysosomen

Primäre Lysosomen sind Vesikel, die vom **Golgi-Apparat** abgeschnürt werden und in der Regel für den intrazellulären Bedarf bestimmt sind. Angefüllt mit hydrolytischen Enzymen dienen sie der **intrazellulären Verdauung**. Wichtige Enzymgruppen sind Phosphatasen, Proteasen, Glykosidasen, Phospholipasen, und Nukleasen, also Enzyme, die in der Lage sind, die großen Makromoleküle aufzuspalten. Man kann diese Enzyme unter dem Begriff **saure Hydrolasen** zusammenfassen, da sie bei einem sauren pH-Wert unter Wassereinlagerung (Hydrolyse) Makromoleküle spalten. Der pH-Wert innerhalb der Lysosomen liegt bei pH 4,5–5, Protonenpumpen der lysosomalen Membran sorgen für ein entsprechendes Milieu. Auf der inneren Membranseite liegende spezielle Glykolipide schützen die Lysosomen vor der Selbstverdauung.

Sekundäre und tertiäre Lysosomen

Nachdem die primären Lysosomen vom Golgi-Apparat abgeschnürt worden sind, verschmelzen sie mit anderen Vesikeln und werden so zu **sekundären Lysosomen**, in denen der hydrolytische Abbau der Makromoleküle erfolgt. Dabei verbleiben in den Lysosomen oft unverdauliche Lipidbestandteile, die enzymatische Aktivität der Lysosomen lässt nach und kommt zum Erliegen. Solche „erschöpften" Lysosomen werden als **tertiäre Lysosomen**, Telolysosomen oder Residualkörper bezeichnet. In einigen Geweben ist die Ausschleusung der Residualkörper aus den Zellen nicht möglich, sie sammeln sich an und sind als Alterspigment (**Lipofuszin**) nachweisbar (Leber, Herzmuskel, Neurone). Wenn sich zuviel Lipofuszin in den Zellen ansammelt, kann dies die Zellfunktion beeinträchtigen.

Lysosomen-Funktionen

Lysosomen haben als **Verdauungsapparat** der Zelle verschiedene Funktionen.

Autophagie

Auch Zellorganellen altern! Damit sich die Zelle nicht mit funktionsunfähigen überalterten Organellen füllt, werden gealterte Strukturen vom ER mit einer Membran umgeben und zum **Autophagosom**. Die Autophagosomen verschmelzen mit primären Lysosomen, es bilden sich **Autophagolysosomen** (Abb. 2.33). Die funktionsunfähigen Strukturen werden durch die hydrolytischen Enzyme der Lysosomen abgebaut und die Bausteine über transmembranöse lysosomale Transportproteine ins Zytoplasma zurückgeführt.

Heterophagie

Von der Zelle aus dem Extrazellularraum durch Phagozytose aufgenommene Partikel, sogenannte **Heterophagosomen**, verschmelzen mit primären Lysosomen zu **Heterophagolysosomen** und werden abgebaut. Die Grundbausteine werden wieder ins Zytoplasma zurückgeführt und in den Zellstoffwechsel eingebracht (Abb. 2.33). Mikroorganismen werden auf diese Art von phagozytierenden Zellen, die das **Immunsystem** unterstützen, vernichtet. Proteinfragmente der Mikroorganismen werden über **MHC-Moleküle** (S. 65) auf der Oberfläche der Fresszellen präsentiert (Abb. 2.45) und stimulieren das spezifische Immunsystem.

Rezeptorvermittelte Pinozytose

Nach rezeptorvermittelter Pinozytose durchlaufen die Pinozytosevesikel die **Endosomenfraktion** (S. 31). Die **späten Endosomen** verschmelzen mit Lysosomen (Abb. 2.33), ihr Inhalt wird abgebaut und ebenfalls recycelt.

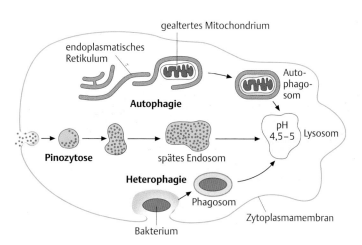

Abb. 2.33 Verdauungsfunktion von Lysosomen. (nach Alberts B. et al. Molekularbiologie der Zelle. 4. Aufl., Weinheim, WILEY-VCH 2004)

2

Differenzierungs- und Abbauprozesse

Während der **Embryonalentwicklung** wird der Ab- und Umbau von Müller- bzw. Wolff-Gang und die Rückbildung des Uterus durch lysosomale Enzyme bewirkt. Die Sekretion lysosomaler Enzyme durch Osteoklasten formt im Wechselspiel mit Osteoblasten die **Knochensubstanz.**

Akrosomenreaktion

In den **Spermien** bilden Lysosomen das **Akrosom** (das ist ein Riesenlysosom), welches bei der Besamung der Eizelle dem männlichen Zellkern durch das Enzym **Hyaluronidase** den Weg durch die Zona pellucida zur Eizelle bahnt.

Prozessierung von Proteinen

Durch die Enzyme der Lysosomen werden nicht nur Substanzen abgebaut, sondern auch **Enzyme und Hormone** „prozessiert", d. h. posttranslational von inaktiven in **aktive Formen** überführt (z. B. die Umwandlung von Thyreoglobulin in Trijod- und Tetrajodthyronin).

Fehlfunktionen von Lysosomen

Die Fehlfunktion von Lysosomen kann zu verschiedenen **schweren Krankheiten** führen. Die Stabilität der Lysosomenmembran ist von besonderer Bedeutung: Wird sie bei **Gicht** oder **Silikose** beschädigt, werden lysosomale Enzyme in das Zytoplasma freigesetzt und es kommt zu entzündlichen Reaktionen. **Cortisone** stabilisieren die Lysosomenmembran und wirken damit entzündungshemmend.

Werden durch Mutationen lysosomale Enzyme funktionsuntüchtig, kommt es zur Überladung von Zellen mit endozytierten, jetzt jedoch nicht abbaubaren Stoffen. Man kennt viele solcher **Speicherkrankheiten,** die auf lysosomale Defekte zurückzuführen sind.

Klinischer Bezug

Lysosomen-assoziierte Erkrankungen. Eine Vielzahl unterschiedlicher Krankheiten ist auf die Fehlfunktion einzelner **lysosomaler Proteine** zurückzuführen. Dazu gehören die **Tay-Sachs-Krankheit** (Mangel an β-N-Hexosaminidase-A), **Glykogenose Typ II** (Defekt der 1→4-Glucosidase) und **Zystinose** (massive Cystinkristallspeicherung in Lysosomen auf Grund eines defekten Cystintransporters in der lysosomalen Membran).

2.4.10 Peroxisomen

Peroxisomen sind kleine Vesikel, die jedoch im Unterschied zu Lysosomen nicht vom Golgi-Apparat abgeschnürt werden und einen anderen Satz von Enzymen besitzen. Man findet sie besonders in **Leber- und Nierenzellen.** Im Elektronenmikroskop sind Peroxisomen an einem dunklen Kern aus **kristallisierter**

Uratoxidase erkennbar. Man nimmt an, dass es sich bei Peroxisomen um Reste eines urzeitlichen Organells handelt, welches früher dem Schutz vor Sauerstoff diente und heute nützliche **Oxidationsreaktionen** realisiert.

Peroxisomen sind **sehr kurzlebig (40–70 h)** und haben einen Durchmesser von 0,2–1,5 µm. Sie können sich durch Wachstum und Teilung **selbst replizieren** und sind damit **teilautonom.** Da sie jedoch weder über ein Genom noch über einen Proteinsyntheseapparat verfügen, müssen alle Proteine aus dem Zytoplasma aktiv aufgenommen werden. Diese Proteine werden an einer Signalsequenz am carboxyterminalen Ende von löslichen Peroxin-Proteinen **(PEX)** erkannt, binden an PEX-Proteine der Peroxisomenmembran und werden im gefalteten Zustand in die Peroxisomen transportiert. Die peroxisomalen Membranproteine werden vom ER in Vesikelform abgeschnürt und durch Fusion dieser Vesikel mit Peroxisomenvesikeln in die Peroxisomenmembran integriert. Neben der vesikulären Form der Peroxisomen scheint es noch ein **tubuläres peroxisomales Retikulum** zu geben. In den Peroxisomen finden wir neben vielen anderen Enzymen **Superoxiddismutase, Oxidasen** und **Katalasen.**

Ihre **Aufgaben** sind:
— der Abbau von langkettigen (> 22 C) und komplexen Lipiden wie Prostaglandine durch **β-Oxidation,**
— die **Entgiftung** (ca. 50 % des aufgenommenen Alkohols werden in Peroxisomen zu Acetaldehyd oxidiert),
— der **Abbau von H_2O_2,** welches durch Oxidasewirkung anfällt und ein starkes Zellgift ist.
— die **Biosynthese** von Etherlipiden (sogenannter Plasmalogene), des Cholesterins und der Gallensäuren.

Die Oxidasen der Peroxisomen übertragen Wasserstoff direkt auf Sauerstoff. Das dabei gebildete giftige Wasserstoffperoxid wird sofort durch Katalase in Wasser und Sauerstoff zerlegt oder von der Peroxidase zur Oxidation organischer Substrate genutzt.

1. Oxidase: $RH_2 + O_2 \rightarrow R + H_2O_2$
2. Katalase: $2\,H_2O_2 \rightarrow 2\,H_2O + O_2$
oder
2. Peroxidase: $RH_2 + H_2O_2 \rightarrow R + 2\,H_2O$

Klinischer Bezug

Adrenoleukodystrophie. Eine X-chromosomal-rezessiv vererbte Erkrankung, bei der eine wichtige Funktion der **Peroxisomen** gestört ist, ist die Adrenoleukodystrophie, eine X-chromosomal rezessiv vererbte Krankheit. Sie gekennzeichnet durch schwere Schäden der Myelinscheiden von Nerven, insbesondere in der weißen Hirnsubstanz. Zusätzlich ist bei den Patienten die Funktion der

Nebennierenrinde stark beeinträchtigt. Die Symptome dieser Krankheit entstehen durch Entzündungen der Myelinscheiden, hervorgerufen durch langkettige Fettsäuren, die in Peroxisomen nicht abgebaut werden können.

Zellweger-Syndrom. Ein Fehlen der **Peroxisomen** führt zu dem schweren, tödlichen Zellweger-Syndrom (Zerebrohepatorenales Syndrom). Bei dieser seltenen autosomal-rezessiv vererbten Erkrankung ist die Biogenese der Peroxisomen gestört, wodurch alle peroxisomalen Stoffwechselwege fehlen. Die betroffenen Kinder sterben meist noch während des ersten Lebensjahres.

2.4.11 Zellkern (Nucleus)
Aufbau
Im Zellkern liegt die genetische Information verpackt in Chromosomen vor. Nur **Eukaryonten** haben einen Zellkern. Er ist von einer **doppelten Membran** umgeben, wobei die äußere Membran vom endoplasmatischen Retikulum gebildet wird (Abb. 2.34). Die Form der Zellkerne kann sehr vielgestaltig und von der Form der Zelle abhängig sein. Die Zellkerne der meisten Zellen sind rund bis oval, in flachen Zellen, wie z. B. Endothelien, nimmt jedoch auch der Zellkern eine abgeflachte Form ein. Zellkerne können sich durch Einbuchtungen ihrer Kernmembranen sehr stark zergliedern und dabei ihre Oberfläche vergrößern (z. B. in polymorphkernigen Granulozyten).
Die meisten Zellen sind **einkernig**, es gibt sekundär **kernlose** Zellen (Erythrozyten von Säugern) aber auch **mehrkernige** Zellen (z. B. in Hepatozyten und in Osteoklasten), die entweder durch Verschmelzung einkerniger Zellen (**Synzytium**) oder durch Kernteilung ohne nachfolgende Plasmateilung entstehen (**Plasmodium**).
Der Raum zwischen den beiden Kernmembranen, der **perinukleäre Raum**, ist **ca. 20–40 nm** breit und hat eine direkte Verbindung zum Lumen des ER. Der inneren Kernhülle ist eine Schicht von spezifischen Intermediärfilamenten (**Kernlaminen**) aufgelagert. Je nach Phosphorylierungsgrad aggregieren oder disaggregieren diese Intermediärfilamente und sorgen für die Stabilität der Kernmembran. Durch die Abgrenzung des Karyoplasmas vom Zytoplasma kann die Zelle im Zellkern ein völlig unterschiedliches Milieu herstellen und damit die Prozesse der Replikation, Transkription und des posttranskriptionalen „Processing" von Nukleinsäure völlig unbeeinflusst von zytoplasmatischen Enzymen ablaufen lassen. Natürlich sind dieser Abgrenzung auch Grenzen gesetzt, denn letztlich muss die Information der im Kern liegenden DNA irgendwie ins Zytoplasma gelangen, und zytoplasmatische Proteine und Signalstoffe müssen in den Zellkern hinein können. Um solche Prozesse zu realisieren, sind an manchen Stel-

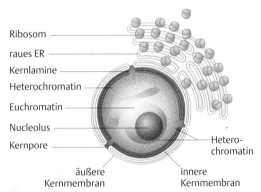

Ribosom
raues ER
Kernlamine
Heterochromatin
Euchromatin
Nucleolus
Kernpore
Heterochromatin
äußere Kernmembran
innere Kernmembran

Abb. 2.34   Nucleus. Idealisierte Darstellung eines Schnitts durch den Zellkern. (nach Königshoff M, Brandenburger T. Kurzlehrbuch Biochemie. Thieme 2012)

len die äußere und innere Kernmembran miteinander „verschweißt" und bilden **Kernporen**, die bis zu **5–25 %** der Kernoberfläche ausmachen.
Diese Kernporen sind sehr komplex gebaut, der **Durchtritt** von Substanzen in und aus dem Zellkern wird **genau kontrolliert**. An den Kernporen sind auf beiden Seiten, d. h. sowohl auf der Innenmembran als auch auf der Außenmembran **je 8 Proteine** integriert. Diese Proteine „verschweißen" die Doppelmembran am Rande des Porenlumens und liegen sich gegenüber. Das Porenlumen ist **ca. 10 nm** groß und gestattet den Durchtritt von Proteinen mit einer Proteinmasse bis ca. 60 000 Da. DNA kann aufgrund ihrer Größe nicht durch die Kernporen aus dem Zellkern gelangen.
Die Passage dieser Poren ist nur mithilfe von **Transportproteinen** möglich. Die für den Import zuständigen Proteine erkennen über eine Kernimportsignalsequenz in der Aminosäurekette der zu importierenden Proteine ihre „Fracht" und schleusen sie in den Zellkern hinein.

> **MERKE**
>
> **Kernporen** verbinden Karyoplasma und Zytoplasma. Der Durchtritt von Substanzen wird durch **Transportproteine** realisiert und durch den **Proteinkomplex** der Kernporen kontrolliert.

Chromosomensatz
Innerhalb des Zellkerns ist – in der DNA der **Chromosomen** – der Hauptteil der genetischen Information lokalisiert.
Die **Zahl n** der Chromosomen pro Kern ist artspezifisch und bestimmt das Genom. Der Mensch hat **n = 23** Chromosomen im **haploiden** (einfachen) Chromosomensatz. Die meisten Zellen besitzen jedoch einen doppelten, also **diploiden (2n)** Chromosomensatz: einen mütterlichen und einen väterlichen. Reife Ei- und Samenzellen sind haploid.

2

Euchromatin und Heterochromatin

Die Chromosomen sind normalerweise im **Interphasekern** (S.51) nicht sichtbar, da sie in ihrer **aktiven Form** vorliegen und **entspiralisiert** sind (**Euchromatin**). Man kann jedoch im Licht- und Elektronenmikroskop färbbare bzw. kontrastierbare Strukturen erkennen, die ein feinmaschiges Netz aber z.T. auch größere elektronendichte Bereiche bilden. Hierbei handelt es sich um teilweise spiralisierte, inaktive Abschnitte der DNA, das **Heterochromatin**. In Abhängigkeit von der Aktivität der unterschiedlichen Chromosomenabschnitte gehen Eu- und Heterochromatin ineinander über. Diese Form des Heterochromatins wird **fakultatives Heterochromatin** genannt und ist abhängig vom Aktivitätszustand der Zelle. Es gibt jedoch auch chromosomale Abschnitte die immer als Heterochromatin (**konstitutives Heterochromatin**) vorliegen, z.B. die Zentromerregion der Chromosomen und die Telomere (die Chromosomenenden).

In Zellen weiblicher Organismen wird eines der beiden X-Chromosomen zur Dosiskompensation (S.99) komplett inaktiviert. Dieses Chromosom ist eine stark anfärbbare, schon lichtmikroskopisch sichtbare heterochromatische Struktur. Man bezeichnet sie als **Sexchromatin** und findet es z.B. als **Barr-Körperchen** in den Kernen von Epithelzellen oder als „Drumstick" in den Kernen von polymorphkernigen Granulozyten (weiße Blutkörperchen).

> **MERKE**
>
> **Euchromatin** = entspiralisiert und potenziell transkriptionell aktiv
> **Heterochromatin** = (hoch-)spiralisiert und inaktiv

Weitere funktionelle Strukturen des Zellkerns sind:
- **Kernflecken** (Speckles), die oft in der Nähe aktiver Gene gefunden werden und Splicing-Faktoren (S.82) enthalten.
- **Cajal-Bodies** (Coiled Bodies): Fädige Strukturen, die wahrscheinlich an der Biogenese von snRNPs (small nuclear Ribonucleoprotein Particle) und snoRNPs (small nucleolar Ribonucleoprotein Particle) beteiligt sind. snRNPs sind Bausteine von Spleißosomen (S.82), snoRNPs dienen der Modifikation anderer Ribonukleinsäuren.
- **Gemini of Coiled Bodies (GEMS)**: Punktförmige nukleäre Strukturen, die mit den fädigen Coiled Bodies assoziiert und an der Reifung von snRNPs beteiligt sind.

Nucleolus

Morphologisch lässt sich innerhalb des Zellkerns noch eine weitere heterochromatische Struktur abgrenzen, der Nucleolus. Es handelt sich dabei um eine Anhäufung von **Ribonukleoproteinen**, die teilweise fibrillär als **Netzwerk**, teilweise auch **clusterförmig** vorliegt. Im fibrillärer Anteil erfolgt die Synthese der 45S-prä-rRNA durch die RNA-Polymerase I (wird anschließend in 28S-, 18S- und 5,8S-rRNA zerschnitten), im granulärer Anteil erfolgt der Zusammenbau der ribosomalen Untereinheiten.

Zellkerne können **mehrere** Nucleoli haben. Innerhalb des Nucleolus liegen die Abschnitte der DNA, die für die **ribosomale RNA** kodieren. Das sind beim Menschen die sekundären Einschnürungen der akrozentrischen Chromosomen (13–15, 21, 22). Diese sekundären Einschnürungen werden als **NOR-Region** (Nucleolus Organisator Region) bezeichnet und enthalten in vielen aufeinanderfolgenden Kopien die genetische Information für rRNA. Theoretisch könnte es beim Menschen aufgrund des diploiden Chromosomensatzes 10 Nucleoli geben, praktisch sind es nur ein oder zwei, da sich die entsprechenden Chromosomenabschnitte zusammenlagern. Die Proteine, die für den Aufbau der Ribosomen benötigt werden, müssen aus dem Zytoplasma in den Zellkern importiert werden. Noch innerhalb des Nucleolus werden aus der rRNA und aus den importierten Proteinen die Ribosomenuntereinheiten zusammengesetzt.

> **MERKE**
>
> Der **Nucleolus** ist Bildungsort und Lager der **Ribosomenuntereinheiten**. In ihm liegen die Chromosomenabschnitte, die für **rRNA** kodieren.

„Verpackung" der DNA

Die 2 nm starke DNA ergibt beim Menschen aufgeknäuelt eine Fadenlänge von **ca. 2 m**, die in einem Zellkern von ca. 5–10 µm untergebracht werden muss. Es muss für solche großen Moleküle auf so engem Raum ein Organisationsprinzip geben, das nicht benötigte Information platzsparend archiviert (verpackt) und benötigte Information griffbereit hält.

Wie ist innerhalb der Chromosomen die DNA organisiert? Hier spielen die **Histone** eine ganz wesentliche Rolle. Histone sind basische Strukturproteine (**keine Enzyme!**), sie können daher gut mit der sauren DNA in Wechselwirkung treten und werden in 5 Klassen unterteilt: H1, H2A, H2B, H3 und H4.

Von diesen Proteinen lagern sich je 2 H2A-, H2B-, H3- und H4-Histone zu einem flachen, oktameren, basischen **Proteinzylinder** zusammen, um den sich die saure DNA-Doppelhelix windet (jeweils 140 Basenpaare um einen Zylinder). Die dadurch entstehenden Strukturen werden als **Nukleosomen** bezeichnet. Sie sind durch eine ca. 60 Basenpaare lange **Spacerregion** getrennt. An diese **Linker-DNA** lagert sich das Histonmolekül **H1**. Dadurch entsteht ein ca. 11 nm starker Nukleosomenfaden (Abb. 2.35). Der Nukleosomenfaden ist jedoch nicht statisch, Ver-

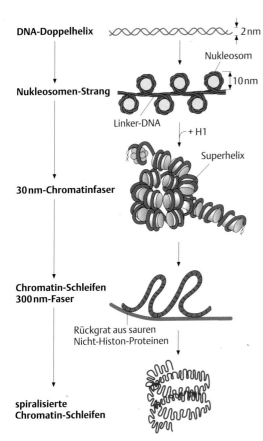

DNA-Doppelhelix · 2 nm

Nukleosom

Nukleosomen-Strang · 10 nm

Linker-DNA

+ H1

Superhelix

30 nm-Chromatinfaser

Chromatin-Schleifen 300 nm-Faser

Rückgrat aus sauren Nicht-Histon-Proteinen

spiralisierte Chromatin-Schleifen

Abb. 2.35 Verpackung der DNA bis hin zum Metaphase-chromosom. (nach Knippers R. Molekulare Genetik. Thieme 2006)

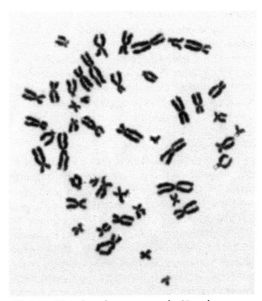

Abb. 2.36 Metaphasechromosomem des Menschen.

Lerntipp

Die Verpackung der DNA und die dadurch resultierende Verkürzung des DNA-Fadens um das 10 000-Fache werden durch einfache Prinzipien erreicht:
1. Aufwickeln
2. Spiralisieren
3. Schleifenbildung
4. erneutes Spiralisieren

schiebungen zwischen nukleosomaler und Spacer-DNA sind möglich.

Die H1-Histone lagern sich zusammen, es kommt zu einer **Spiralisierung** unter Bildung eines kompakten Nukleosomenfadens, der **30-nm-Faser**.

Die 30-nm-Faser wird an einem Rückgrat von sauren **Nicht-Histon-Proteinen** in Schleifen gelegt was zu einer weiteren Verkürzung und zu einem ca. **300 nm starken Faden** führt. Die Schleifen sind unterschiedlich groß, werden nochmals **spiralisiert**, wodurch eine **10 000-fache Verkürzung** des DNA-Fadens erreicht wird. Die Schleifenkomplexe können im **Metaphasechromosom** durch Färbungen sichtbar gemacht werden **(Chromomerenbanden)**.

Die Struktur der Histone ist in der Evolution stark konserviert (evolutive Konstanz), d. h. schon kleine Veränderungen der Aminosäuresequenz der Histone beeinträchtigen ihre Funktionsfähigkeit und werden ausselektiert.

Derartig komplex verpackte Chromosomen können weder repliziert noch transkribiert werden. Dieser hohe „Verpackungsgrad" kommt daher nur in der **Transportform** der Chromosomen, im sogenannten Metaphasechromosom vor.

Metaphasechromosom

Für **Zellteilungsvorgänge** werden die Chromosomen **maximal spiralisiert** und gefaltet und in ihre Transportform (S. 48) gebracht. Sie sind dann während der Mitose als sogenannte **Metaphasechromosomen** lichtmikroskopisch sichtbar und können morphologisch klassifiziert werden. Sie haben **2 Schenkel** (Abb. 2.36), die an der sog. **primären Einschnürung** zusammenkommen und dann wieder auseinanderlaufen. Diese beiden Schenkel heißen **Chromatiden** und sind in ihrer Nukleotidabfolge normalerweise identische Kopien, da in der S-Phase des Zellzyklus ein Strang als Matrize des anderen fungiert. Näheres hierzu im Kap. Replikation (S. 75).

Einige (sog. akrozentrische) Chromosomen haben noch eine zweite **sekundäre Einschnürung**, die distal liegt und einen **Satelliten** abgrenzt (beim Menschen die Chromosomen: **13–15, 21** und **22**).

Interphasechromosom

Im **Interphasekern** sind nur diejenigen Chromosomenabschnitte stärker spiralisiert, die nicht transkribiert werden. DNA-Abschnitte, die transkribiert werden, sind bis zum Nukleosomenfaden entspiralisiert. Dieses Prinzip der **Entspiralisierung für die Transkription** kann man im Lichtmikroskop bei zwei Sonderformen von Chromosomen erkennen.

Lampenbürstenchromosomen

Die **Meiose in Oozyten** läuft in verschiedenen Phasen (S.55) ab. In einer dieser Phasen, dem **Diktyotän** bzw. Diplotän (S.56), wird die Meiose I unterbrochen. Bei einigen Organismen (z.B. Amphibien) wird jetzt die DNA transkribiert und es werden große Vorräte an Dotter und RNA gebildet. Dazu werden die schon spiralisierten mikroskopisch sichtbaren **gepaarten homologen Chromosomen** wieder teilweise entspiralisiert. Die zu transkribierenden Abschnitte der DNA ragen dann in Form von **Schleifen** aus den Chromosomenfäden heraus. Die Form dieser Schleifen sieht aus, wie eine Bürste zum Putzen von Petroleumlampen, daher heißen solche Chromosomen auch **Lampenbürstenchromosomen** (Abb. 2.37a). Durch den Einsatz von **³H-markiertem Uridin** konnte man autoradiografisch zeigen, dass an den Chromatinschleifen RNA gebildet wird.

Riesenchromosomen

Ein weiteres Beispiel sind die Riesenchromosomen in den Zellen der **Speicheldrüsen von Dipteren** (zweiflügligen Insekten). Diese Chromosomen entstehen dadurch, dass die Zelle in der S-Phase zwar die Chromatidenzahl verdoppelt, aber **keine Chromatiden- und Zelltrennung** (S.53) durchführt. Dieser Zyklus wird zehnfach durchlaufen und heißt **Endoreplikation**. Das Ergebnis sind **polytaene Riesenchromosomen** mit 1024 parallel liegenden, „gebündelten" Chromatiden, die wegen ihrer Dicke selbst im Interphasekern gut sichtbar sind. Die homologen Chromosomen liegen hier ausnahmsweise auch im Interphasekern gepaart vor, die Zellen sind dadurch **scheinbar haploid**, ihre Chromosomen haben eine Länge von bis zu 0,5 mm und einen Durchmesser von ca. 25 µm (Abb. 2.37b). In Riesenchromosomen liegen identische Gene innerhalb von sichtbaren **Chromomerenbanden** parallel nebeneinander. Im Mikroskop kann man häufig Auflockerungen, seitliche Ausstülpungen von einzelnen Chromomerenbanden erkennen. Diese Auflockerungen heißen „Puffs" oder „Balbiani-Ringe" und sind ein Zeichen für Entspiralisierung und Transkription der DNA, wie man ebenfalls mit ³H-Uridin nachweisen konnte. Durch die Induktion der Transkription lassen sich **Rückschlüsse auf die Genverteilung** im Chromosom

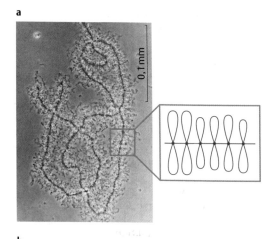

a

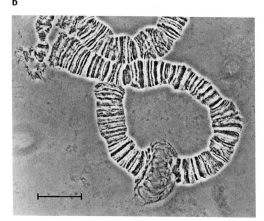

b

Abb. 2.37 Sonderformen von Chromosomen. a Struktur eines Lampenbürstenchromosoms. **b** Riesenchromosom (Balken entspr. 20 µm). (a: aus Passarge E. Taschenatlas Humangenetik. Thieme 2008. b: aus Hirsch-Kauffmann M, Schweiger M, Schweiger MR. Biologie und molekulare Medizin. Thieme 2009; Aufnahme: Erdström JE, Heidelberg)

ziehen, was man für die Anfertigung von Genkarten genutzt hat.

Check-up

✓ Verdeutlichen Sie sich den Aufbau und die Funktion der Zellorganellen.

✓ Rekapitulieren Sie, von wie vielen Membranen die einzelnen Zellorganellen umgeben sind.

✓ Erklären Sie, wie Membranen gebildet werden.

✓ Machen Sie sich klar, welche Funktionen ER und Golgi-Apparat haben.

✓ Rekonstruieren Sie die Verpackung der DNA bis hin zum Metaphasechromosom.

✓ Erklären Sie, wie Lampenbürsten- und Riesenchromosomen entstehen und wie an diesen Chromosomen die Übergänge von Eu- und Heterochromatin sichtbar werden.

2.5 Zellzyklus, Zellteilung, Fortpflanzung, Embryonalentwicklung

Lerncoach

- Mitose, Meiose und die Zellzyklusregulation sind wichtig für Wachstum und Entwicklung. In der ersten ärztlichen Prüfung werden Fragen zu diesen Themen regelmäßig gestellt.
- Auch in diesem Kapitel gibt es Überschneidungen mit der Biochemie und der Embryologie, es bietet sich daher zum fächerübergreifenden Lernen an.

2.5.1 Überblick und Funktion

Wir haben in der DNA den Speicher der genetischen Information kennengelernt und wollen im Folgenden die **Weitergabemechanismen dieser Erbinformation** besprechen. Das schließt die **ungeschlechtliche** Weitergabe von Erbinformation durch mitotische Zellteilung, den Zellzyklus und seine Kontrolle und die **geschlechtliche** Fortpflanzung von der Reifung der Geschlechtszellen bis hin zur frühen Embryonalentwicklung ein.

Mitose ist das Vermögen der Zellen zur **Selbstreproduktion**. Voraussetzung für eine Mitose ist die **Replikation**, die semikonservative Verdopplung des genetischen Materials und darauf folgend dessen **Verteilung auf die Tochterzellen**. Mutter- und Tochterzellen sind damit **genetisch identisch**. Der eigentlichen Mitose (Chromatidentrennung) folgen die **Kernteilung** (Karyokinese) und die **Zellteilung** (Zytokinese). Während der Mitose werden die Chromosomen aus der **Funktionsform** (Chromatingerüst) in die **Transportform** (Metaphasechromosom) überführt. Nur in dieser Form können die Chromosomen gezählt und morphologisch auf mögliche Chromosomenschäden hin begutachtet werden. Bei sich teilenden Zellen kommt es also zu einem Wechsel von **Mitosephasen** und sogenannten **Interphasen**. Beide Phasen können durch charakteristische Vorgänge noch unterteilt werden (Abb. 2.39).

Der **Zellzyklus** hat für verschiedene Organismen und deren Zellen eine unterschiedliche **Dauer**:

- früher Froschembryo: 30 Minuten,
- Hefezellen: 1,5–3 Stunden,
- kultivierte Tumorzellen des Menschen: durchschnittlich 19,5 Stunden ($G_1 > S > G_2 > M$),
- Leberzellen des Menschen: ca. 1 Jahr.

Die **Meiose** ist die Grundlage der **geschlechtlichen Vermehrung**. Während der Meiose bilden sich aus den **Urgeschlechtszellen**, die mitotisch entstehen, die reifen Geschlechtszellen. Der ursprünglich diploide Chromosomensatz wird **haploid** und durch verschie-

dene Prozesse wird das ursprünglich von Vater und Mutter geerbte genetische Material **durchmischt**. So entsteht eine **Vielzahl** genetisch unterschiedlicher Geschlechtszellen. Die Anzahl der Geschlechtszellen variiert von Organismus zu Organismus. Beim Menschen spielt sie für die genetische Variabilität der Nachkommen eine untergeordnete Rolle, da nur ein sehr geringer Anteil (geringe Stichprobe) von Spermien und Eizellen tatsächlich zur Befruchtung gelangt.

Generell ist also die **große Vielzahl** an Geschlechtszellen die Ursache für die **hohe genetische Variabilität** zwischen den Nachkommen.

Nach der Vereinigung der Geschlechtszellen beginnt die **Embryonalentwicklung**, während der die Differenzierung der Gewebe erfolgt. Sie spiegelt auch wichtige Entwicklungsschritte der Evolution des Menschen wider, wie am Beispiel der Entwicklung des Herz-Kreislauf-Systems (S. 163) deutlich wird.

2.5.2 Interphase des Zellzyklus

G_1-Phase

Nach der Mitose liegen diploide Zellen vor (2n Chromosomen mit jeweils einem Chromatid). Diese gehen in die G_1-Phase oder **Wachstumsphase** (Arbeitsphase) über, die in ihrer Dauer stark variieren kann. Während dieser Phase werden viele für das Zellwachstum nötige Proteine und Lipide gebildet, die Zelle wächst, erreicht ihr typisches Kern-Plasma-Verhältnis und übt ihre spezifische Funktion aus.

G_0-Phase

Insbesondere **hochdifferenzierte Zellen** können in der **Interphase** verharren, sie treten von der G_1- in die sogenannte G_0-Phase über. Die Zellzykluskontrolle wird dann teilweise außer Kraft gesetzt. Die Zelle kann jetzt **irreversibel** postmitotisch sein (weitere Zellteilungen sind ausgeschlossen, z. B. bei Neuronen) oder in einem **Ruhezustand** verharren, bis entsprechende Signale (z. B. Verletzung) die Fortführung des Zellzyklus initiieren.

Späte G_1- und S-Phase

Andere Zellen **teilen sich ständig**, sie bilden Zellgruppen aus undifferenzierten Stammzellen, die noch teilungs- und entwicklungsfähig sind. Diese sorgen in **hochregenerativen Geweben** für den Zellnachschub (z. B. das Stratum germinativum der Epidermis).

Überschreitet das Zellwachstum ein bestimmtes Kern/Plasma-Verhältnis, bereitet sich die Zelle auf die **DNA-Synthesephase (S-Phase)** vor. Die S-Phase dauert ca. 6–8 Stunden. Durch Replikation der DNA bildet sich das zweite Chromatid der Chromosomen (die Chromosomenzahl bleibt damit unverändert!) und die DNA wird mit Ausnahme der Zentromerregion verdoppelt (die Zentromerregion hält die Chromatiden zusammen und wird erst während der Mitose repliziert). Während der **späten G_1/S-Phase** werden neben der DNA auch viele Proteine wie z. B. **Histone** zur Verpackung der entstehenden DNA produziert. Das Diplosom teilt sich in zwei Zentriolen; diese weichen auseinander, wodurch sich zwei **Zentrosomenregionen** bilden innerhalb derer jedes Zentriol durch Verdopplung wieder zu einem Diplosom wird.

G_2-Phase

Anschließend beginnt die relativ kurze (3–5 Stunden) G_2-Phase. Sie dient der Vorbereitung auf die **Zellteilung**. Es erfolgen notwendige **Reparaturen an der DNA**, z. B. die Beseitigung von Replikationsfehlern. Auch in dieser Phase werden Proteine synthetisiert, vor allem regulatorische Proteine für die Mitose, wie z. B. **Proteinkinasen** zur Phosphorylierung (Übertragung von Phosphatgruppen) des Histonmoleküls **H1** (S. 48), die zur Verpackung der DNA notwendig ist, und zur Phosphorylierung der **Kernlamine** (S. 47). Letztere führt durch Disaggregation zur **Destabilisierung** der Kernmembran.

2.5.3 Mitose

Lerntipp

Achten Sie auf die jeweilige Anzahl der Chromosomen und der Chromatiden während der Mitose. Dabei gilt im Folgenden:
- n = Anzahl der Chromosomen pro einfachem Chromosomensatz
- C = Anzahl der Chromatiden pro Chromosom
- diploider (doppelter) Chromosomensatz = 2n
- haploider (einfacher) Chromosomensatz = 1n

Die Mitose ist die Grundlage der somatischen Zellvermehrung, der ungeschlechtlichen Fortpflanzung und der Vermehrung der Urgeschlechtszellen. Sie dient der identischen Reproduktion von Zellen. Aus einer Mutterzelle entstehen zwei genetisch identische Tochterzellen. Die genetische Information wird dabei in der Regel nicht verändert.

Prophase

Nach Verdopplung der DNA und Abschluss aller „Vorbereitungen" geht die Zelle **(2n 2C)** in die Prophase der Mitose über (Abb. 2.38). Im Zellkern beginnt die **Spiralisierung der DNA** zu langen fädigen Strukturen, wobei die Schwesterchromatiden auf ihrer gesamten Länge zusammengehalten werden. Der **Nucleolus löst sich auf.**
Parallel dazu beginnt der **Aufbau des Spindelapparates**: Die polaren Spindelfasern – sie ziehen von einer Zentrosomenregion zur anderen – treffen aufeinander und schieben die Zentrosomenregionen zu

den Zellpolen. Damit wird die Zelle **polarisiert**, die Teilungsebene wird festgelegt und der Spindelapparat beginnt sich aufzubauen.

Metaphase

In der **Prometaphase** wird die Kernhülle abgebaut. Die **kinetochoren Fasern** des Spindelapparates wachsen aus, treffen auf die Chromosomen, verbinden sich von beiden Polen ausgehend mit den **Kinetochoren** der Chromosomen (das sind die Spindelfaseransatzstellen in der Zentromerregion) und bewegen diese aktiv in die Teilungsebene der Zelle (Abb. 2.38). Sind sie dort angekommen, befindet sich die Zelle in der **Metaphase**. Die Chromosomen sind jetzt maximal verkürzt **(Metaphasechromosom)** und werden durch die Spindelfasern beider Zentriolen in der **Äquatorialebene** fixiert. Der Chromatidenspalt wird sichtbar. Homologe Chromosomen paaren sich nicht, sie sind unabhängig voneinander.

Chromosomendiagnostik. Durch den Einsatz von **Spindelgiften**, welche die Bildung des Spindelapparates hemmen (Colchizin) bzw. den Abbau verhindern (Taxol), können Zellen in der Metaphase der Mitose arretiert werden. Man kann solche Zellen dadurch gezielt anreichern und auf einem Objektträger zum Platzen bringen. Die maximal verkürzten Chromosomen sind jetzt mit dem Lichtmikroskop gut sichtbar und können durch verschiedene Methoden angefärbt und klassifiziert werden (Abb. 2.36). Dadurch können sowohl **numerische** als auch **strukturelle Chromosomenaberrationen** (S. 109) in der **prä- und postnatalen Diagnostik** identifiziert werden.

Anaphase

Danach geht die Zelle in die Anaphase über, d. h. sie synthetisiert die fehlende DNA der Zentromerregion **(Beendigung der Replikation** mit vollständiger **Trennung der Chromatiden)** und verschiebt je eines der beiden Chromatiden pro Chromosom zu den Zellpolen **(2 × 2n 1C)**. Dies geschieht durch **Verkürzung der kinetochoren Spindelfasern** (Abbau am (+)-Ende), Auseinandergleiten der polaren Fasern unter Mitwirkung von bipolaren dimeren Kinesinfilamenten **(Verlängerung der polaren Fasern)** (Abb. 2.38) und **Bewegung der astralen Fasern** unter dem Einfluss von Dynein zur Zellmembran an den **Zellpolen.**

Telophase

Haben die Chromatiden die Zellpole erreicht, beginnt die Telophase. Durch Dephosphorylierung der Kernlamine aggregieren diese und die **Kernhülle** baut sich aus Fragmenten wieder auf. Die Chromosomen **entspiralisieren** sich, die **RNA-Synthese** beginnt, in

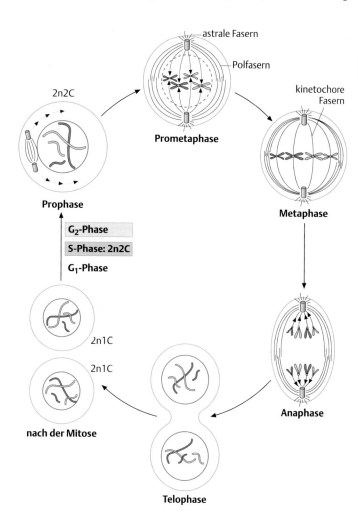

Abb. 2.38   Mitosephasen. Lichtmikroskopisch werden die Chromatiden erst in der Metaphase sichtbar.

den Zellkernen bildet sich der **Nucleolus**. Parallel zur Telophase beendet die **Zytokinese** (Zellteilung) die Mitose. Durch kontraktile Actinfilamente schnürt sich die Zelle in Höhe der Äquatorialebene durch (nur bei tierischen Zellen!) und verteilt dabei die Zellorganellen auf die beiden Tochterzellen. Die Zellen treten wieder in die **G₁-Phase** ein.

Das Ergebnis der Mitose sind **zwei identische Tochterzellen**, die qualitativ und quantitativ genetisch gleichwertig sind **(2n1C)**, d. h. alle Somazellen haben die gleiche genetische Potenz (Abb. 2.38). Das Verhältnis von väterlicher zu mütterlicher Erbinformation bleibt gleich. Es wurden nur die identischen Chromatiden eines jeden Chromosoms getrennt.

MERKE

Die **genetische Identität von Mutterzelle und Tochterzellen** (Klon, jeweils 2n 1C) ergibt sich aus der Aufteilung der jeweils zwei identischen Chromatiden auf zwei Tochterzellen.

2.5.4 Sonderformen mitotischer Zellteilungen

Es gibt Zellen, insbesondere **hochaktive, hochdifferenzierte Zellen** in Leber, Niere und Pankreas, die bei der Zellteilung weder den Zellkern auflösen noch die DNA kondensieren. Der Zellkern wird hantelförmig durchgeschnürt, die Chromosomen bleiben euchromatisch. Oft folgt dieser Kernteilung keine Zellteilung, was zu **mehrkernigen Zellen** führt. Diese Form der Teilung heißt **Amitose**.

Bei der **Endomitose** erfolgt die Chromatidentrennung innerhalb des Zellkerns einer Zelle, eine Karyokinese und Zytokinese gibt es nicht, was zu einer Erhöhung des Chromosomensatzes **(Polyploidie)** führt; beim Menschen z. B. in einigen Leberzellen, in Osteoklasten und Megakaryozyten.

Wenn nach der S-Phase auch eine Chromatidentrennung unterbleibt, dann entstehen **polytaene Riesenchromosomen** (S. 50).

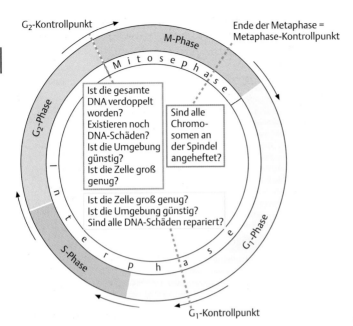

Abb. 2.39 **Kontrolle des Zellzyklus.**

2.5.5 Zelldifferenzierung

Die **Unterschiede im Zellphänotyp** entstehen durch die Zelldifferenzierung, meistens durch **differenzielle Genaktivität**.

Wie bereits weiter oben festgestellt wurde, verlieren die meisten Zellen nach ihrer Differenzierung die Fähigkeit, sich zu teilen. Durch differenzielle Genaktivität (es werden nur ganz bestimmte Gene abgelesen und in Proteine übersetzt) wird ein bestimmter funktioneller Zellphänotyp erzielt, welcher der Funktion der Zelle entspricht. Die **Abschaltung der nicht benötigten Gene** durch Methylierung der DNA und Modifizierung der Histone ist meist irreversibel, Entdifferenzierungen sind kaum möglich.

In den meisten Geweben gibt es daher eine Gruppe von Zellen, die **undifferenziert** bleiben und für den Zellnachschub sorgen, sogenannte **Stammzellen**, die sich zu Zellschichten, den **Blastemen** zusammenlagern können. Diese Stammzellen sind zum Teil **pluripotent**, d. h. sie können sich zu verschiedenen Zellphänotypen hin entwickeln (Knochenmarkstammzellen können sich z. B. zu den verschiedenen Zelltypen des Blutes differenzieren), oder aber sie sind bereits auf einen **Zellphänotyp festgelegt**.

2.5.6 Kontrolle des Zellzyklus

Der Wechsel von Mitosephasen und Interphasen im Zellzyklus erfolgt nicht zufällig, sondern wird von der Zelle kontrolliert. **Zyklisch aktivierte Proteinkinasen** bilden die Grundlage des Zellzykluskontrollsystems. Sie sind in der Zelle ständig vorhanden, jedoch inaktiv. Aktiviert werden sie durch eine zweite Gruppe von Proteinen, den **Zyklinen**. Diese Zykline werden von der Zelle zyklisch produziert und durch eine Reihe von Phosphorylierungs- und Dephosphorylierungsreaktionen aktiviert. Sie binden dann an eine von ihnen abhängige Proteinkinase **(CdK, Cyclin dependent Kinase)** und kontrollieren die verschiedenen Abschnitte des Zellzyklus. Es gibt **3 Kontrollpunkte** im Zellzyklus, an denen der Zyklus angehalten und der bisherige ordnungsgemäße Verlauf kontrolliert wird (Abb. 2.39). An diesen Kontrollpunkten werden jeweils 3 unterschiedliche **Zyklin/CdK-Komplexe** wirksam. Sie regeln den Übertritt in die jeweils nächste Phase des Zyklus.

G_2-Kontrollpunkt

Am G_2-Kontrollpunkt wird der Übertritt in die **Mitose** kontrolliert. Dieser Übertritt erfolgt nur nach vorangegangener **korrekter Replikation**. Das entsprechende Zyklin **(Zyklin B)** lagert sich mit der zugehörigen CdK zum **MPF** (Mitose-promoting Factor) zusammen. Die Aktivität dieses Komplexes induziert den Zerfall der Kernhülle und reguliert die Polymerisation der Mikrotubuli bis hin zur Metaphase.

Metaphase-Kontrollpunkt

In der Metaphase wird der Zellzyklus erneut angehalten und die **ordnungsgemäße Anordnung der Chromosomen** kontrolliert. Ist alles korrekt verlaufen, induziert der **MPF** durch den proteolytischen Abbau des Zyklins B seine eigene Inaktivierung, die **Mitose** läuft weiter (Anaphase, Telophase), die Zelle tritt in die G_1-Phase ein.

2

G_1-Kontrollpunkt

Jetzt werden G_1-Zykline **(Zyklin E)** produziert, die in Zusammenarbeit mit der zugehörigen CdK den **Übergang in die S-Phase** kontrollieren. Die Produktion der G_1-Zykline inaktiviert die Proteolyse des Zyklin B. Der Übergang in die S-Phase wird sehr strikt kontrolliert. Er erfolgt nur, wenn die Kern-Plasma-Relation der Zelle stimmt, genug Nährstoffe vorhanden sind und die DNA auf Schäden (Mutationen) kontrolliert wurde (Abb. 2.39). Dabei spielt das Protein **p53** (S. 60) eine Schlüsselrolle. Eine Inaktivierung dieses Proteins (z. B. durch Mutation) setzt den G_1-Kontrollpunkt außer Kraft, der Zellzyklus kann hier nicht mehr angehalten werden, es kommt zur ungehemmten Zellproliferation mit Tumorbildung.

> **MERKE**
>
> Es gibt **3 Zellzyklus-Kontrollpunkte**:
> - **G_1-Kontrollpunkt:** Übergang von der G_1- in die S-Phase,
> - **G_2-Kontrollpunkt:** Übergang von der G_2-Phase in die Mitose,
> - **Metaphase-Kontrollpunkt:** Übergang von der Meta- in die Anaphase.

> **Klinischer Bezug**
>
> **Hyperplasie.** Der reizabhängige Wiedereintritt von Zellen in den Mitosezyklus unter dem Einfluss von Wachstumsfaktoren, Zytokinen und Hormonen kann zur kompensatorischen, aber reversiblen Größenzunahme eines Organs oder Gewebes durch Vermehrung der spezifischen Zellen führen. Dieser Vorgang heißt Hyperplasie. Beispiel: **Schilddrüsenhyperplasie** bei Jodmangel zur Kompensation der Schilddrüsenunterfunktion.
>
> **Metaplasie.** Metaplasie ist die reversible Umwandlung eines voll ausdifferenzierten Gewebes in ein embryologisch verwandtes Gewebe. Sie wird ausgelöst durch chronische Reize, Ernährungs- oder Funktionsmangel. Beispiel: Die **Bildung von Plattenepithel** in den Bronchien durch chronische Bronchitis (Rauchen) unter Verlust der Zilien führt zum verminderten Schleimtransport (Raucherhusten).
>
> **Hypertrophie und Hypotrophie.** Wenn ein Gewebe ausdifferenziert ist und eine physiologische Anpassung durch Erhöhung der Zellzahl nicht mehr möglich ist, kann es zur Größenzunahme eines Gewebes oder Organs nur durch Zellvergrößerung (bei normal bleibender Zellzahl und Zellstruktur) kommen. Diesen Vorgang nennt man Hypertrophie (umgekehrt Hypotrophie) eines Organs. Hyper- und Hypotrophie stellen eine funktionelle Anpassung an eine Mehr- bzw. Minderbelastung dar.

Beispiel: **Hypertrophie der Muskulatur** bei Training, **Hypotrophie der Muskulatur** bei Minderbelastung (wie z. B. nach einem Beinbruch).

2.5.7 Meiose

Bei der geschlechtlichen Vermehrung entsteht ein neuer Organismus durch Verschmelzen von zwei Geschlechtszellen. Wären diese Zellen, wie die Somazellen, diploid, würde sich die Chromosomenzahl von Generation zu Generation verdoppeln. Damit dies nicht geschieht, wird während der **Differenzierung der Urgeschlechtszellen** zu reifen Geschlechtszellen der Chromosomensatz **halbiert** (von 2n zu **1n**). Dieser Vorgang heißt **Meiose** (Abb. 2.41). Die reifen Geschlechtszellen sind dann **haploid**, bei Vereinigung entsteht wieder eine diploide Zygote ($2 \times$ 1n 1C → 2n 1C).

Die Meiose läuft in zwei aufeinanderfolgenden Teilungsschritten **ohne** dazwischen liegende DNA-Replikation ab. Die letzte S-Phase findet also **vor Beginn** der Meiose statt.

- Die erste Teilung ist die **Reduktionsteilung (Meiose I)**, der diploide Chromosomensatz (2n 2C) wird so auf zwei Zellen aufgeteilt, dass diese haploid werden **(1n 2C)**. Außerdem kommt es zu einem Austausch zwischen mütterlicher und väterlicher genetischer Information.
- Der zweite Teilungsschritt ist die **Äquationsteilung (Meiose II)**. Sie verläuft ähnlich einer mitotischen Teilung und führt zur Trennung der Chromatiden der Chromosomen **(1n 1C)**.

Da nach der letzten S-Phase in den Urgeschlechtszellen die artspezifische genetische Information vierfach vorhanden ist, können im Verlauf der Meiose aus **einer diploiden Urgeschlechtszelle** (mit zwei Chromatiden/Chromosom; 2n 2C) **vier haploide reife Geschlechtszellen** (mit einem Chromatid/Chromosom; 1n 1C) gebildet werden.

Der Verlauf der Meiose unterscheidet sich im Ablauf von einer mitotischen Teilung, insbesondere während der Pro-, Meta- und Anaphase der Meiose I.

Prophase der Meiose I

Die Prophase der Meiose I wird in **fünf weitere Phasen** untergliedert:
- Leptotän
- Zygotän
- Pachytän
- Diplotän (Diktyotän)
- Diakinese

Leptotän

Die **DNA kondensiert** und wird als fädige Struktur im Zellkern sichtbar. Die Chromosomenenden sind an der Kernlamina fixiert, dieses Stadium heißt auch **Bukettstadium**.

2

a Zygotän	b Pachytän	c Diplotän

Chiasma |
| Paarung der Homologen | Crossing over, im Mikroskop noch nicht sichtbar | Auflösung des synaptonemalen Komplexes, Chiasmata werden sichtbar |

Abb. 2.40 Homologe Chromosomen während der Prophase I der Meiose. Rosa: väterliches Chromosom, violett: das homologe mütterliche Chromosom.

Zygotän
Die homologen Chromosomen des diploiden Chromosomensatzes lagern sich zusammen, es entstehen **Chromosomenpaare** (Abb. 2.40a). Diese Paarung beginnt an den Enden der Chromosomen und setzt sich reißverschlussartig fort. Dieser Komplex wird durch ein leiterartiges Band aus Proteinen in der Längsachse verfestigt **(synaptonemaler Komplex)**. Die identischen Genloci der homologen Chromosomen liegen sich exakt gegenüber. Das Ergebnis sind **Bivalente** (zwei Chromosomen) bei denen durch weitere Verkürzung die Chromatiden sichtbar werden. Diese Komplexe mit vier sichtbaren Chromatiden werden dann als **Tetraden** bezeichnet.
Beim **Mann** paaren sich auch die **X- und Y-Chromosomen**. Dies ist möglich, da X- und Y-Chromosomen homologe Abschnitte aufweisen.

Pachytän
Zwischen den Nicht-Schwesterchromatiden eines Chromosomenpaares entstehen an einigen Stellen Überkreuzungen **(Crossing over,** Abb. 2.40b). An diesen Stellen kommt es zur **Rekombination**, also zum Austausch des genetischen Materials zwischen den Chromatiden väterlicher und mütterlicher homologer Chromosomen. Damit ändert sich der **Haplotyp** (die Allelenkomposition der Gene) auf den Chromatiden.

> **MERKE**
> Bei der **Meiose** wird die genetische Information durch **Crossing over** verändert, bei der Mitose ist dies nicht der Fall!

Dieser Prozess ist nicht so zufällig, wie er oft vermittelt wird: Crossing over ist die Regel. Es gibt dafür auf der DNA Schnittstellen, die von bestimmten Enzymen erkannt werden, welche dann das Crossing over durch gezieltes Schneiden und „Überkreuz-Ligieren" realisieren. Da homologe Chromosomen identische Gene besitzen (bei möglicherweise unterschiedlichen allelen Formen dieser Gene) verändert sich durch Crossing over die Allelenkomposition der Chromosomen. Dadurch entstehen neue Kombinationen von Merkmalen, die genetische Variabilität steigt. Um Chromosomenfehler – hier **strukturelle Chromosomenaberrationen** (S. 111) – zu verhindern, müssen sich die identischen Genloci der homologen Chromosomen genau gegenüberliegen, die Paarung muss ganz exakt sein (sonst können Deletionen/Duplikationen entstehen) und es darf nicht zu Paarungen nichthomologer Chromosomen kommen (sonst können Translokationen entstehen, Ausnahme X und Y-Chromosom).

👁
🔨 **Lerntipp**
Machen Sie sich klar, dass die beiden Chromatiden eines Chromosoms „Schwesterchromatiden" sind. Die dazugehörigen „Nicht-Schwesterchromatiden" sind die beiden Chromatiden des entsprechenden homologen Chromosoms.

Diplotän (oder Diktyotän)
In dieser Phase löst sich der synaptonemale Komplex auf und durch das Auseinanderweichen der gepaarten Chromosomen werden die Überkreuzungsstellen **(Chiasmata)** sichtbar (Abb. 2.40c). Zu diesem Zeitpunkt treten die **Oozyten I** des Menschen (S. 58) in eine oft Jahrzehnte dauernde **Ruhephase**.

Diakinese
Sie leitet in die Metaphase I über. Die Chromosomen kondensieren stärker und lösen sich von der Kernmembran ab. Die homologen Chromosomen weichen auseinander, wobei die Nichtschwesterchromatiden an den Chiasmata noch zusammenhängen. Die Prophase endet mit der Auflösung des Zellkerns.

Abschluss der Meiose I
Unter dem Einfluss des sich bildenden Spindelapparates werden die gepaarten Chromosomen (2n 2C) in die Äquatorialebene verlagert **(Metaphase I)**. Während der nun folgenden **Anaphase I** erfolgt im Unterschied zur Mitose die Trennung der beiden homologen Chromosomen **(Reduktionsteilung)**. Nach der **Telophase** entstehen **zwei haploide Zellen** (Abb. 2.41a), wobei jedes Chromosom noch zwei Chromatiden besitzt **(1n 2C)**. Da die Anordnung der Chromosomenpaare in der Äquatorialebene zufällig ist, kann es zu unterschiedlichen Kombinationen von mütterlichen und väterlichen Chromosomen in den Tochterzellen kommen **(Segregation,** Abb. 2.41b).

Meiose II
An eine kurze **Interphase** ohne DNA-Synthese schließt sich die Meiose II an, ein der Mitose ähnlicher Schritt, bei dem die **Schwesterchromatiden** eines jeden Chromosoms getrennt werden. Da die Schwesterchromati-

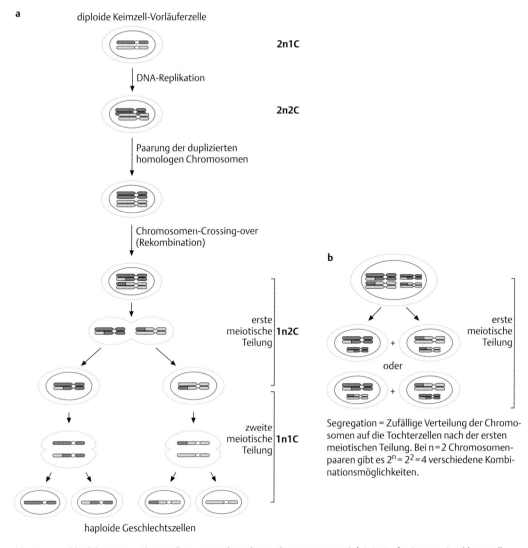

Abb. 2.41   a Ablauf der Meiose (dargestellt mit einem homologen Chromosomenpaar). **b Prinzip der Segregation** (dargestellt an zwei homologen Chromosomenpaaren).

den durch die vorangegangenen unterschiedlichen Crossing-over-Ereignisse nicht mehr identisch sind, wird die zufällige Kombination von Allelen hier fortgesetzt, was jeder durch die Fortführung der Meiose (Chromatidentrennung) in Abb. 2.41b selbst testen kann. Als Ergebnis entstehen aus einer anfänglich diploiden Zelle mit (2n 2C) **vier genetisch unterschiedliche haploide Zellen (1n 1C)** (Abb. 2.41a).

> **| MERKE**
>
> — **Meiose I:** Zufällige Verteilung väterlicher und mütterlicher homologer Chromosomen auf die Tochterzellen (Segregation).
> — **Meiose II:** Trennung der Schwesterchromatiden und Verteilung auf je zwei weitere Tochterzellen, ähnlich der Mitose.

Genetische Variabilität

Die genetische Variabilität der sich bildenden Keimzellen entsteht durch zwei Mechanismen:
— das **Crossing over** während der Prophase I und
— die **zufällige Anordnung der Chromosomenpaare** in der Metaphaseplatte.

Bei 23 Chromosomenpaaren väterlicher und mütterlicher Chromosomen gibt es $2^{23} = 8\,338\,608$ Chromosomenkombinationsmöglichkeiten.

Fehlverteilungen der Chromosomen, die während der beiden Teilungsschritte in der Meiose auftreten können, sind die Ursache für **numerische Chromosomenaberrationen** (S. 109).

2.5.8 Entwicklung von Spermien und Eizellen

Wie Sie aus den bisherigen Ausführungen entnehmen konnten, entstehen aus **einer Urgeschlechtszelle** durch die Meiose **vier reife Geschlechtszellen**. Dies trifft so jedoch nur auf die Entwicklung der **männlichen** Geschlechtszellen zu. Bei den **weiblichen** Geschlechtszellen entstehen durch ungleiche Verteilung des Zytoplasmas nur **eine reife Eizelle** und 2–3 sogenannte **Polkörper**, die kein Zytoplasma enthalten.

Während die **Eizelle** nach Beendigung der Meiose **funktionell reif** ist, durchlaufen **männliche** Geschlechtszellen zusätzlich noch einen **zellulären Umbauprozess**.

Entwicklung der Spermien

Sowohl mitotische Vermehrung der Spermatogonien (Urkeimzellen), als auch die Spermatogenese (Bildung der Spermatiden) und die Spermiogenese (Ausreifung der Spermatozoen/Spermien) erfolgt in Vakuolen der **Sertoli-Zellen** (sie bilden das Epithel der Samenkanälchen).

Mitotische Vermehrung der Spermatogonien

Basal finden die Mitosen der **Spermatogonien** statt, wobei nach jeder Mitose eine der beiden entstehenden Zellen zur (noch) **diploiden Spermatozyte I** wird und in die Spermatogenese eintritt, die andere bleibt Spermatogonie und teilt sich wieder mitotisch.

Spermatogenese

Während der Spermatogenese entstehen aus einer Spermatozyte I nach der ersten meiotischen Reifeteilung zwei **Spermatozyten II (1n 2C)**, die in die zweite Reifeteilung der Meiose eintreten. Dabei wandern die Zellen zum apikalen Pol der Sertoli-Zellen (Abb. 2.42). Die nach Abschluss der Meiose gebildeten vier **Spermatiden (1n 1C)** sind noch über Zytoplasmabrücken miteinander verbunden.

Spermiogenese

Die Spermatiden strecken sich und gliedern sich in Kopf, Mittelstück und Schwanzteil. Während der Spermiogenese ordnen sich die einzelnen Zellorganellen charakteristisch an und übernehmen bestimmte Aufgaben. Der Golgi-Komplex bildet ein Riesenlysosom **(Akrosom)**, eine Kappe über dem Zellkern. Seine Aufgabe wird es sein, durch hydrolytische Enzyme dem Spermienkopf den Weg durch die Zona pellucida zur Eizelloberfläche zu bahnen. Der Zellkern selbst liegt im Spermienkopf. Das **Zentriol** wandert an den entgegengesetzten Pol und bildet im Mittelstück einen Achsenfaden, aus dem die **Geißel** entspringt. Die Mitochondrien (Energielieferanten für den Geißelschlag) sammeln sich im Mittelstück um den Achsenfaden. Dabei kommt es zu einer immer stärkeren Streckung der Spermatiden, es bleibt kaum Zytoplasma übrig. Die **ausdifferenzierten Spermien** sind dann ca. 50 µm lang und am Bildungs- und Speicherort inaktiviert. Nach der Ejakulation ist die Lebensdauer der Spermien sehr kurz (im weiblichen Ovidukt 1–3 Tage).

Die Bildung der Spermatogonien beginnt bereits **frühembryonal** und dauert bis zur **Einstellung der Geschlechtsfunktion**. Mit der **Pubertät** setzen parallel die Spermatogenese (die Meiose und Bildung von Spermatiden) und die Spermiogenese (Bildung von Spermatozoen/Spermien) ein.

Entwicklung der Eizellen

Im Unterschied zur Spermatogenese findet die mitotische Vermehrung der weiblichen Urgeschlechtszellen **(Oogonien)** nur etwa bis zum **3. Fetalmonat** statt und wird dann eingestellt. Dabei werden ca. 6–8 Mil-

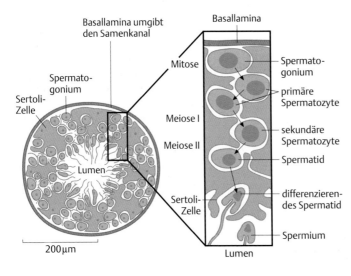

Abb. 2.42 Spermato- und Spermiogenese in den Hodenkanälchen. (nach Alberts B. et al. Molekularbiologie der Zelle. 4. Aufl., Weinheim: WILEY-VCH 2004)

lionen Oogonien gebildet, die wachsen und sich auf die Meiose vorbereiten. Diese **Oozyten I** treten in die Meiose I ein, gleichzeitig degenerieren jedoch viele, sodass bis zur Geburt nur noch ca. 2 Millionen Oozyten I vorhanden sind, die sich in der Prophase I der Meiose im **Diplotän** (Diktyotän) befinden und von einem Follikelepithel umgeben sind **(Primordialfollikel, 2n 2C)**. In diesem Stadium verharren die Chromosomen, es findet lediglich ein zweites Wachstum statt (RNA- und Dottermaterialsynthese, alimentär unter Hilfe der Follikelzellen). Dieses Ruhestadium kann jetzt Jahrzehnte andauern.

Die Fortsetzung der Meiose I erfolgt mit Beginn der **Pubertät**. Bis zur Pubertät bleiben nur **ca. 400 000** dieser Oozyten erhalten.

MERKE

Die **Oozyten** verharren bis zur Pubertät im **Diplotän** (Diktyotän) der Meiose I.

Unter hormonellem Einfluss setzen Gruppen von bis zu 50 Oozyten I gleichzeitig die Meiose fort, es kommt zur **ersten Reifeteilung** unter Abschnürung eines **Polkörpers**, damit entsteht die **Oozyte II (1n 2C)**. Während dieser Entwicklung übernimmt die sich am schnellsten entwickelnde Oozyte I die Führung: Dieser sog. **Primärfollikel** entwickelt sich zum **Sekundärfollikel** und unterdrückt hormonell die Entwicklung der anderen Primärfollikel, sie werden abgebaut. Geschieht dies unvollständig, reifen mehrere Eizellen heran und es kann zu Mehrlingsgeburten kommen.

Die **zweite Reifeteilung** wird eingeleitet. Sie verläuft bis zur Metaphase der Meiose II, der Follikel entwickelt sich zum **Tertiärfollikel (1n 2C)**. Während dieser Phase erfolgt der Eisprung (Ovulation). Bis zur Besamung, die normalerweise im Eileiter stattfindet, verharrt die Eizelle in diesem Stadium.

Befruchtung

Im Eileiter erfolgt die **Besamung** der Eizelle. Der Inhalt von Spermienkopf und -hals gelangt in die Eizelle. Ein Einstrom von Ca^{2+}-Ionen induziert die schnelle Ausbildung einer „Befruchtungsmembran", die in der Regel eine Doppelbesamung verhindert. Der Zellkern der Samenzelle liegt als **Vorkern (Pronucleus)** in der Eizelle. Das Verschmelzen des Spermienkopfes mit der Eizellmembran und das Eindringen von Zellkern, Zentriol und Mitochondrien in die Eizelle induziert die Fortführung der Meiose II und aktiviert die ruhende RNA der Eizelle. Die Besamung induziert,

- dass in der Eizelle die **Meiose II beendet** wird, es entsteht die **Eizelle (1n 1C)** und ein **Polkörper** wird abgeschnürt,
- dass eine **S-Phase** durchgeführt wird (Bildung des **2. Chromatids** in beiden Vorkernen >> 1n 2C) und

- dass die **zellulären Funktionen aktiviert** werden (Transkription, Translation, Replikation).

MERKE

Erst die **Besamung** induziert den Abschluss der Meiose II in der Eizelle.

Nun erfolgt die eigentliche Befruchtung durch Verschmelzen der männlichen und weiblichen Vorkerne **(Karyogamie)** unter Bildung der **Zygote**.

Die männlichen Mitochondrien werden von der Eizelle in der weiteren Entwicklung abgebaut, und die Zygote beginnt sofort mit der Prophase der ersten mitotischen Furchungsteilung.

2.5.9 Frühe Embryonalentwicklung

Lerntipp

Das Thema Embryonalentwicklung kann hier nur angeschnitten werden. Mehr zu diesem Thema lernen Sie im Fach Embryologie kennen.

Furchung und Gastrulation

Nach der Verschmelzung von Ei- und Samenzelle beginnen die mitotischen Furchungsteilungen, es bildet sich eine **Morula** (beim Menschen dauert das 3–4 Tage). Dabei behalten die Zellen zunächst ihre volle **prospektive Potenz**: die Fähigkeit einer Zelle (Zygote) sich in verschiedene Richtungen zu entwickeln. Zwischen dem 4. und 5. Tag bildet sich die Morula zur **Blastozyste** um (Abb. 2.43), bestehend aus einer Hüllzellschicht, dem Trophoblasten, und einem Zellhaufen, dem Embryoblasten, dessen unterste Zellschicht sich zu einer polyedrischen Epithelzellschicht, dem Entoderm (Hypoblast) umbildet (7. Tag). Eine Spaltbildung im Bildung von Blastozyste, Trophoblasten führt dazu, dass Ektoderm (Epiblast) und die Amnionhöhle entstehen, der Keim wird damit **zweiblättrig** (Abb. 2.43).

Um den 15. Tag kommt es zu Materialverlagerungen **(Gastrulation)**. Es bildet sich im Ektoderm ein Primitivstreifen, der sich zu einer Rinne umbildet, über die Material aus dem Ektoderm zwischen Ekto- und Entoderm verlagert wird. Das dritte Keimblatt, die Chorda-Mesodermanlage bildet sich aus. Während dieses und nachfolgender Entwicklungsprozesse wird die genetische Potenz der Zellen durch differenzielle Genaktivität (irreversible Abschaltung von für die weitere Entwicklung nicht mehr benötigten Genen) immer mehr in Richtung ihrer prospektiven Bedeutung, also ihrer zukünftigen Funktion, eingeschränkt.

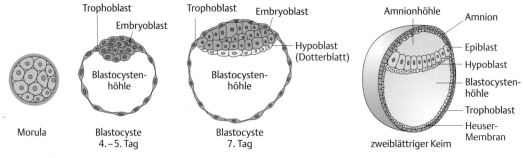

Abb. 2.43 Bildung von Blastozyste, Trophoblast, Embryoblast und Amnionhöhle. (nach Hirsch-Kauffmann M, Schweiger M, Schweiger MR. Biologie und molekulare Medizin. Thieme 2009)

Klinischer Bezug

Entstehung von Mosaiken. Auch während der Embryonalentwicklung kann es zu einem **mitotischen „Non-Disjunction"** kommen, also zur ungleichen Aufteilung der Chromatiden während der Mitose. Im Unterschied zum meiotischen Non-Disjunction, wo als Folge alle Zellen eines betroffenen Organismus entweder zu viele oder zu wenige Chromosomen besitzen, entstehen hier sogenannte Mosaike, also

— normale Zellgruppen,
— Zellen mit überzähligen Chromosomen und
— Zellen mit zu wenigen Chromosomen (diese Zellen sind meist nicht lebensfähig).

Je nach Zeitpunkt des Auftretens eines mitotischen Non-Disjunction während der Embryonalentwicklung sind die phänotypischen Auswirkungen bei solchen Mosaiken stärker oder weniger stark, dies ist abhängig von der Anzahl der betroffenen Zellen.

2.5.10 Apoptose und Nekrose

Apoptose

Für das Überleben brauchen Zellen extrazelluläre „Überlebenssignale". Solche extrazellulären Signale können z. B. Wachstumsfaktoren, Hormone oder Neurotransmitter sein. Wenn diese Signale ausbleiben (z. B. weil ein Neuron in einem bestimmten Zeitfenster keinen Kontakt von einem anderen Neuron bekommen hat) oder wenn die Zelle bestimmte „Todessignale" erhält (z. B. bei Aktivierung des CD95-Rezeptors durch den Tumornekrosefaktor [TNF-α] oder den Fas-Liganden), leitet sie ihren programmierten Zelltod (Apoptose) ein, sie geht zugrunde. Dabei wird ein genetisch festgelegtes Programm aktiviert, welches zur Selbstzerstörung der Zelle führt. Eine Kaskade **proteolytischer Enzyme** (Caspasen) löst die Zelle von innen heraus auf, ohne dass das Zellinnere nach außen tritt. Das Zytoplasma wird dichter, das Zytoskelett bricht zusammen, die DNA wird zwischen den Nukleosomen willkürlich geschnitten und der Kern wird fragmentiert. Anschließend wird die Zelle selbst fragmentiert und die membranumgebe-

nen Zelltrümmer **(Apoptosekörper)** werden von Fresszellen phagozytiert. Da sich das alles innerhalb der Zelle abspielt, gibt es keine Entzündungsreaktion wie bei Nekrosen (Abb. 2.44).

Durch Apoptose

— werden mehr als **50 % der gebildeten Nervenzellen** während der Reifung des Gehirns wieder abgebaut,
— erfolgt die **Modellierung der Finger** während der Embryonalentwicklung,
— werden aber auch die **Darmepithelzellen** bei Erreichen der Zottenspitzen abgebaut.
— erfolgt die **holokrine Sekretion** (S. 30),
— bei Zellen mit **geschädigten Mitochondrien** wird durch freigesetztes **Cytochrom C** die Apoptose induziert,
— Zellen mit **beschädigter DNA** werden durch das Zellzyklusprotein **p53** ebenfalls in die Apoptose geschickt.

Die Rolle von p53

Das Gen für p53 ist ein **Tumorsuppressorgen** (S. 73), was bedeutet, dass sein Genprodukt die Entstehung von Krebs verhindern kann. Es wird bei vorliegendem DNA-Schaden innerhalb des G1-Zellzyklus-Kontrollpunktes (S. 55) aktiviert und verhindert, dass sich beschädigte Zellen weiter teilen. Ist der Schaden der DNA irreparabel, induziert p53 als „Todessignal", dass die Zelle den programmierten Zelltod durchläuft.

Wenn solche Schlüsselproteine wie p53 selbst mutiert sind, können Zellen mit DNA-Schaden sich unkontrolliert vermehren und zu einer Tumorzelle transformieren.

MERKE

Ob die **Apoptose** eingeleitet wird, hängt vom **Verhältnis** der auf die Zelle einwirkenden externen „**Überlebens-**" und „**Todessignale**" ab.

Nekrose

  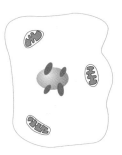 

normale Zelle | die Zelle schwillt an, das Chromatin kondensiert und „verklumpt" an der Kernmembran | der Kern löst sich auf, DNA wird zufällig fragmentiert | Der Zellkern ist aufgelöst, die Zellmembran löst sich auf, Zellinneres tritt nach außen → Entzündung

Apoptose

Kernfragment

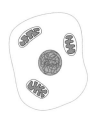 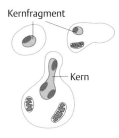 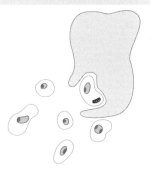

Kern

normale Zelle | die Zelle kugelt sich ab und wird kleiner, das Chromatin kondensiert | die Zelle fragmentiert sich mit Kernfragmenten | Apoptotic Bodies werden von Fresszellen phagozytiert → keine Entzündung

Abb. 2.44   Unterschied zwischen Apoptose und Nekrose.

Nekrose

Nekrosen werden im Unterschied zu Apoptosen durch Stoffwechselstörungen, physikalische Einflüsse (z. B. Temperatur), chemische Einflüsse (z. B. Verätzungen) oder traumatische Ereignisse (Verletzungen) von außen ausgelöst. Die Zelle schwillt an, das Chromatin zerfällt **(Karyorhexis)**, der Zellkern löst sich auf **(Karyolyse)** und die Zelle zerplatzt. Der Zellinhalt wird freigesetzt und löst eine Entzündungsreaktion aus (Abb. 2.44).

 Check-up

✓ Wiederholen Sie die Abläufe von Mitose und Meiose und erarbeiten Sie sich die Unterschiede zwischen beiden Zellteilungsformen.
✓ Machen Sie sich die Bedeutung folgender Begriffe klar: diploid, haploid, Schwester-/Nicht-Schwester-Chromatid und Chromosom.
✓ Rekapitulieren Sie die Phasen des Zellzyklus, die Checkpoints und das Zusammenspiel der regulatorischen Proteine.

✓ Wiederholen Sie die Unterschiede im Ablauf der Meiose bei Spermien und Eizellen des Menschen sowie den zeitlichen Ablauf der Bildung der reifen Geschlechtszellen.
✓ Machen Sie sich die Unterschiede zwischen Apoptose und Nekrose klar.

2.6 Immunsystem

 Lerncoach

Dieses Kapitel ist nicht prüfungsrelevant und wird bewusst sehr allgemein gehalten. Es ist wichtig für das Verständnis der Kapitel Mikrobiologie und Parasiten. Ausführlicher wird die Immunologie in den Fächern Physiologie und Biochemie abgehandelt.

2.6.1 Überblick und Funktion

Die **spezifischen Immunmechanismen** sind phylogenetisch jung und eine „Erfindung" der Wirbeltiere (Vertebraten). Avertebraten hingegen besitzen ausschließlich **unspezifische Schutz- und Abwehrstrukturen**:

2

- amöboide Zellen, die kleine pathogene Keime phagozytieren und größere einkapseln, sowie
- molekulare Strukturen mit toxischen oder neutralisierenden antimikrobiellen Eigenschaften.

Im Verlaufe der Evolution entwickelte sich auf der Ebene der primitiven **Vertebraten** (erstmals bei Knorpelfischen wie Haien und Rochen) zusätzlich zu diesen angeborenen, unspezifischen Mechanismen ein spezifisches, höchst effektives Abwehrsystem (**adaptives oder erworbenes Immunsystem**), welches bei den Säugetieren am besten entwickelt ist. Es zeichnet sich gegenüber dem unspezifischen Abwehrsystem durch drei Besonderheiten aus:

- Es ist **spezifisch** (S. 62),
- es kann sich an vergangene Infektionen **erinnern** und
- es weist mit dem Potenzial, mindestens 10^8 verschiedene Fremdkörperstrukturen spezifisch zu erkennen, eine große **Heterogenität** auf.

2.6.2 Unspezifische Abwehrmechanismen

Die unspezifischen Abwehrmechanismen (Tab. 2.3) beruhen zum einen auf der **zellulären Abwehr** durch

- Fresszellen (Makrophagen, Granulozyten) und
- Killerzellen,

zum anderen auf der Wirkung **humoraler (löslicher)** Abwehrmoleküle, wie z. B.

- des Lysozyms (Abwehr grampositiver Bakterien) und
- des Komplementsystems.

Fresszellen

Fresszellen erkennen entweder relativ unspezifisch Oberflächenstrukturen von Fremdkörpern (z. B. Bakterien) oder sie reagieren auf Eindringlinge, die bereits durch Antikörper des spezifischen Immunsystems (S. 62) „markiert" wurden. Durch **Phagozytose** werden die Fremdkörper in die Zelle aufgenommen und anschließend proteolytisch verdaut.

Killerzellen

Killerzellen sind in der Lage, antikörperbesetzte Zellen, aber auch virusinfizierte Körperzellen, unspezifisch zu identifizieren. Ist eine Killerzelle aktiviert, schüttet sie aus ihren Granulae **zytotoxische Substanzen aus (Perforin und Granzyme)**, die die Zerstörung der Zielzelle durch Perforation der Membran oder durch Induktion der Apoptose induzieren.

Komplementsystem

Das Komplementsystem besteht aus einer Reihe von Plasmaproteinen, die nach Aktivierung in einer **proteolytischen Kaskade** miteinander interagieren. Die Reaktion mündet schließlich darin, dass fremde Zellen durch Perforation der Zellmembran oder durch angelockte phagozytierende oder inflammatorische Zellen zerstört werden.

Komponenten des Komplementsystems erkennen im **klassischen Weg** an Fremdkörper gebundene Antikörper und aktivieren so die Komplementkaskade. Im schnelleren, **alternativen Weg** bindet eine Komplementkomponente an Strukturen auf der Oberfläche des Eindringlings und löst die Kaskade aus.

> **MERKE**
>
> Die Mechanismen der **unspezifischen Abwehr** beruhen hauptsächlich auf der **Erkennung von Fremdkörpern**, die bereits mit **Antikörpern** markiert sind.

2.6.3 Spezifische Immunantwort

Das spezifische Immunsystem besteht, wie die unspezifische Abwehr, aus zellulären und humoralen Komponenten. Lösliche **Antikörper**, die von den **B-Lymphozyten** produziert werden, bilden die **humorale Komponente**.

Die **zellulären Komponenten** sind die **T-Lymphozyten**, die durch direkte Zell-Zell-Interaktionen zur Abwehr beitragen. Drei Besonderheiten zeichnen das spezifische Immunsystem gegenüber der unspezifischen Abwehr aus:

- Es ist **spezifisch**. Dies bedeutet, dass Fremdkörper (**Antigene, Ag**) gezielt erkannt und nur von exakt auf diese Fremdkörper spezialisierten Zellen und Antikörpern angegriffen werden.
- Das spezifische Immunsystem ist außerdem in der Lage, sich zu **erinnern**. Nach einmaligem Antigenkontakt bilden sich langlebige **Gedächtniszellen** aus, die bei erneutem Kontakt mit dem Fremdkörper sofort eine effektive Immunreaktion auslösen (lang anhaltender Impfschutz nach aktiver Immunisierung).
- Eine dritte Besonderheit ist die **Heterogenität** des Immunsystems. Beim Menschen tragen genetisch bedingt mindestens 10^8 der insgesamt ca. 10^{12} vorkommenden spezifischen Immunzellen (Lymphozyten) unterschiedliche **Antigenrezeptoren**

Tab. 2.3		
Überblick über spezifische und unspezifische Abwehrmechanismen		
	unspezifische Abwehrmechanismen	**spezifisches Immunsystem**
humorale (lösliche) Komponenten	*Abwehrmoleküle:* z. B. Lysozym, Komplementsystem	von B-Lymphozyten produzierte Antikörper
zelluläre Komponenten	*Fresszellen:* Makrophagen, Granulozyten, natürliche Killerzellen (NK-Zellen)	*T-Zellen:* zytotoxische T-Zellen, T-Helferzellen

auf ihrer Membran. Der Mensch kann mit Hilfe dieses Rezeptorsystems also mindestens 10^8 verschiedene Antigene (besser: 10^8 **Ag-Determinanten** oder **Epitope**) erkennen und eine spezifische Immunabwehr aufbauen.

Das spezifische Immunsystem kann jedoch nicht alleine die Eliminierung von pathogenen Keimen und toxischen Sekretionsprodukten bewältigen. Im Folgenden werden wir sehen, dass die Komponenten des spezifischen Immunsystems sowohl mit den zellulären Komponenten (Phagozyten) als auch mit humoralen Faktoren (z. B. Komplement, Lysozym) des evolutiv älteren, unspezifischen Abwehrsystems eng zusammenarbeiten.

Entwicklung der immunkompetenten Lymphozyten

Träger der spezifischen Immunantwort sind vom **Knochenmark** produzierte Lymphozyten. Sie wandern als **Vorläuferzellen** teilweise in den **Thymus** ein und differenzieren sich dort zu **T-Lymphozyten**. Ein anderer Teil wandelt sich noch im Knochenmark zu **B-Lymphozyten** um. Thymus und Knochenmark werden als **primäre Lymphorgane** betrachtet. Hier erhält die jeweilige Vorläuferzellpopulation ihre Immunkompetenz in Form einer **speziellen Leistungsfähigkeit** und der Ausprägung membranständiger **Antigenrezeptoren**.

Danach wandern die immunkompetenten B- und T-Lymphozyten über den Blutstrom in die **peripheren sekundären Lymphorgane**, wie Lymphknoten und Milz, bzw. in das Mucosa-assoziierte lymphoide Gewebe (MALT, Schleimhäute des Atmungs- und Verdauungstraktes). Ein Teil der immunkompetenten Lymphozyten **zirkuliert ständig** zwischen Blut, Lymphbahnen und Körpergewebe.

Jeder Lymphozyt ist **monospezifisch** und wartet auf das „passende" Antigen, um es mit seinen zahlreichen (10^3 bis 10^5) antigenspezifischen Rezeptoren „einzufangen" und daraufhin eine in der Regel protektive und auf das jeweilige Antigen abgestimmte Immunantwort auszulösen.

„Selbst"-Erkennung

Die Aufgabe des Immunsystems ist es, in den Körper eingedrungene Fremdstoffe zu erkennen und zu bekämpfen. Dies kann jedoch ohne Verluste nur geschehen, wenn gleichzeitig auch **körpereigene Strukturen identifiziert** werden und von einem Angriff **verschont** bleiben.

Gegenüber körpereigenen Antigen-Strukturen hat sich ein System der **Toleranz** entwickelt. Während einer sensitiven Phase der embryonalen Entwicklung „lernen" einige immunkompetente Zellen (T-Lymphozyten), „körperfremd" und „körpereigen" zu unterscheiden. Zellen, die sich gegen körpereigene

Strukturen richten können, werden eliminiert, verbleibende Zellen steuern später als T-Helferzellen die Immunantwort. Sie lassen die Proliferation nur solcher B-Lymphozyten und zytotoxischer T-Zellen zu, die nicht gegen körpereigene Antigene gerichtet sind.

> **MERKE**
>
> Während einer sensitiven Phase der **Embryonalentwicklung** werden Immunzellen, die gegen **körpereigene Strukturen** gerichtet sind, **eliminiert**.

> **Klinischer Bezug**
>
> **Autoimmunerkrankungen.** Fehler bei diesem Kontrollprozess oder nachträgliche mutative Veränderungen im Immunsystem können zur Bildung von Antikörpern gegen körpereigene Moleküle führen oder die Bildung von T-Lymphozyten induzieren, die gegen körpereigene Zellen gerichtet sind.

Humorale Abwehr

Aktivierung von B-Lymphozyten

B-Lymphozyten sind die Träger des humoralen spezifischen Immunsystems. Sie tragen jeweils eine Sorte spezifischer Rezeptoren zur Antigenerkennung auf ihrer Oberfläche. Wenn ein B-Lymphozyt in Kontakt mit „seinem" **Antigen** kommt, geschehen mehrere Dinge nacheinander (Abb. 2.45):

– Das Antigen wird von den Rezeptoren **gebunden**,
– die beladenen Antigen-Rezeptor-Komplexe werden an einem Zellpol konzentriert **(Capping)** und durch **Endozytose** internalisiert,
– das Antigen wird in der Endosomenfraktion **abgebaut** und
– Fragmente des prozessierten Antigens werden durch sog. MHC-(II-)Moleküle (S. 65) auf der Zelle **präsentiert**.

Der Lymphozyt ist jetzt **(vor-)aktiviert**. Eine zweite Aktivierung durch eine **T-Helferzelle** (S. 66), die das präsentierte Antigenfragment erkennt, ist nun notwendig. Kommt es zum Kontakt zwischen aktiviertem B-Lymphozyt und einer entsprechenden T-Helferzelle, die das präsentierte Antigenfragment erkennt, beginnt die B-Zelle zu proliferieren.

Da die T-Helferzelle nur „körperfremde" Antigene erkennt (s. o.), können nur B-Zellen proliferieren, die Antikörper gegen „körperfremde" Antigene bilden. B-Zellen, die Antikörper gegen körpereigene Strukturen bilden, können zwar voraktiviert werden, aber nicht proliferieren, da die T-Helferzellaktivierung fehlt.

Als Tochterzellen entstehen nach der zweiten Aktivierung durch die T-Helferzelle sogenannte **B-Plasmazellen**, die **Antikörper** sezernieren. Eine ausdifferenzierte Plasmazelle produziert bis zu ihrem Able-

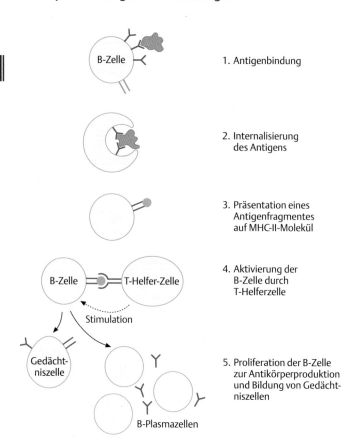

1. Antigenbindung

2. Internalisierung des Antigens

3. Präsentation eines Antigenfragmentes auf MHC-II-Molekül

4. Aktivierung der B-Zelle durch T-Helferzelle

5. Proliferation der B-Zelle zur Antikörperproduktion und Bildung von Gedächtniszellen

Abb. 2.45 Aktivierung eines B-Lymphozyten zur Antikörperproduktion.

ben nach wenigen Tagen pro Sekunde ca. 1000 bis 2000 **Antikörpermoleküle.**

Parallel zu den B-Plasmazellen werden auch **Gedächtniszellen** für eine effizientere Immunantwort bei Reinfektion gebildet.

> **MERKE**
>
> Ein antigenstimulierter und durch eine T-Helferzelle aktivierter B-Lymphozyt proliferiert und differenziert sich zu **B-Plasmazellen** und **Gedächtniszellen.**

Die von den B-Plasmazellen synthetisierten Antikörper entsprechen in ihrer Antigen-Spezifität exakt dem Antigen-Rezeptor, der zuvor auf dem B-Lymphozyten exprimiert wurde. Im Prinzip unterscheidet sich der Antigen-Rezeptor von seinem zugehörigen Antikörper nur dadurch, dass er eine Proteindomäne besitzt, mit der er in der Zytoplasmamembran verankert ist.

Aufbau der Antikörper

Antikörper sind Moleküle, die zur Proteinfamilie der **Immunglobuline** gehören. Sie bestehen aus **zwei identischen leichten Polypeptidketten** mit einer Molmasse von 23 000 Da und **zwei identischen schweren**

Ketten mit einem Molekulargewicht von 50 000 Da, die durch Disulfidbrücken kovalent miteinander verbundenen sind. Schematisch gesehen weisen Antikörper die Form eines Y auf (Abb. 2.46). Dabei befinden sich am Ende der beiden „Arme" dieses Y die **variablen Bereiche,** die für die spezifische Erkennung des Antigens verantwortlich sind. Diese variablen Regionen, und damit das komplette Repertoire an Antikörpern, entstehen durch genetische Rekombination bereits während der Embryonalentwicklung.

> **MERKE**
>
> Nur der **variable Bereich** der Antikörper ist für die **Antigenerkennung** zuständig.

Verschiedene Antikörper-Klassen

Die von der B-Plasmazelle produzierten Antikörper werden durch die Zellmembran hindurch in den extrazellulären Raum sezerniert. Es gibt **verschiedene Klassen** von Antikörpern, die sich im Zuge des Infektionsverlaufs auch ineinander umwandeln können:

- **IgM-Antikörper:** Diese Antikörper werden zu Beginn einer Immunreaktion gebildet und halten sich vorwiegend im Blut auf.

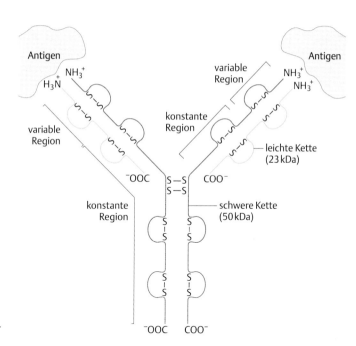

Abb. 2.46 Struktur eines IgG-Antikörper-moleküls.

- **IgG**-Antikörper: IgGs werden erst im Verlauf einer Infektion gebildet und machen den größten Teil an Antikörpern aus. Sie verteilen sich zu ca. je 50 % im Blut und Gewebe.
- **IgA**-Antikörper: Sie befinden sich in den Schleimhäuten des Körpers und dienen dem Schutz der Eintrittspforten zum Körper.
- **IgE**-Antikörper: Sie sind verantwortlich für die Bekämpfung von Parasiten (z. B. Würmer) und spielen bei allergischen Reaktionen eine wichtige Rolle.
- **IgD**-Antikörper: Diese Antikörper findet man fast ausschließlich als Antigen-Rezeptoren auf gewissen B-Lymphozyten.

Bildung und Eliminierung von Immunkomplexen

Die produzierten Antikörper fungieren als **Immunkomplex-Bildner**. Mehrere Antikörper binden ihre entsprechenden Antigene und vernetzen diese. Es entstehen lösliche Immunkomplexe, an die sich bestimmte Komplementfaktoren (S. 62) anlagern, um anschließend von Zellen des **angeborenen Immunsystems** (Monozyten des Blutes, verschiedene Makrophagen, neutrophile Granulozyten) endozytiert und enzymatisch **abgebaut** zu werden.

Lerntipp

Hier wird deutlich, dass die Antikörper des spezifischen Immunsystems nach ihrer Antigenbindung auf die Hilfe von angeborenen, unspezifischen Abwehrmechanismen angewiesen sind.

Teile der phagozytierten Antigene (z. B. Virusproteinfragmente) werden zur Zytoplasmamembran der phagozytierenden Zelle zurückgeführt, dort eingebaut und anderen immunkompetenten Zellen „präsentiert", was die Immunantwort beschleunigt. Generell nennt man körpereigene Zellen des Immunsystems, die nach Antigenkontakt Teile dieser Fremdkörper auf ihrer Zelloberfläche präsentieren, **APCs (antigenpräsentierende Zellen)**.

Antikörper können auch partikuläre Strukturen wie Erythrozyten agglutinieren, was durch Gefäßverstopfung lebensgefährlich werden kann, z. B. bei Infusion einer falschen Blutgruppe (S. 102).

Zelluläre Abwehr

T-Lymphozyten sind die Träger der zellulären spezifischen Immunabwehr. Sie sezernieren keine Antikörper, sondern tragen, wie die B-Lymphozyten, **antikörperähnliche Moleküle** als Rezeptoren auf ihrer Zelloberfläche. Ihre Aufgabe ist es, durch direkte Zell-Zell-Wechselwirkung **Antigene zu erkennen**, die von eigenen Körperzellen **(APCs)** präsentiert werden. Das zelluläre Abwehrsystem ist dadurch in der Lage, auch **intrazelluläre** Parasiten, wie z. B. Viren, zu erkennen und zu vernichten.

Rolle der MHC-Moleküle

Körperzellen, die **intrazellulär** von Bakterien oder Viren befallen sind, **präsentieren Proteinfragmente der Eindringlinge** auf ihrer Zytoplasmamembran. Jeder Organismus besitzt dazu ein eigenes Set von **MHC-Molekülen** (Major Histocompatibility Complex, His-

2

tokompatibilitätskomplex). Diese haben **zwei Aufgaben:**

– Sie sind die **Träger** der zu präsentierenden **Fremdproteine** und
– sie dienen den T-Lymphozyten zusätzlich als eine Art „**chemischer Zellausweis**".

Die meisten T-Lymphozyten werden nämlich nur dann aktiviert, wenn das präsentierte **Proteinfragment** als „fremd", das zugehörige **MHC-Moleküle** jedoch als „eigen", identifiziert wird. So wird gewährleistet, dass diese T-Zellen nur infizierte, eigene Körperzellen bekämpfen.

Es gibt jedoch auch eine große Anzahl von T-Zellen, die „**Fremd**"-**MHC-Moleküle** erkennen und durch diese aktiviert werden. Bei dieser Reaktion ist **keine zusätzliche Aktivierung** durch ein „Selbst"-MHC erforderlich. Genau dies geschieht bei der Transplantation von Organen, die ein für den Empfänger ungeeignetes MHC-Muster aufweisen: Die T-Zellen des Körpers reagieren mit einer zytotoxischen, sogenannten **allogenen Immunreaktion**, das transplantierte Organ wird abgestoßen.

> **MERKE**
>
> **MHC-Moleküle** gewährleisten die **Identifizierung** von **körpereigenen, infizierten Zellen.**

Zytotoxische T-Zellen

T-Lymphozyten fungieren im zellvermittelten Immunsystem in Form von antigenspezifisch aktivierten zytotoxischen T-Zellen. Sie erkennen z. B. **virusinfizierte Zellen** oder **Tumorzellen** anhand der veränderten Zelloberfläche, binden hier an die von den **MHC-(I-)Molekülen** präsentierten, spezifischen Strukturen und werden dadurch zur verstärkten Teilung angeregt. Die entstehenden Tochterzellen **lysieren** die veränderten Zellen und bilden – ähnlich den

B-Lymphozyten – parallel dazu **Gedächtniszellen**. Sie können damit bei der nächsten Infektion schneller reagieren.

Die Aufgabe der zytotoxischen T-Zell-Reaktion ist es, virusinfizierte oder Tumorzellen **sofort zu eliminieren**, um eine Vermehrung dieser Zellen zu verhindern.

T-Helferzellen

Eine zweite Gruppe von T-Zellen sind die T-Helferzellen. Sie produzieren **Interferon-γ** und/oder **Interleukine** (Wachstums- und Reifungsfaktoren des Immunsystems) zur **Aktivierung** und **Regulation** anderer Immunzellen. T-Helferzellen kontrollieren, dass nur solche Immunzellen proliferieren, die nicht gegen gesunde, körpereigene Zellen gerichtet sind oder Antikörper gegen körpereigene Strukturen bilden. Sie erkennen Makrophagen, die auf ihrer Oberfläche mit Hilfe von **MHC-(II-)Molekülen** Antigene von **phagozytierten Bakterien** präsentieren. T-Helferzellen (und auch Makrophagen) setzen nach Antigen- und MHC-Kontakt **Interleukine** frei, die zur schnellen Vermehrung und Gedächtniszellbildung dieser spezifischen T-Helferzelle führen (**gezielte klonale Selektion** der T-Zelle, Abb. 2.47).

> **MERKE**
>
> **T-Helferzellen** beschleunigen über die Freisetzung von **Signalstoffen** die Proliferation anderer Zellen des Immunsystems.

> **Klinischer Bezug**
>
> **Antikörper in der Analytik.** Lösliche Antigene (z. B. Proteine, wie Exotoxine oder Endotoxine) bilden mit präzipitierenden Antikörpern Ag-Ak-Komplexe. In der medizinischen Laborpraxis kann man die Bildung unlöslicher

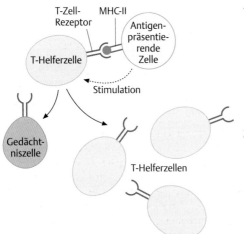

T-Zell-Rezeptor   MHC-II

Antigen-präsentierende Zelle

T-Helferzelle

Stimulation

Gedächtniszelle

T-Helferzellen

1. Die T-Helferzelle erkennt Antigene, die von Körperzellen präsentiert werden und wird so aktiviert.

2. Es resultiert die Bildung von Gedächtniszellen und die Proliferation der T-Helferzellen.

Abb. 2.47 T-Helferzellaktivierung.

Immunpräzipitate zur qualitativen und/oder quantitativen Bestimmung von löslichem Antigen in Körperflüssigkeiten, wie Serum, Urin, Liquor cerebrospinalis, Milch, Tränenflüssigkeit usw. nutzen, wenn man als Nachweisreagenz ein Antiserum mit spezifischen Antikörpern einsetzt (Gewinnung durch Immunisieren von verschiedenen Tieren, z. B. Kaninchen, Ziegen, Pferden, Eseln). Auf der anderen Seite können Antikörper z. B. in Patientenserum und anderen Körperflüssigkeiten analysiert werden, wenn man als Nachweisreagenz lösliche Antigenpräparate nimmt. Heutzutage gibt es bereits Verfahren wie Enzym- oder Radioimmuntests, die im ng- bis pg-Bereich arbeiten.

Defekte im Immunsystem. Defekte in der Funktionsweise und/oder in den höchst komplexen Regulationsmechanismen der Immunantwort führen z. B. zu
— kongenitalen oder erworbenen **Immungobulin-Mangelsyndromen**,
— zu Virus-induziertem **AIDS** („Acquired Immune Deficiency Syndrome") oder zu
— malignen Leukämien und Plasmozytomen (sie zählen zu den **lymphoproliferativen Erkrankungen**).

Abnorm stark ablaufende Immunreaktionen gegen häufig ungefährliche Antigene führen bei Rekontakt mit dem Antigen in disponierten Individuen zum Phänomen der **Überempfindlichkeit** (**Allergie**: z. B. Insektenstichallergien, Heuschnupfen, Nahrungsmittel-, Medikamenten- oder Chemikalienallergien).
Bei **Autoimmunerkrankungen** funktioniert die Identifikation körpereigener Proteine nicht, es werden daher Antikörper gegen sie gebildet bzw. zytotoxische Zellen aktiviert. Einige Beispiele sind:
— **Multiple Sklerose** (Bildung von Antikörpern gegen Myelin-Protein),
— **Myasthenia gravis** (Bildung von Antikörpern gegen den Azetylcholin-Rezeptor) und
— **Pemphigus vulgaris** (Bildung von Antikörpern gegen Desmoglein, gehört zur Familie der Cadherine).
Bei weiteren Autoimmunerkrankungen kennt man die spezifischen Antikörper nicht (rheumatische Arthritis, Morbus Addison).

Check-up
✓ Rekapitulieren Sie die Einteilung des Immunsystems und die Unterschiede zwischen humoraler und zellulärer Abwehr.
✓ Wiederholen Sie den Aufbau eines IgG-Antikörpermoleküls und die verschiedenen Antikörperklassen.
✓ Machen Sie sich noch einmal klar, wie die unterschiedlichen Komponenten des Immunsystems miteinander interagieren.

2.7 Zellkommunikation

Lerncoach
Bei der Zellkommunikation müssen Signale vom Zelläußeren in das Zellinnere gelangen. Dabei muss die Zellmembran überwunden werden. Achten Sie beim Lernen besonders auf die unterschiedlichen Wege, auf denen Signale in die Zelle weitergeleitet werden können.

2.7.1 Überblick und Funktion
Zellen kommunizieren untereinander. Das setzt voraus, dass Zellen in der Lage sein müssen, Signale zu senden (**signalgebende Zellen**) und Signale zu empfangen (**signalempfangende Zellen**). Das gleiche **Signalmolekül** kann in unterschiedlichen Zelltypen völlig unterschiedliche Reaktionen auslösen. Die Reaktion ist abhängig von den auf der Zelle vorhandenen **Rezeptortypen**, den nachgeschalteten **Reaktionskaskaden** und der **Zellfunktion**. Für viele Signalmoleküle gibt es eine Reihe unterschiedlicher Rezeptortypen, z. B. der muscarinerge und der nicotinerge Acetylcholinrezeptor; beide erkennen Acetylcholin, generieren aber unterschiedliche zelluläre Reaktionen. Acetylcholin kann so z. B. in der Herzmuskelzelle zur Entspannung führen, in einer Drüsenzelle (Speicheldrüse) zur Sekretion und im Skelettmuskel zur Kontraktion. Ob eine Zelle auf ein Signal anspricht, hängt vom Rezeptorbesatz der Zelle ab. Die Zelle selektiert auf diese Weise aus der Vielzahl vorhandener Signale die für sie relevanten.

2.7.2 Signalmoleküle
Es gibt eine Vielzahl von Signalmolekülen **unterschiedlicher chemischer Herkunft**:
— Gase (NO),
— Ionen (Ca^{2+}),
— Aminosäurederivate (Adrenalin, Noradrenalin, Thyroxin, Histamin, GABA)
— Peptide (Glucagon, Insulin),
— Proteine (EGF, NGF) und
— Steroide (Cortisol, Estradiol, Testosteron).

Signalmoleküle binden an Rezeptoren
Für die meisten Signalmoleküle gibt es keine Möglichkeit, die Zellmembran zu überwinden und in die Zellen hinein zu gelangen. Sie werden daher von **membrangebundenen Rezeptoren** erkannt und ihre Information wird über verschiedene Mechanismen in die Zelle weitergeleitet (**Signaltransduktion**). Signalmoleküle, die extrazellulär an Rezeptoren binden, werden als **First Messenger** (erster Bote) bezeichnet. Im weiteren Verlauf wird das Signal meistens noch durch Wechselwirkung mit anderen Faktoren verstärkt und moduliert (**Second Messenger**, Abb. 2.48).

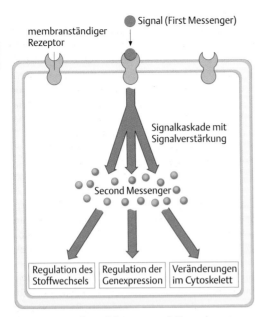

Abb. 2.48 Signaltransduktion. Intrazellulär werden unterschiedliche Reaktionen ausgelöst. (nach Königshoff M, Brandenburger T. Kurzlehrbuch Biochemie. Thieme 2012)

Steroide und NO gelangen in die Zellen

Aufgrund ihres **lipophilen** Charakters können **Steroidhormone** durch die Zytoplasmamembran ins **Zytosol** diffundieren. Hier werden sie durch sogenannte **lösliche Rezeptoren** erkannt. Gebunden an diese Rezeptoren diffundieren die Steroide in den **Zellkern** und können hier direkt die **Transkription**, und damit die Proteinproduktion, regulieren (Abb. 2.49a).

Testikuläre Feminisierung. Das männliche Geschlechtshormon **Testosteron** wirkt im Fetus und in der Pubertät als Signal für die Entwicklung der sekundären männlichen Geschlechtsmerkmale. Bei einigen wenigen Individuen, die genetisch männlich sind **(XY)**, ist der lösliche **Testosteronrezeptor** durch eine Mutation des sog. SRY-Gens (S.99) entweder nicht vorhanden oder inaktiv; Testosteron wird zwar gebildet, das Signal kann aber nicht erkannt werden. Die Folge ist, dass sich diese Männer in ihrer äußeren Erscheinung wie Frauen entwickeln, weil die Merkmale, die Männer von Frauen unterscheiden, nicht generiert werden können.

Ein weiteres Signalmolekül, das in der Lage ist die Zytoplasmamembran zu durchqueren, ist das **Stickstoffmonoxid** (NO), ein sonst sehr giftiges Gas. Es kann als zelluläre Antwort auf bestimmte Signale aus **Arginin** gebildet werden, ist gut diffusibel, wird aber sehr schnell (innerhalb von 5–10 s) zu Nitrat und Nitrit abgebaut. Diese **kurze Halbwertszeit** ist der Grund dafür, dass NO nur **direkt benachbarte Zellen** beeinflussen kann. NO diffundiert durch die Zellmembran und aktiviert das Enzym **Guanylatzyklase**. Wie der Name schon sagt, bildet dieses Enzym aus GTP unter Abspaltung von Pyrophosphat zyklisches **Guanosinmonophosphat** (cGMP), welches anschließend über die Aktivierung der **Proteinkinase G (PKG)** eine Signalkaskade auslöst (Abb. 2.49b). In Blutgefäßen führt eine NO-Ausschüttung der Endothelien über diesen Signalweg letztendlich durch Entspannung der glatten Muskelzellen zu einer Dila-

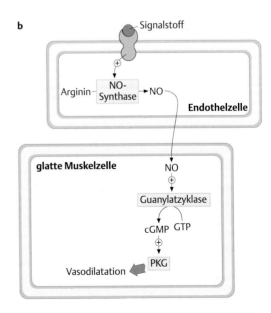

Abb. 2.49 Intrazelluläre Wirkungen von Signalstoffen, die die Zytoplasmamembran durchqueren können. a Wirkung von Steroidhormonen. **b** Wirkung von NO. (nach Königshoff M, Brandenburger T. Kurzlehrbuch Biochemie. Thieme 2012)

tation (Gefäßerweiterung). Das Signal wird durch **Phosphodiesterasen**, die das cGMP spalten, wieder abgeschaltet.

> **MERKE**
>
> Die meisten Signalmoleküle wirken außerhalb der Zelle. Ausnahmen sind **Steroide** und **NO**, die **innerhalb der Zelle** wirken.

> **Klinischer Bezug**
>
> **Viagra.** Stickstoffmonoxid (NO) führt über die oben besprochene Signalkaskade im Penis zur lokalen Erweiterung der Blutgefäße und damit zur Erektion. Dieses Signal wird über die cGMP-Phosphodiesterase abgeschaltet. An diesem Punkt greift Viagra an. Es hemmt die **Inaktivierende Phosphodiesterase**, sodass das Signal länger wirksam ist und die Erektion länger bestehen bleibt.

2.7.3 Interzelluläre Übertragungswege von Signalen

Die Signalübertragung von einer Zelle auf die nächste kann über verschiedene Wege erfolgen.

Lerntipp

Die Wege, die Signale im Körper zurücklegen müssen, sind unterschiedlich lang. Achten Sie im Folgenden auf die verschiedenen Mechanismen, wie Signalmoleküle freigesetzt und transportiert werden.

Endokrine Signalleitung

Die Weiterleitung eines Signals **auf dem Blutweg** wird als endokrine Signalleitung bezeichnet (endokrine Zellen sezernieren Signalstoffe ins Blut). Der Vorteil dieses Weges besteht darin, dass eine weiträumige Verteilung des Signals **über den ganzen Körper** möglich ist und verschiedene Organe und Gewebe gleichzeitig angesprochen werden können (Abb. 2.50a). So kann z. B. das Hormon **Estrogen** im Uterus seine Wirkung auf den Aufbau der Uterusschleimhaut ausüben und gleichzeitig in den Knochen am Knochenaufbau mitwirken. Die angesprochenen Zellen können ihrerseits auf dem Blutweg eine Rückantwort geben (**positive** oder **negative Rückkopplung**).

Parakrine Signalleitung

Ein anderer Weg der Signalverbreitung ist die **Diffusion** im Interzellularraum (parakrine Verbreitung eines Signals, z. B. bei der Regulation der Wundheilung). Hier können nur **unmittelbar benachbarte Zellen** angesprochen werden, da die Diffusionsstrecken nicht sehr groß sind (Abb. 2.50b).

Synaptische Signalleitung

Eine weitere Form der Signalweiterleitung ist die **neuronale** (synaptische) Signalübertragung. Das Signal wird als **elektrisches Signal** entlang eines Zellfortsatzes (Axon) zu den Zielzellen transportiert. Hier kann es entweder durch sehr engen Kontakt über Gap Junctions (S. 27) **elektrisch überspringen** oder es wird in ein **chemisches Signal** umgewandelt. Dieses chemische Signal **(Neurotransmitter)** wird in einen schmalen (synaptischen) Spalt unmittelbar an der Zielzelle ausgeschüttet, diffundiert durch diesen Spalt zur Zielzelle und wird dort durch Rezeptoren erkannt.

Das Signalmolekül wird durch sehr schnellen **Abbau** oder durch **Resorption** inaktiviert und eine Diffusion in das umliegende Gewebe wird damit verhindert (Abb. 2.50c). Die Vorteile dieser Signalübertragung sind:

— Die hohe **Geschwindigkeit** der Übertragung und
— der Transport eines definierten Signals zu einem **definierten Zielort**, was bedeutet, dass selbst eng benachbarte Zellen mit gleichem Rezeptorbesatz unabhängig voneinander angesprochen werden können.

Kontaktabhängige Signalleitung

Die kontaktabhängige Signalübertragung ist auf Zellen beschränkt, die **in unmittelbarem Kontakt** miteinander stehen. In diesem Fall sind sowohl der Rezeptor als auch das Signal **membrangebundene Moleküle** (Abb. 2.50d). Diese Form der Signalübertragung findet man z. B.

— während der Embryonalentwicklung bei der **Bildung von Neuronen** aus dem Neuroepithel: Wenn sich eine Zelle zum Neuron differenziert, sorgt sie dafür, dass die umliegenden Epithelzellen sich nicht ebenfalls zu einer Nervenzelle umwandeln können,
— bei der sogenannten **Kontaktinhibition**: Sie beruht ebenfalls auf kontaktabhängiger Signalleitung. Durch sie wird das unkontrollierte Wachstum von Geweben verhindert,
— bei den **T-Zellen des Immunsystems** (S. 65): Sie erkennen körpereigene Zellen durch direkten Kontakt ihrer Rezeptoren mit den Histokompatibilitätsantigenen, die auf jeder Körperzelle vorhanden sind.

> **MERKE**
>
> Es gibt vier Arten der **interzellulären Signalübertragung**:
> — endokrin,
> — parakrin,
> — synaptisch (neuronal) und
> — kontaktabhängig.

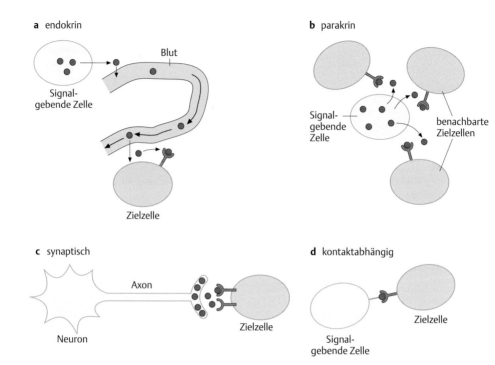

Abb. 2.50 Möglichkeiten der Signalübertragung.

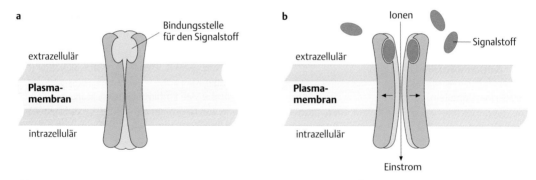

Abb. 2.51 Funktionsweise von Ionenkanalrezeptoren. a Struktur eines Ionenkanals. **b** Öffnung des Kanals durch Signalbindung. (nach Königshoff M, Brandenburger T. Kurzlehrbuch Biochemie. Thieme 2012)

2.7.4 Rezeptoren

Auf Zelloberflächen kommen **drei Hauptklassen** von Rezeptoren vor, die im Folgenden besprochen werden:

- ionenkanalgekoppelte Rezeptoren,
- G-Protein-gekoppelte Rezeptoren und
- enzymgekoppelte Rezeptoren.

Ionenkanalgekoppelte Rezeptoren

Die Aktivierung eines ionenkanalgekoppelten Rezeptors sorgt für die **Umwandlung** eines **chemischen Signals** in ein **elektrisches**. Die Bindung des Signalmoleküls führt zur Öffnung oder Schließung von für bestimmte Ionen spezifischen Ionenkanälen (Ca^{2+}, K^+, Na^+, Cl^-). Durch den Ionenfluss verändert sich die Ladungsverteilung zwischen Innen- und Außenseite der

Membran, es kommt zu Stromflüssen (Abb. 2.51). Zu den Ionenkanalrezeptoren gehören z. B. glutamaterge AMPA- und NMDA-Rezeptoren, der nikotinerge Azetylcholinrezeptor, der Glycinrezeptor und der GABA$_A$-Rezeptor.

G-Protein-gekoppelte Rezeptoren

G-Protein-gekoppelte Rezeptoren bilden die größte Familie unter den Rezeptoren. Zu ihnen gehören der muskarinerge Azetylcholinrezeptor, α- und β-adrenerge Rezeptoren, serotonerge Rezeptoren, Glukagonrezeptoren, Vasopressinrezeptoren und GABA$_B$-Rezeptoren.

Die Rezeptoren sind **Transmembranproteine**, durchspannen mit **7 α-Helices** die Zellmembran und benö-

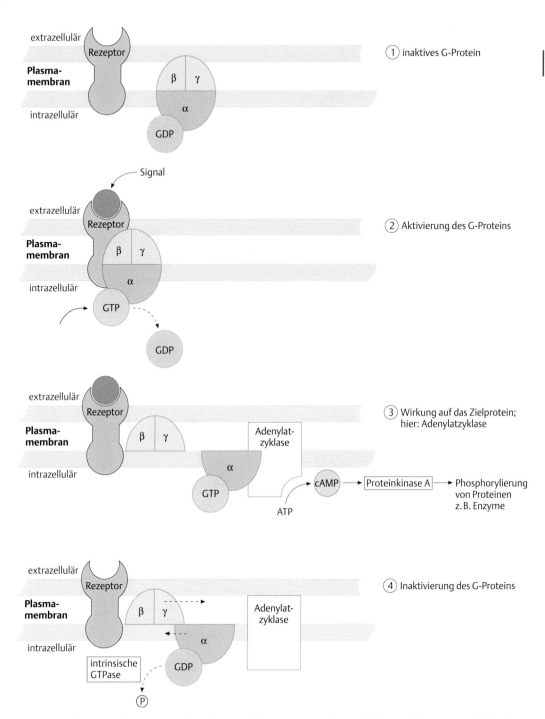

Abb. 2.52 Mechanismus der G-Protein-gekoppelten Signalübertragung. (nach Königshoff M, Brandenburger T. Kurzlehrbuch Biochemie. Thieme 2012)

tigen für die Weiterleitung des Signals sogenannte G-Proteine, das sind regulatorische, **GTP-(Guanosin-Triphosphat-)bindende**, in die Membran eingelagerte Proteine, die aus **drei Untereinheiten** bestehen (α-, β- und γ-UE). Im inaktiven Zustand haben sie ein Molekül GDP (Guanosin-Diphosphat) gebunden. Empfängt ein Rezeptor ein Signal, verändert er seine Konformation so, dass ein G-Protein an der intrazellulären Seite des Rezeptors binden kann (Abb. 2.52). Diese Bindung führt zum Austausch von GDP gegen

GTP, wodurch das GTP-bindende Protein **aktiviert** wird. Das G-Protein löst sich vom Rezeptor (der nun weitere G-Proteine aktivieren kann, so lange bis das Signal inaktiviert wird!) und zerfällt einmal in die βγ-Untereinheit und zum anderen in die **GTP-aktivierte α-Untereinheit**. Diese α-UE koppelt jetzt an ein spezifisches **Zielprotein** und aktiviert dieses solange, bis das GTP durch eine in der α-UE selbst enthaltene **GTPase** zu GDP gespalten wird. Damit ist das Signal wieder **abgeschaltet**.

Die α-UE kann verschiedene Zielproteine aktivieren:

– **Ionenkanäle** (G-Protein-regulierte Ionenkanäle),
– das Enzym **Adenylatzyklase** (Abb. 2.53) und
– das Enzym **Phospholipase C** (Abb. 2.54).

Diese Zielproteine generieren nun weitere Signalstoffe **(Second Messenger)**.

Die unterschiedlichen G-Protein-gekoppelten Rezeptorsysteme können sich in ihrer Aktivität gegenseitig beeinflussen und sowohl **synergistisch** als auch **antagonistisch** arbeiten.

Lerntipp

Merken Sie sich, wie G-Proteine Enzyme aktivieren:

Bindung des First Messenger → **Rezeptoraktivierung** → **G-Protein-Bindung und -Aktivierung** → **Abspaltung der aktiven α-UE** → **Aktivierung von Zielenzymen** → **Second-Messenger-Bildung durch Zielenzyme.**

Spaltung des GTP durch intrinsische GTPase-Aktivität der α-UE → **Inaktivierung der α-UE und damit des Signalweges.**

Adenylatzyklase

Die Aktivierung der Adenylatzyklase führt zur Bildung eines zweiten Boten (Second Messenger). Aus ATP-Molekülen werden unter Pyrophosphatabspaltung durch intramolekulare Ringbildung zahlreiche Moleküle **zyklisches AMP (3'5'-cAMP)** gebildet, das ins Zytoplasma diffundiert und das Signal weiter trägt (daher Second Messenger; im Unterschied zum First Messenger, dem am Rezeptor erkannten Signal).

MERKE

Die von den **G-Proteinen** aktivierten Enzyme generieren **„Second Messenger"**, die das Signal **verstärken** und auf die unterschiedlichen Zielstrukturen **verteilen**.

Der Second Messenger cAMP bindet sich an die **Proteinkinase A (PKA)** und aktiviert diese. Das Signal wird dabei **vielfach verstärkt**. Die Proteinkinase A phosphoryliert nun Zielproteine und kann damit Signalkaskaden in Gang setzen (Abb. 2.53). In der Leber und im Muskel wird auf diese Weise der **Adrenalin**-vermittelte **Glykogenabbau** realisiert. Die Proteinki-

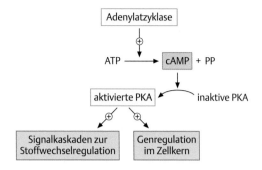

Abb. 2.53 Das cAMP-Second-Messenger-System.

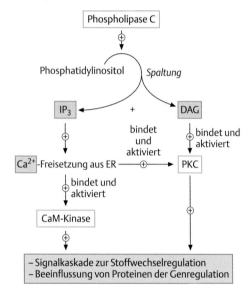

Abb. 2.54 Die Aktivierung der Phospholipase C generiert zwei Second Messenger.

nase A ist auch in der Lage, durch Phosphorylierung von Genregulatorproteinen die **Transkription**, also das Ablesen bestimmter Gene, zu aktivieren.

Die Abschaltung der Proteinkinase A erfolgt durch **Phosphodiesterasen**, die zyklische Nukleotide spalten und den Second Messenger cAMP in inaktives AMP überführen.

MERKE

Das von der Adenylatzyklase gebildete **cAMP** kann über die Aktivierung der Proteinkinase A sowohl **Stoffwechselwege** aktivieren (Glykogenabbau) als auch die **Genaktivität** regulieren.

Phospholipase C

Die G-Protein-abhängige Aktivierung der Phospholipase C führt zur Spaltung des in der Membran vorhandenen **Phosphatidylinositols** in Inositoltriphosphat **(IP$_3$)** und Diacylglycerol **(DAG)**. Beide sind Se-

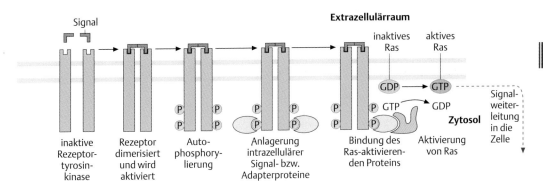

Abb. 2.55 Die Funktion von Tyrosinkinase-Rezeptoren am Beispiel des RAS-Signalweges.

cond Messenger, weil sie die Information des an den Rezeptor gekoppelten Signals in das Zellinnere weitertragen.

IP$_3$ setzt Ca^{2+}-Ionen aus dem endoplasmatischen Retikulum frei, welches an sog. Wandlerproteine (z. B. Ca^{2+}-Calmodulin-aktivierte Proteinkinase, CaM-Kinase) bindet und diese so verändert, dass eine Reihe weiterer Zielproteine aktiviert werden können. In diesem Fall wirkt das Ca^{2+}-Ion als „Third Messenger". Weiterhin kann Ca^{2+} gemeinsam mit dem in der Membran verbleibenden **DAG** die **Proteinkinase C (PKC)** aus dem Zytoplasma an die Membran binden und aktivieren (Abb. 2.54). Die aktivierte PKC setzt dann, ähnlich der PKA, durch **Phosphorylierung von Zielproteinen** Signalkaskaden in Gang und kann durch Phosphorylierung von **Genregulatorproteinen** in die Genregulation eingreifen.

Enzymgekoppelte Rezeptoren

Enzymgekoppelte Rezeptoren sind Transmembranproteine, die auf der extrazellulären Seite eine **Rezeptorfunktion** (Erkennung des Signals) und auf der zytoplasmatischen Seite eine **enzymatische Aktivität** (Kinase-Funktion, Phosphorylierung von Proteinen) aufweisen (Abb. 2.55).

Die meisten enzymgekoppelten Rezeptoren sind sogenannte **Rezeptortyrosinkinasen**, da sie Tyrosinreste ausgewählter Proteine phosphorylieren können. Viele **Wachstumsfaktoren** (z. B. epidermal growth factor, EGF) werden über solche Rezeptoren aktiv. Das Signal **dimerisiert** bei seiner Bindung den Rezeptor und aktiviert so dessen enzymatische Funktion. Folgende Schritte laufen nun nacheinander ab:

- Die beiden **katalytischen Domänen** des Rezeptor-Dimers phosphorylieren sich gegenseitig an Tyrosinresten.
- Die phosphorylierten Tyrosine dienen anschließend als **Bindungsstellen** für eine Kollektion weiterer **intrazellulärer Signalproteine**, die einen **Komplex** bilden und nun ebenfalls an Tyrosinresten phosphoryliert und dadurch aktiviert werden.

- Dieser Komplex aktiviert kleine intrazelluläre Signalproteine (wie z. B. das wachstumssteuernde **RAS**-Protein), welche die **Zellproliferation** regulieren (Abb. 2.55).

Onkogene, Protoonkogene und Tumorsuppressorgene

Eine häufige Ursache von **Tumoren** sind Mutationen von Genen, die für **wachstumsfördernde, intrazelluläre Signalproteine** (wie z. B. RAS) kodieren. Häufig können nämlich mutierte Signalmoleküle nicht wieder abgeschaltet werden, so dass ein **Zellteilungssignal permanent** bestehen bleibt. Mutierte Signalproteine, die permanent wachstumsfördernd wirken, werden als **Onkogene** bezeichnet, da sie die Krebsentstehung begünstigen.

Die normalen, nicht mutierten Gene, die durch Mutation zum Onkogen werden könnten, nennt man **Protoonkogene**. Zu den Protoonkogenen gehören die Gene aller wichtigen zellulären Regulationsproteine, die die Zellproliferation fördern (wie z. B. Wachstumsfaktoren, Rezeptoren für Wachstumsfaktoren, Hormonrezeptoren, Proteinkinasen, bestimmte DNA-bindende Proteine und Genregulatorproteine).

Tumorsuppressorgene können ebenfalls durch Mutationen eine onkogene, also krebsfördernde, Wirkung haben. Es handelt sich hierbei um Gene, deren intakte Genprodukte die Zellvermehrung kontrollieren und beschränken, z. B. durch ihre Wirkung an den Kontrollpunkten des Zellzyklus, wie das **p53** (S. 60). Tumorsuppressorgene werden also erst dann gefährlich, wenn ihre Funktion versagt, d. h. wenn sie durch Mutationen inaktiviert werden: Der Ausfall von p53 bewirkt z. B., dass die Zellvermehrung trotz vorhandener DNA-Schäden fortgesetzt wird, was erheblich zur Entstehung von Tumorzellen beiträgt.

Für Tumorzellen ist ein unkontrolliertes Wachstum charakteristisch. Der **Mitoseindex** trifft eine Aussage über den Anteil proliferierender Zellen in einem Gewebe und steigt in Tumoren deutlich an. Er wird ermittelt, indem die Zahl der mitotischen Zellen pro

2

1000 Zellen bestimmt wird. Vergleicht man diesen Wert mit dem Normwert des Gewebes (Dünndarmepithel 20-40, Pankreas < 0,1), erhält man eine Aussage über die Geschwindigkeit, mit der sich ein Tumor ausbreitet.

Klinischer Bezug

Burkitt-Lymphom. Das auf Chromosom 8 lokalisierte **Myc-Gen** ist ein Protoonkogen, dessen Genprodukt u. a. den Zellzyklus kontrolliert. Durch eine Translokation auf Chromosom 14 oder 22 kann es unter den Einfluss von Promotorregionen gelangen, welche die Bildung von Immunglobulinen kontrollieren. Da Immunglobulingene im Unterschied zum Myc-Gen sehr stark exprimiert werden, wird jetzt zuviel C-Myc produziert, was zu einer verstärkten Zellproliferation und damit zu einem **malignen B-Zell-Lymphom** (Lymphdrüsenkrebs) führt. Zusätzlich ist bei einer Vielzahl der Fälle das **p53-System** mutiert.

MERKE

Die hier eingeführten Begriffe sind wichtig für das Verständnis der **Krebsentstehung**:
- **Protoonkogene** sind nichtmutierte Gene, die proliferationsfördernde Proteine kodieren.
- **Onkogene** sind mutierte Protoonkogene, die zu permanent aktivierten proliferationsfördernden Proteinen führen und damit die Krebsentstehung fördern.
- **Tumorsuppressorgene** kodieren für Proteine, die die Zellteilung kontrollieren und beschränken. Ihre Inaktivierung durch Mutationen kann ebenfalls zu unkontrollierter Zellvermehrung führen.

 Check-up
✓ Rekapitulieren Sie, welche Arten von Signalmolekülen und Signalübertragungswegen es gibt.
✓ Wiederholen Sie die Funktionsprinzipien von Ionenkanalrezeptoren, G-Protein-gekoppelten und Enzym-gekoppelten Rezeptoren.
✓ Machen Sie sich klar, was First Messenger von Second Messengern unterscheidet.
✓ Rekapitulieren Sie die Begriffe Onkogen, Protoonkogen und Tumorsuppressorgen.

2.8 Molekulare Grundlagen der Zellvermehrung

 Lerncoach
Die Inhalte dieses Kapitels haben eine große Bedeutung in der Medizin und werden deshalb auch häufig geprüft. Nehmen Sie sich also ausreichend Zeit für die folgenden Abschnitte.

2.8.1 Überblick und Funktion

In diesem Kapitel werden die molekularen Grundlagen zu **Weitergabe** und **Realisierung** der genetischen Information besprochen. In den vorangegangenen Kapiteln haben Sie bereits Kenntnisse über den Aufbau von DNA (S. 20), RNA (S. 22) und Proteinen (S. 17) sowie ihrer Bausteine erworben. In diesem Kapitel werden wir die Regeln besprechen, nach denen solche Makromoleküle gebildet werden und wir wollen erklären, wie diese Bildungsprozesse reguliert werden. Da bei Prokaryonten und Eukaryonten diese Mechanismen oft ganz ähnlich ablaufen, werden sie am Modell der Prokaryonten besprochen. Anschließend wird auf die Besonderheiten bei den Eukaryonten hingewiesen.

In diesem Kapitel konzentrieren wir uns auf die folgenden drei wichtigen molekularen Mechanismen:
- Die **DNA-Replikation** ist ein Prozess, bei der die genetische Information im Rahmen der Zellteilung identisch verdoppelt wird.
- Bei der **Transkription** werden einzelne, in der DNA kodierte Gene in eine bewegliche Kopie, die „handlichere" mRNA, umgeschrieben.
- Während der **Translation** erfolgt ein Übersetzungsschritt: Die auf der mRNA enthaltene Information wird abgelesen und dient als Vorschrift zur Synthese der kodierten Proteine.

2.8.2 Der genetische Code

Träger der genetischen Information ist die DNA, die bei **Prokaryonten** als **ringförmiges, doppelhelikales Molekül** im Zytoplasma der Zelle liegt und bei **Eukaryonten** in Form von linearen Molekülen als **Chromosomen** im Zellkern lokalisiert ist. Die Struktur der **mitochondrialen DNA** entspricht der DNA von Prokaryonten, eine mögliche Erklärung dazu liefert die Endosymbiontentheorie (S. 39).

In der Basenfolge des DNA-Stranges ist der **genetische Code** verschlüsselt. Kodiert werden **Proteine**, **tRNA-** und **rRNA-Moleküle**.

Die Verschlüsselung der Proteine erfolgt in sogenannten Tripletts, d. h. drei Nukleotide bilden eine Kodierungseinheit **(Codon)** für eine Aminosäure (Abb. 2.56). In der Abfolge der Codons ist die Aminosäure-Sequenz der Proteine verschlüsselt.

Die **Eigenschaften des genetischen Codes** sind im Folgenden zusammengefasst:
- Der Code ist ein **Triplett-Code** (3 Nukleotide kodieren für eine Aminosäure). Daraus ergibt sich eine Kodierungspotenz von 64 Aminosäuren (bei den vier verschiedenen Buchstaben A, G, C, T/U des Codes gibt es $4^3 = 64$ Kodierungsmöglichkeiten).
- Der Code ist **degeneriert**. Da es nur 20 proteinogene Aminosäuren gibt, werden theoretisch auch

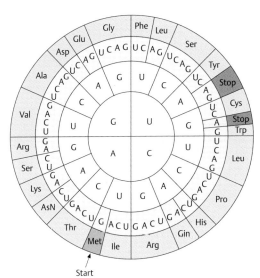

Start

Abb. 2.56 Der genetische Code bezogen auf die entstehende RNA (statt T wird U verwendet, Leserichtung von innen nach außen).

nur 20 verschiedene Kodierungsmöglichkeiten benötigt. Die meisten Aminosäuren werden jedoch durch mehrere Tripletts kodiert. Insofern ist der Code nicht eindeutig.

- Der Code ist **universell**. Abgesehen von wenigen Ausnahmen haben die Tripletts bei allen Lebewesen (und Viren) die gleiche Bedeutung.
- Der Code ist **kommafrei**. Es gibt also keine Leerstellen zwischen den einzelnen Tripletts. Kodierende Tripletts sind nicht durch einzelne Nukleotide getrennt. Bei Eukaryonten können jedoch innerhalb eines Gens nichtkodierende Abschnitte (sogenannte Introns) die kodierenden Bereiche (sogenannte Exons) unterbrechen. Näheres hierzu im Kap. Splicing (S. 82).
- Der Code ist **nicht überlappend**. Nukleotide eines Tripletts können nicht Bestandteil eines zweiten Tripletts sein, welches mit dem vorhergehenden überlappt.
- Nicht alle Tripletts werden für die Kodierung von Aminosäuren verwendet. Es gibt drei Tripletts, die als sogenannte „Nonsense"- oder **Stop-Codons** die Translation beenden (UAA, UAG, UGA).
- Das Triplett AUG ist das **Start-Codon** für die Translation. Es kodiert die Aminosäure Methionin, mit dem jedes Protein beginnt (bei Prokaryonten wird für den Start Formylmethionin verwendet, innerhalb der Kette dann auch Methionin).
- **Selenocystein:** Diese 21. Aminosäure wird durch „Recodierung" in ein Protein eingebaut. Das Triplett UGA, normalerweise ein Stop-Codon, kann in einer bestimmten Sequenzumgebung mit Hilfe

von Cofaktoren anders interpretiert werden. Eine spezifische tRNA mit dem Anti-Codon UCA, die Selenocystein trägt, bindet jetzt an das Stop-Codon UGA und die Aminosäure Selenocystein wird in das Protein eingebaut.

> **MERKE**
>
> **Start-** und **Stop-Codons** spielen nur bei der **Translation** eine Rolle! Sie markieren Beginn und Ende der Peptidkette.

2.8.3 Replikation

Die Grundlage für die Vermehrung von Zellen ist die Weitergabe der genetischen Information an die Tochterzellen. Dazu muss vor jeder Zellteilung die genetische Information kopiert (repliziert) und damit verdoppelt werden. Diese Replikation erfolgt in der S-Phase (S. 51) des Zellzyklus.

Die Replikation wird durch einen **Multienzymkomplex** semikonservativ realisiert, d. h. die DNA-Doppelhelix wird entwunden und beide Stränge dienen jeweils als Matrize für die Synthese eines neuen, komplementären DNA-Strangs. Dabei werden die Chromosomen, die bislang nur aus einem Chromatid (eine DNA-Doppelhelix) bestanden, in Chromosomen mit zwei Chromatiden (zwei DNA-Dopplehelices) umgewandelt. Dieser Prozess ist nicht ganz einfach, denn die Organisation der DNA als Doppelhelix führt beim Entwinden der Doppelstränge zu Überdrehungen (wie Sie sehr leicht mit einem multifilen Bindfaden überprüfen können). Bei Eukaryonten stört zusätzlich die Verpackung der DNA durch die Histone. Die DNA muss also für die Replikation entpackt werden.

Entspiralisierung der DNA

Für die semikonservative Replikation ist eine Trennung der Doppelhelix in die beiden Einzelstränge nötig. Diese Trennung wird durch eine **Helikase** realisiert, die die Doppelhelix durch Drehung (9000 U/min) entwindet. Die DNA wird gespreizt und in diesem Zustand durch **DNA-Bindungsproteine** stabilisiert. Eine Überdrehung der DNA-Helix beim Spreizen wird durch das Enzym **Topoisomerase** verhindert, das in bestimmten Abständen DNA-Einzelstrangschnitte setzt, wodurch sich die beiden DNA-Stränge umeinander winden können. Durch eine DNA-Ligase wird die Schnittstelle wieder versiegelt. So entstehen **Einzelstrangregionen** von ca. 2000 Basenpaaren, an denen die eigentliche Replikation beginnen kann.

2

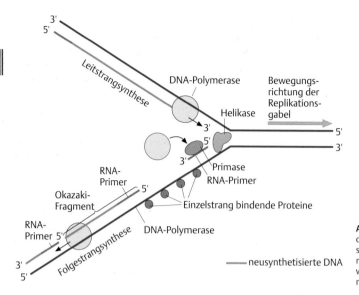

Abb. 2.57   **DNA-Replikation.** Die Replikationsgabel bewegt sich nach rechts. Am Leitstrang kann an einem Stück von links nach rechts synthetisiert werden. Am Folgestrang wird in Okazaki-Fragmenten (von rechts nach links) synthetisiert.

Semikonservative DNA-Synthese

 Lerntipp

Wiederholen Sie ggf. noch einmal im Abschnitt „Biologische Makromoleküle" den polaren Aufbau eines DNA-Strangs mit 3'- und 5'-Ende.

Während es bei Prokaryonten nur **einen Startpunkt** für die Replikation gibt, sind es bei Eukaryonten **mehrere Startpunkte** pro Chromosom, was die Replikationsdauer erheblich verkürzt. Der Multienzymkomplex für die DNA-Synthese erkennt eine bestimmte Nukleotidsequenz als Startpunkt, lagert sich hier an und beginnt die DNA-Stränge von der 3'- in die 5'-Richtung abzulesen. Gleichzeitig wird der neue komplementäre Strang in 5'-3'-Richtung synthetisiert. Das Ablesen und die DNA-Synthese wird bei Prokaryonten durch die **DNA-Polymerase III** (entspricht in Mitochondrien der Polymerase γ) und bei Eukaryonten durch die **Polymerase δ** (Leitstrang, s. u.) und die **Polymerasen α, δ, ε** (Folgestrangsynthese, s. u.) realisiert.

DNA-Polymerasen sind nicht in der Lage, eine Neusynthese selbst zu starten. Sie brauchen ein Stück Nukleotidstrang, an dem sie ansetzen und fortfahren können. Der unmittelbare Neustart wird bei Prokaryonten durch eine **Primase** erreicht, die einen 20–500 Nukleotide langen **Primer** synthetisiert, an dem die DNA-Polymerasen ansetzen können. Die Primasen sind RNA-Polymerasen, daher sind die Primer kurze **RNA-Stücke**, die nach der Synthese durch DNA ersetzt werden! Die Primasefunktion übernimmt bei Eukaryonten eine Untereinheit der **Polymerase α.** Sie synthetisiert einen kurzen RNA-Primer (8–10 Nukleotide), den eine zweite Untereinheit mit ca. 20 DNA-Nukleotiden verlängert.

MERKE

Die **DNA-Replikation** beginnt mit der Synthese von RNA-Fragmenten **(Primer)**. Diese werden nach der Replikation entfernt und durch DNA ersetzt.

Da die DNA vom 3'- zum 5'-Ende abgelesen wird, erfolgt die Synthese genau umgekehrt (antiparallel) vom 5'- zum 3'-Ende. Aus der Antiparallelität der Stränge folgt, dass nur ein Strang von 3' nach 5' durchgehend gelesen werden kann **(Leitstrang)**, der andere Strang **(Folgestrang)** kann nur abschnittsweise entgegengesetzt zum Fortlaufen der Replikationsgabel gelesen werden (Abb. 2.57). Daher entstehen am Folgestrang bei der Neusynthese nur DNA-Fragmente (sogenannte **Okazaki-Fragmente**). Diese Fragmente sind bei Prokaryonten ca. 1000–2000 Nukleotide, bei Eukaryonten ca. 100–200 Nukleotide lang und werden erst nachträglich durch eine **DNA-Ligase** zu einem fortlaufenden Strang miteinander verknüpft.

MERKE

DNA kann nur von **5' nach 3'** synthetisiert werden! Deshalb kann bei einem antiparallelen DNA-Doppelstrang nur ein Strang in einem Stück „durchsynthetisiert" werden. Da die Replikation jedoch bidirektional verläuft, werden beide Stränge sowohl als Leitstrang (in die eine Richtung) als auch als Folgestrang (in die andere Richtung) gelesen.

Zeitlicher Ablauf der DNA-Synthese

Bei der Replikation der ringförmigen Prokaryonten-DNA entstehen **zwei Replikationsgabeln**, die mit dem Fortschreiten der Replikation in beide Richtungen weiterwandern bis sie am Ende der Replikation aufeinandertreffen. Eine Replikationsrunde dauert bei **Prokaryonten** ca. 40 Minuten (Verknüpfung von mehr als 1000 Nukleotiden/sec). Bei Prokaryonten kann noch während der Replikation der Startpunkt erneut aktiviert werden, sodass eine neue Replikationsrunde beginnen kann, bevor die alte beendet ist. Bei **Eukaryonten** läuft die Replikation durch die Verpackung der DNA **langsamer** ab als bei Prokaryonten. Hinzu kommt die vergleichsweise enorme DNA-Menge, die bei Eukaryonten repliziert werden muss. Um dennoch in einem vertretbaren Zeitfenster zu bleiben, gibt es auf der eukaryontischen DNA sehr viele Startpunkte (ca. 10 000 **Origins**), die die sogenannten **Replikationseinheiten (Replicons)** voneinander trennen. Im Unterschied zu Prokaryonten können diese Startpunkte jedoch nur einmal aktiviert werden (**Doppelreplikationsblockade**). Diese Blockade wird erst nach der nächsten Mitose wieder aufgehoben. Noch während der Synthese der DNA beginnt bereits ihre Verpackung unter Bildung von Nukleosomen.

Korrektur von Replikationsfehlern

Replikationsfehler werden noch während der Synthese durch die **DNA-Polymerase** repariert. Die DNA-Polymerase schneidet ein falsch verknüpftes Nukleotid gleich wieder heraus (**Exonukleasefunktion**) und ersetzt es durch das richtige Nukleotid. Trotz der sofortigen Fehlerkorrektur verbleibt noch ca. 1 Lesefehler pro 10^{4-5} Nukleotide (eine Ursache für Punktmutationen). Diese Fehlerquote wird durch zusätzliche **Korrekturpolymerasen** mit Endonukleasefunktion (DNA-Polymerase I bei Prokaryonten, DNA-Polymerase β sowie ein komplexes System von Korrekturenzymen bei Eukaryonten) auf 1 Lesefehler pro 10^{6-9} Nukleotide gesenkt. Die RNA-Primer der Okazakifragmente werden bei **Prokaryonten** durch die RNAse H (erkennt Heteroduplexstrukturen) entfernt und die Lücke durch die DNA-Polymerase I gefüllt. Bei **Eukaryonten** wird der Primer beim Erreichen des vorangegangenen Fragments einfach „überlesen", die RNA wird als Einzelstrang herausgedrängt und anschließend durch die Flap-Endonuklease abgebaut. Ligasen verknüpfen dann die DNA-Fragmente.
Bei **Bakterien** wird der korrekte Mutterstrang anhand seines Methylierungsgrades erkannt. Durch Methylierungen der DNA werden bestimmte Gene, die die Zelle nicht benötigt, inaktiviert. Der neu synthetisierte Strang weist kurz nach der Replikation noch kein Methylierungsmuster auf, somit kann der methylierte Mutterstrang identifiziert werden und als Matrize für die Korrektur des fehlerhaften Tochterstrangs dienen. Bei Eukaryonten werden Mutter- und Tochterstrang durch verbleibende „Nicks" (Einkerbungen) in den Tochtersträngen identifiziert.

Telomerase

Das Endreplikationsproblem

Der Replikationsapparat ist wegen seines Richtungszwangs nicht in der Lage, am 3'-Ende der Matrizen-DNA die Chromosomenenden zu replizieren, denn es **fehlt** nach Abbau des **RNA-Primers** ein 3'-Ende zum Ansetzen der DNA-Polymerase (Abb. 2.58). Dies bedeutet, dass bei jeder Replikationsrunde an den **Chromosomenenden** (sog. **Telomere**) genetisches Material (ca. 100 Nukleotide) verloren geht. Zwar enthalten die Telomere der Chromosomen keine genetische Information (sie bestehen aus sich ständig wiederholenden kurzen DNA-Sequenzen), aber zwangsläufig würde bei einer ständigen Verkürzung der Chromosomen irgendwann der kodierende Bereich erreicht und Information würden bei weiterer Verkürzung verloren gehen. Um dieses zu verhindern, tritt das Enzym **Telomerase** in Aktion.

> **MERKE**
>
> Der **Replikationsapparat** ist **nicht** in der Lage, die äußersten **3'-Enden** der Chromosomen zu replizieren.

Aufbau und Funktion der Telomerase

Die Telomerase ist eine **reverse Transkriptase**, d. h., sie kann einen RNA-Strang als Matrize zur Bildung von DNA nutzen (eine normale Transkriptase verwendet DNA als Matrize und bildet RNA). Das Enzym lagert sich an das noch nicht replizierte **3'-Ende** des überhängenden, DNA-Stranges und **verlängert** ihn mit bis zu 20 kbp langen Wiederholungen der Sequenz TTAGGG. Als **Matrize** dient dabei ein Stück RNA, das selbst **Bestandteil** der Telomerase ist. Anschließend sorgt die zelluläre DNA-Polymerase für die Replikation des verlängerten DNA-Strangs (Abb. 2.58). Das überstehende Ende wird anschließend gefaltet und stabilisiert das Chromosom.

> **MERKE**
>
> Der Trick der **Telomerase** ist die Verlängerung des **3'-Endes** der Ursprungs-DNA. Diese Verlängerung dient als Matrize für die Synthese des RNA-Primers. Beim Abbau des Primers geht also keine Information verloren.

Tatsächlich ist das Enzym Telomerase beim Menschen jedoch nur während der **Embryonalentwicklung**, in der **Keimzellbahn** und in bestimmten **Stammzellen des Immunsystems**, die sich ständig teilen müssen, aktiv. In normalen Körperzellen ist die Telomerase abgeschaltet. Dies bedeutet, dass sich in solchen Zellen die Chromosomen tatsächlich mit jeder Replikationsrunde verkürzen, dabei bieten die langen, repetitiven Telomersequenzen jedoch einen ausreichenden Puffer. Während der Embryonalentwicklung (Stadium der Blastozyste) bringt die Telo-

2

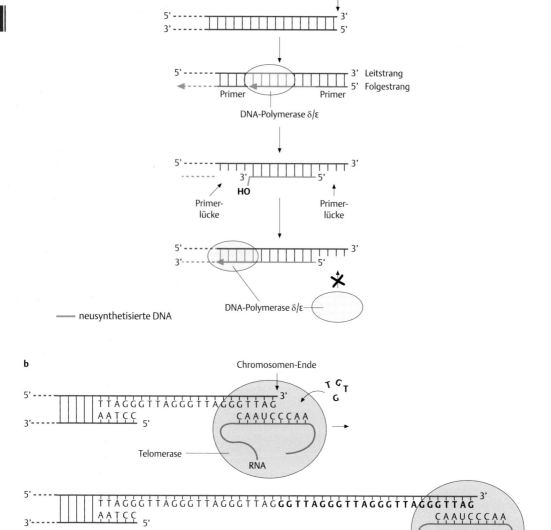

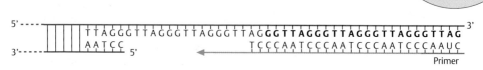

Abb. 2.58   Das Endreplikationsproblem (a) bei Eukaryonten und seine Lösung (b). T = Telomerase. (nach Königshoff M, Brandenburger T. Kurzlehrbuch Biochemie. Thieme 2012)

merase die Telomere auf eine bestimmte Länge. Von diesem Moment an beginnt die molekulare Uhr zu ticken.

Es gibt Theorien, die besagen, dass die normalen **Zellalterungsprozesse** durch das Kürzerwerden der Telomere eingeleitet werden. Im Tiermodell versucht man daher, durch den Einbau zusätzlicher Telomera-

se-Gene künstlich die Lebensdauer zu verlängern. Eine andere Hypothese geht davon aus, dass die Verkürzung der Telomere während der Zellteilungen und der anschließende Zelltod einen Schutz des Organismus vor überalterten, geschädigten Zellen bilden. Da Zellen durch viele unterschiedliche Mechanismen altern und dabei „entarten" können, ist die

Verkürzung der Telomere ein Schutz vor solchen Prozessen. Die Zelle stirbt nach einer bestimmten Zahl von Zellteilungen, bevor solche unkontrollierten Prozesse einsetzen.

Die Rolle der Telomerase bei der Krebsentstehung. Tumorzellen, die eine sehr hohe Teilungsrate haben, gelingt es in der Regel, während der Tumorgenese, ihre **Telomeraseaktivität** wieder anzuschalten. Dies ist leicht nachzuvollziehen, da sich ohne Telomeraseaktivität auch die Chromosomen bei jeder Zellteilung immer weiter verkürzen würden. Irgendwann würden dabei wichtige, für das Tumorwachstum nötige Gene verloren gehen und der Tumor würde sich so aufgrund seiner hohen Teilungsaktivität selbst vernichten. In der Krebsforschung wurde diese Idee aufgegriffen: Es wird bereits seit längerem an der Entwicklung und dem Einsatz von **Telomerase-Hemmern** im Kampf gegen den Krebs geforscht.

2.8.4 Transkription bei Prokaryonten

Die Realisierung der genetischen Information bis hin zum Merkmal beginnt mit der Transkription. Während der Transkription werden die für die **Translation notwendigen Komponenten** synthetisiert. Das sind:
- **Bausteine des Translationsapparates:** die **rRNA** der Ribosomen,
- **Transporteinheiten** für die Aminosäuren: die verschiedenen **tRNAs** und
- eine **Abschrift von Genen**, die für Proteine kodieren: die **mRNAs**.

Die Transkription erfolgt durch **RNA-Polymerasen (Transkriptasen)**. Sie findet bei Eukaryonten im Zellkern der Zelle statt. Mitochondrien transkribieren ihre DNA unabhängig vom Zellkern.

Nur ein Strang der Doppelhelix, der sogenannte **kodogene Strang**, wird in 3'-5'-Richtung abgelesen. Die RNA-Synthese erfolgt dann in 5'-3'-Richtung.

Beide DNA-Stränge können jeweils für unterschiedliche Gene als kodogener Strang dienen (Abb. 2.59). Für welches Gen welcher DNA-Strang kodogen ist, wird durch die Orientierung der Promoterregion des Gens bestimmt. Der sog. **Promoter** ist eine DNA-Sequenz, die vor (**„upstream"**) der eigentlichen genetischen Information positioniert ist. Er dient als Schalter für das Ablesen eines Gens und legt die Bewegungsrichtung der RNA-Polymerase fest.

MERKE

Transkribiert werden **Gene**. Es gibt:
- Gene für **mRNA** (Strukturgene, kodieren Proteine)
- Gene für **rRNA** (ribosomale RNA)
- Gene für **tRNA** (für die Translation).

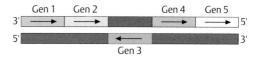

Abb. 2.59   Kodogener DNA-Strang. Der kodogene DNA-Strang kann für jedes Gen unterschiedlich sein, die Ableserichtung ist durch Pfeile markiert.

Die Transkription beginnt mit der Anlagerung der **RNA-Polymerase** an die Promoterregion. Sie enthält eine typische Nukleotidsequenz für den Transkriptionsstart. Die RNA-Polymerase verfügt über eine eigene **Helikasefunktion**, sie kann also die DNA selbst entwinden (ca. 17 Basenpaare) und unmittelbar mit der RNA-Synthese beginnen. Wie bei der Replikation verhindert die **Topoisomerase** ein Verdrillen der Stränge durch Einzelstrangeinschnitte. Die DNA wird bis zu einem **Stoppsignal** abgelesen. Dieses Stoppsignal hat nichts mit den Stop-Codons (S. 75) zu tun, sondern besteht bei Prokaryonten aus einer Nukleotidsequenz, die sich durch komplementäre Basenpaarung am Ende der entstehenden RNA zu einer haarnadelförmigen Struktur ausbildet (**Haarnadelschleife**). Diese Haarnadelschleife behindert die weitere Transkription und führt – teilweise in Zusammenarbeit mit zusätzlichen Terminationsproteinen – zum Transkriptionsstopp. **rRNA** und **tRNA** werden als größere **Vorläufermoleküle** gebildet und später in Einzelmoleküle zerschnitten. Die **mRNA** wird nicht modifiziert, sie ist **sofort gebrauchsfertig**. Die Translation kann sogar schon beginnen, bevor die Synthese der mRNA beendet ist.

Prokaryonten haben nur eine RNA-Polymerase. Sie wird durch das Antibiotikum **Rifampicin** gehemmt, das dadurch seine Wirkung entfaltet.

Regulation der Transkription bei Prokaryonten

Die RNA-Polymerase „sucht" ständig nach Promoterregionen. Diese liegen direkt vor dem Start-Codon AUG eines Gens, dessen erstes Nukleotid A als + 1 gezählt wird. Promoterregionen dienen der RNA-Polymerase als Startsignal für die Transkription. Die RNA-Polymerase erkennt die Promoterregionen an **spezifischen Nukleotidsequenzen**, die **vor** den Transkriptionsstartstellen liegen:
- die **Pribnow-Box** bei –10 (Nukleotidfolge **TATAAT**) und
- eine zweite Box bei –35 Nukleotiden (Nukleotidfolge **TTGACA**).

Die RNA-Polymerase lagert sich nach Erkennung dieser Sequenzen an den Promoter, bindet einen **Aktivierungsfaktor**, und beginnt stromabwärts (**„downstream"**, von 3' nach 5') bei + 1 die Transkription.

Da es nicht sinnvoll ist, ständig alle Gene abzulesen, muss es einen Mechanismus geben, der die Transkription nur dann erlaubt, wenn das Genprodukt

2

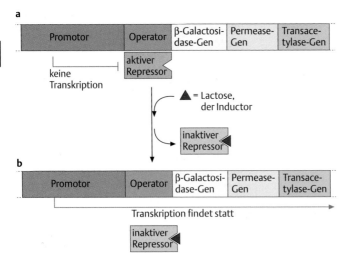

Abb. 2.60   Lactose-Operon. a Inaktiver Zustand in Abwesenheit von Lactose. **b** Durch Lactose induziertes Operon: Die mRNA für die Lactose abbauenden Enzyme wird transkribiert.

benötigt wird und Transkription verhindert, wenn kein Genprodukt benötigt wird.

Gene können auf zwei Arten **reguliert** werden:
- **positiv**, durch Bindung eines **Aktivators**, der die Transkription aktiviert oder
- **negativ**, durch Bindung eines **Repressors**, der die Transkription hemmt.

Die Bindungsregion auf der DNA heißt **Operatorgen**. Sie liegt entweder in oder dicht neben der Promoterregion. Bei Prokaryonten werden ganze Gruppen von Strukturgenen durch eine Promoterregion und ein Operatorgen kontrolliert (Abb. 2.60). Den gesamten Komplex nennt man **Operon**.

> **MERKE**
>
> Der Komplex aus **Promoter**, **Operator** und den dazugehörigen **Strukturgenen** wird als **Operon** bezeichnet.

Lactose-Operon
Eine solche Form der Kontrolle soll am Beispiel des Modells von **Jacob** und **Monod** zur Regulation des Lactoseabbaus gezeigt werden (Abb. 2.60). Es handelt sich um einen Kontrollmechanismus, der für katabole Prozesse typisch ist.

Solange die Zelle keine Lactose zur Verfügung hat, besteht auch keine Notwendigkeit, die Information der Gene für den Lactoseabbau abzulesen und die entsprechenden Proteine zu bilden. Ein von einem **Regulatorgen** kodierter **Repressor** bindet an den Operator und blockiert damit die Bindung der RNA-Polymerase, das Operon ist inaktiv. Diese Repressoren sind sogenannte allosterische Proteine: Sie verfügen über eine weitere Bindungsstelle für einen **Induktor**. Wird diese zweite Bindungsstelle belegt, ändert sich die Struktur des Repressors so, dass er nicht

mehr an die DNA binden kann, er löst sich ab. Damit ist der Weg für die RNA-Polymerase frei, die Information der Strukturgene wird abgelesen. Im Falle des Lactoseoperons wirkt die Lactose selbst als Induktor und induziert damit die Bildung der für seinen eigenen Abbau nötigen Proteine (Permease, β-Galaktosidase und Transacetylase). Mit dem Abbau der Lactose sinkt der Lactosespiegel und damit auch die Konzentration des Induktors, die Repressoren werden wieder aktiv und blockieren das Operatorgen und damit das gesamte Operon. Gene, deren Aktivität durch Bindung eines Induktors an einen Repressor aktiviert wird, sind **induzierbare Gene (Substratinduktion)**.

Tryptophan-Synthese-Operon
In der Zelle kann jedoch auch der umgekehrte Fall eintreten, dass von einer Substanz ständig eine bestimmte Menge vorhanden sein muss und die Synthese abgeschaltet wird, wenn diese Menge erreicht ist (z. B. beim Tryptophan-Synthese-Operon). In diesem Fall sind die **Repressoren primär inaktiv** und binden nicht an die DNA. Die Gene, die für die Enzyme der Tryptophan-Synthese kodieren, können also abgelesen werden. Das sich bildende Tryptophan wirkt jetzt als **Corepressor**. Ist ausreichend Tryptophan vorhanden, bindet es an den inaktiven Repressor und aktiviert ihn damit. Er kann nun an das Operatorgen binden und blockiert die weitere Ablesung der Gene so lange, bis der Tryptophanspiegel wieder unter ein kritisches Niveau abgesunken ist. Solche Gene werden als **reprimierbare Gene** bezeichnet **(Endproduktrepression)**.

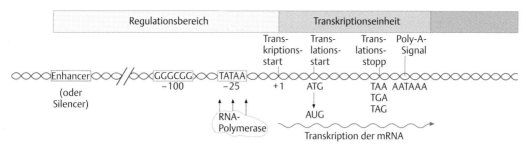

Abb. 2.61   Struktur eines eukaryontischen Gens. (nach Murken J, Grimm T, Holinski-Feder E, Zerres K. Taschenlehrbuch Humangenetik. Thieme 2011)

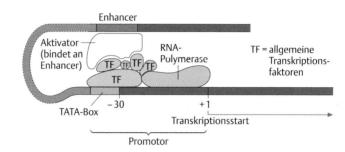

Abb. 2.62   Startkomplex der Transkription bei Eukaryonten mit Enhancer-Aktivierung.

MERKE

– Bei **induzierbaren Genen** wird durch Substratinduktion der primär aktive Repressor inaktiviert, die Transkription beginnt.
– Bei **reprimierbaren Genen** kann ein Corepressor den primär inaktiven Repressor aktivieren, der sich dann an das Operatorgen bindet und die Transkription stoppt.

2.8.5 Transkription bei Eukaryonten

Eukaryonten haben drei verschiedene **RNA-Polymerasen**, die unterschiedliche Gene transkribieren:

– **Polymerase I** synthetisiert **große rRNAs**,
– **Polymerase II** synthetisiert die **mRNAs**,
– **Polymerase III** synthetisiert die **tRNAs** und die **5 s rRNA**.

Diese RNA-Polymerasen sind unterschiedlich sensitiv gegenüber **α-Amanitin** (S. 149), dem Gift des Knollenblätterpilzes, welches besonders effektiv die RNA-Polymerase II hemmt.

Regulation der Transkription bei Eukaryonten

Bei Eukaryonten ist die Kontrolle der Transkription im Vergleich zu Prokaryonten wesentlich komplizierter. Die **Verpackung der DNA** (Nukleosomen und höhere Strukturen) wirkt transkriptionshemmend und die DNA muss zur Transkription **entspiralisiert** werden (Übergang vom Hetero- zum Euchromatin). Bei Eukaryonten wird jedes Gen **individuell reguliert**, die Gene sind **komplexer aufgebaut** (Abb. 2.61).

Es gibt keine Operons, stattdessen gibt es mehrere **genregulatorische Sequenzen**, die in der **Promotorregion** (z. B. CCAAT-Box), aber auch weit davon **entfernt** (einige tausend Nukleotide) sein können und als **Enhancer** (Verstärkung der Transkription) oder **Silencer** (Abschwächung der Transkription) wirken. Diese DNA-Regionen werden durch spezifische **Genregulatorproteine** aktiviert und können sich dann unter Schleifenbildung an die aktivierte RNA-Polymerase anlagern und die Transkription beeinflussen (Abb. 2.62).

Für den Start der Transkription benötigen Eukaryonten eine Anzahl zusätzlicher Proteine, sogenannte **allgemeine Transkriptionsfaktoren**, die mit der RNA-Polymerase zum Start der Transkription einen Komplex bilden (Abb. 2.62).

Die RNA-Polymerase erkennt, wie bei Prokaryonten, an bestimmten **Nukleotidsequenzen** (z. B. TATA-Box bei –25 bis –30 bp oder GC-Box bei –60 bis –100 bp stromaufwärts des Startpunktes) die Promoterregion und beginnt die Transkription bei + 1 bp. Es wird solange transkribiert, bis das Enzym das **Polyadenylierungssignal** passiert hat; einige Nukleotide danach endet die Transkription.

MERKE

Bei **Eukaryonten** können auch weit vom Gen entfernte **Enhancer** oder **Silencer** zur Genregulation beitragen.

Weitere Mechanismen tragen zur **Genregulation** bei:
- Bei Eukaryonten können **Steroidhormon/Rezeptor-Komplexe** (S. 68) und **cAMP/PKA-Komplexe** (S. 72) direkt in den Zellkern gelangen und spezifisch die Transkription bestimmter Gene beeinflussen.
- Einzelne Gene, sogenannte **Meistergene**, üben durch Meistergen-Regulatorproteine die Kontrolle über mehrere andere Gene aus. Ein einzelnes Meister-Gen-Regulatorprotein kann z. B. bewirken, dass ein Fibroblast in einen Myoblasten umgewandelt wird.
- Eine weitere Regulationsmöglichkeit ist das **alternative Splicing** (S. 82).

Klinischer Bezug

Actinomycin. Sowohl **Replikation** als auch **Transkription** können durch dieses **Antibiotikum** (S. 145) gehemmt werden. Es bindet fest an die DNA und behindert das Ablesen durch die Polymerasen. Actinomycin ist sowohl bei Bakterien als auch bei Eukaryonten wirksam.

2.8.6 Processing der eukaryontischen RNA

Auch bei Eukaryonten werden **rRNA** und **tRNA** als **Vorläufermoleküle** gebildet und nach der Transkription im Zellkern in Einzelmoleküle zerlegt.

Die gebildete **mRNA** ist jedoch im Unterschied zu den Prokaryonten **nicht** sofort gebrauchsfertig, sie muss noch das sogenannte „Processing" durchlaufen. An ihrem **5'-Ende** wird schon während der Transkription eine sogenannte **CAP-Struktur** angehängt (ein 7-Methyl-Guanosin-Nukleotid wird „verkehrt herum", also mit einer 5',5'-Verbindung, angeknüpft). Die CAP-Struktur hilft bei der Bindung der mRNA an das Ribosom und ist damit wichtig für den **Translationsstart.** mRNA ohne CAP-Struktur wird von 80S-Ribosomen schlecht translatiert. Am **3'-Ende** der mRNA wird ein **Poly-A-Schwanz** mit bis zu 200 Adenylresten angehängt. CAP-Struktur und Adenylreste sind wahrscheinlich ein Schutz vor Nukleasen des Zytoplasmas, denn bei Eukaryonten wird die mRNA oft über längere Zeiträume im Zytoplasma gespeichert.

Neben dem Anhängen von CAP-Struktur und Poly-A-Schwanz gehören auch **Splicing** (S. 82) und **RNA-Editing** (S. 82) zum Processing der mRNA.

MERKE

Zum **Processing** gehören:
- Anhängen der **CAP-Struktur** an das **5'-Ende,**
- Anhängen eines **Poly-A-Schwanzes** an das **3'-Ende,**
- das **Splicing** und das **RNA-Editing.**

Splicing

Für fast alle Eukaryontengene ist es typisch, dass sich innerhalb der Gene kodierende Sequenzen **(Exons)** und nichtkodierende Sequenzen **(Introns)** abwechseln.

Ausnahmen sind alle mitochondrialen Gene, die Histongene, die meisten tRNA-Gene und einige wenige weitere Gene.

Bevor die Information dieser RNA in Proteine übersetzt werden kann, müssen die nichtkodierenden **Intronsequenzen entfernt** werden. Dieses geschieht durch den Vorgang des „Splicing" (Abb. 2.63). Das primäre mRNA-Transkript (mit Introns) wird als **prä-mRNA** (oder **hnRNA,** heterogene nukleäre RNA) bezeichnet.

Aus kleinen nukleären RNAs **(snRNA)** und Proteinen bilden sich Komplexe, die sogenannten **Spleißosomen.** Diese erkennen die Schnittstellen zum Herausschneiden der Introns an **spezifischen Nukleotidsequenzen.** Mutationen an diesen Erkennungssequenzen haben oft schwerwiegende Folgen, da fehlerhafte Proteine synthetisiert werden.

Die Intronsequenz wird lassoartig aus dem Spleißosom herausgedrückt, sodass sich die Enden der Exonsequenzen nahe kommen (Abb. 2.63). Durch die katalytische Aktivität der kleinen snRNAs wird die mRNA an den Spleißstellen gespalten und die benachbarten Exons werden miteinander verknüpft.

Erst jetzt wird die reife mRNA zur Translation aus dem Zellkern in das Zytoplasma transportiert.

RNAs mit katalytischer Aktivität, wie sie innerhalb der Spleißosomen vorkommen, nennt man allgemein **Ribozyme.**

Alternatives Splicing

Introns oder Exons können **fakultativ** sein, d. h. ein Intron kann entfernt werden, muss aber nicht, und umgekehrt muss ein Exon nicht erhalten bleiben, sondern kann auch herausgeschnitten werden (sogenannte **Wahl-Introns** oder **Wahl-Exons**). Dieser Vorgang heißt alternatives (oder differenzielles) Splicing und führt dazu, dass durch **Kombination unterschiedlicher Exons** aus einem Gen **unterschiedliche Genprodukte** entstehen können. Damit ist die ursprüngliche Definition eines Gens als ein Abschnitt auf der DNA, der für ein Protein kodiert, nicht mehr haltbar.

RNA-Editing

Nach der Transkription kann außerdem ein RNA-Editing stattfinden. **Einzelne Nukleotide** können **ausgetauscht, eingesetzt oder entfernt** werden. RNA-Editing ist bislang nur in Eukaryonten gefunden worden. Insbesondere die RNA in den Mitochondrien von Protozoen, in Mitochondrien und Chloroplasten

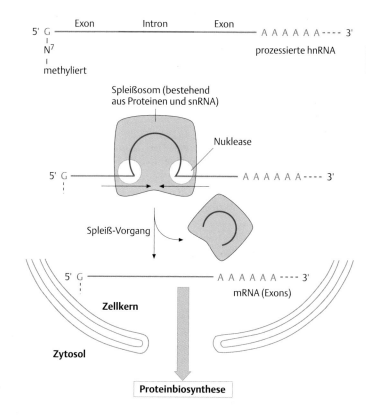

Abb. 2.63 Ablauf des Splicing. (nach Königshoff M, Brandenburger T. Kurzlehrbuch Biochemie. Thieme 2012)

von Pflanzen und im Zellkern von Säugetierzellen kann durch Insertion, Deletion oder Basentausch editiert werden. Weiterhin können nach der Transkription sowohl die **Basen** als auch die **Zucker modifiziert** werden (findet insbesondere bei tRNA-Molekülen statt), wodurch sogenannte **seltene Nukleotide** entstehen (2'-O-Methylribose, 6'-Dimethyladenin, Pseudouridin).

2.8.7 Differenzielle Genaktivität am Beispiel von Hämoglobin

Während der Ontogenese entwickeln sich eukaryontische Zellen in unterschiedliche Richtungen zu einem bestimmten **Zellphänotyp**. Diese Entwicklung ist in der Regel **irreversibel**. Trotzdem enthalten die Zellen, bis auf wenige Ausnahmen, noch die volle genetische Information. Gene, die nicht mehr benötigt werden, können entweder **irreversibel** (durch **Methylierung** an Cytosinresten der DNA, insbesondere in der Promoterregion) oder **reversibel** (durch **Regulatorproteine**) **inaktiviert** werden. Diese Inaktivierung verhindert die Transkription der Gene.

Die programmierte zeitliche Abfolge von Aktivierung und Abschaltung von Genen wird als **differenzielle Genaktivität** bezeichnet und ist die Grundlage von **Entwicklung** und **Differenzierung**. Dies soll am Beispiel der menschlichen Hämoglobine verdeutlicht werden.

Während der Evolution sind durch mehrfache Genduplikationen mit nachfolgenden unabhängigen Punktmutationen **6 unterschiedliche Hämoglobingene** entstanden (Abb. 5.2), die während der Embryonalentwicklung in unterschiedlichen zeitlichen Mustern exprimiert werden.

- Das Hämoglobin von **Kindern und Erwachsenen** besteht im Wesentlichen aus 2 α-Ketten und 2 β-Ketten ($\alpha_2\beta_2$) und zum geringen Teil aus 2 α-Ketten und 2 δ-Ketten ($\alpha_2\delta_2$).
- Das **fetale Hämoglobin** (HbF) besteht dagegen aus 2 α-Ketten und 2 γ-Ketten ($\alpha_2\gamma_2$) und hat eine deutlich bessere Sauerstoffbindungskapazität. Dies gewährleistet, dass in der Plazenta eine optimale Sauerstoffabgabe vom mütterlichen auf den fetalen Organismus stattfinden kann.
- Während der **frühembryonalen** Entwicklung sind zwei weitere Hämoglobinketten, die **ξ-Kette** und die **ε-Kette** an der Hämoglobinbildung beteiligt.

Die **Gene**, die diese unterschiedlichen Hämoglobinketten kodieren, werden in einem bestimmten zeitlichen Muster **aktiviert**:

- Die **ξ-Kette** und die **ε-Kette** werden bis zum **3. Embryonalmonat** abnehmend produziert.
- Parallel dazu beginnt ab dem **1. Embryonalmonat** eine ansteigende Produktion der α-Ketten und γ-Ketten. Während die Produktion der α-Ketten ab dem 3. Embryonalmonat ein Plateau erreicht,

sinkt die Produktion der γ-Ketten ab dem 6. Embryonalmonat wieder ab und wird um den 5. Monat nach der Geburt eingestellt.

- Die Produktion der **β-Ketten** beginnt um den **2. Embryonalmonat** und erreicht ihr Plateau ab dem 7. postembryonalen Monat.
- Die Produktion der **δ-Ketten** beginnt um den **7. Embryonalmonat** und bleibt auf sehr niedrigem Niveau erhalten.

Diese zeitliche Abfolge der Aktivierung der Hämoglobingene sichert eine optimale, dem jeweiligen Entwicklungsstand angepasste Sauerstoffversorgung des sich entwickelnden Kindes.

> **MERKE**
>
> **Differenzielle Genaktivität** ist die programmierte und koordinierte zeitliche Abfolge von Genaktivierung und -abschaltung auf der Ebene der Transkription.

> **Klinischer Bezug**
>
> **Thalassämien.** Thalassämien sind Erkrankungen, die auf einer ungenügenden Synthese der unterschiedlichen **funktionellen Hämoglobinketten** beruhen. Ursachen sind Mutationen in den entsprechenden Genen. Bei der **β-Thalassämie** handelt es sich um eine Gruppe autosomal-rezessiv vererbter Erkrankungen, die eine verminderte Synthese von Hämoglobin-β-Ketten zur Folge haben. Für die unterschiedlichen genetischen Veränderungen wurden bisher mehr als 100 Mutationen beschrieben, die überwiegend als Punktmutation Störungen in der **Transkription, RNA-Modifikation und Translation** verursachen. Einige Formen der β-Thalassämien sind auf Mutationen der Erkennungssequenzen von **Spleißstellen** im Gen für die β-Kette zurückzuführen. Daraus resultiert ein fehlerhaftes Splicing und das entstehende Hämoglobin ist nur mangelhaft funktionstüchtig.

2.8.8 Translation

Bei der Translation werden an den **Ribosomen** (S. 40), ausgehend von der mRNA, die **Proteine** synthetisiert. Die ribosomalen Untereinheiten liegen vor der Translation getrennt im Zytoplasma vor.

Die tRNAs – Transfer-RNAs (S. 22) – dienen als „Lieferanten" der Aminosäuren, die für den Proteinaufbau benötigt werden. Für jede Aminosäure gibt es spezifische tRNAs, an die sie gebunden werden können. Die tRNAs haben eine **Adapterfunktion**, die gewährleistet, dass die richtige Aminosäure zum Aufbau des Proteins zur Verfügung steht. Die Identifizierung der korrekten Aminosäure erfolgt über die Wechselwirkung zwischen dem **Codon** auf der mRNA und dem **Anticodon** der tRNA.

Translationsstart

Zum Start der Translation bildet sich ein **Initiationskomplex**. Er besteht aus verschiedenen **Initiationsfaktoren**, der **mRNA**, der **kleinen Ribosomen-Untereinheit** und einer **Initiator-tRNA** (Methionyl-tRNA bei Eukaryonten, Formyl-methionyl-tRNA bei Prokaryonten).

Das Start-Codon für die Translation ist **AUG** (S. 75). Da AUG zusätzlich für Methionin innerhalb des Proteins kodiert, muss das Start-AUG in eine definierte **Erkennungssequenz** eingebettet sein, um als Startpunkt erkannt zu werden. Bei Prokaryonten erfüllt dies die **Shine-Dalgarno-Sequenz** (5'…AGGAGG…3'), eine nicht kodierende Anfangssequenz der mRNA vor jedem Starttriplett AUG. An diese Sequenz bindet die kleine ribosomale Untereinheit, alle Strukturproteine eines Operons können dadurch gleichzeitig translatiert werden.

Bei Eukaryonten dient die **CAP-Struktur** der Erkennung durch die kleine ribosomale Untereinheit, das nachfolgende AUG-Codon im kodierenden Bereich wird auch hier als Translationsstartpunkt identifiziert.

Elongation

Nach Bindung der kleinen ribosomalen Untereinheit und der Start-tRNA an die mRNA kann sich die große Untereinheit der Ribosomen anlagern und die Translation tritt in die zweite Phase, die **Elongation**. Sie wird unterstützt und vorangetrieben durch sogenannte **Elongationsfaktoren**.

Das Ablesen der mRNA erfolgt vom 5'- zum 3'-Ende in Form von Tripletts.

> **MERKE**
>
> Bei **Replikation** und **Transkription** (Synthese von Nukleinsäuren) wird von **3' nach 5'** abgelesen. Bei der **Translation** (Synthese von Proteinen) hingegen wird von **5' nach 3'** gelesen.

Bei der Bildung des Initiationskomplexes wird die Start-tRNA (Methionyl-tRNA) im sogenannten **P-Bereich** (Peptidylbereich) des Ribosoms durch komplementäre Basenpaarung an das AUG der mRNA gebunden. Alle nachfolgenden beladenen tRNA-Moleküle binden jeweils über ihr komplementäres Anticodon an das freie Codon-Triplett der mRNA im **A-Bereich** (Akzeptorstelle) des Ribosoms (Abb. 2.64).

Durch die **Peptidyltransferase** der großen ribosomalen Untereinheit wird die Start-Aminosäure, die noch an ihre tRNA im P-Bereich gebunden ist, auf die Aminosäure der nächsten tRNA im A-Bereich übertragen und über eine Peptidbindung mit ihr verknüpft (Abb. 2.65). Die nun unbeladene tRNA des P-Bereichs wird anschließend über den **E-Bereich** (Exit)

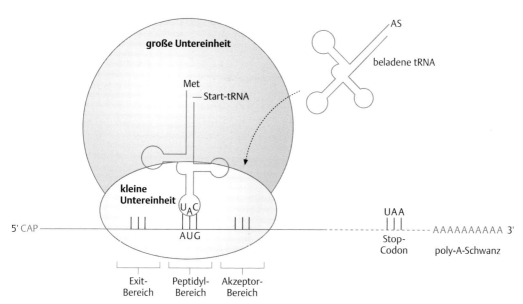

Abb. 2.64   Ein Ribosom kurz nach dem Start der Translation. Der nächste Schritt ist die Bindung einer zweiten Aminoacyl-tRNA im A-Bereich. (nach Murken J, Grimm T, Holinski-Feder E, Zerres K. Taschenlehrbuch Humangenetik. Thieme 2011)

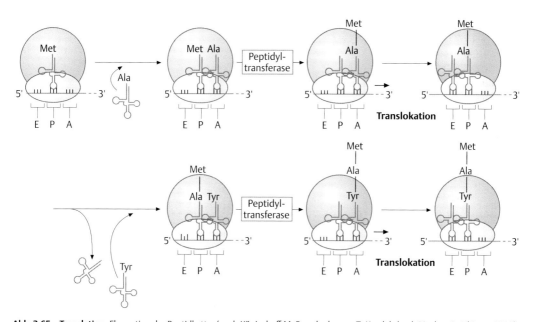

Abb. 2.65   Translation. Elongation der Peptidkette. (nach Königshoff M, Brandenburger T. Kurzlehrbuch Biochemie. Thieme 2012)

freigesetzt, und das Ribosom rutscht ein Triplett auf der mRNA weiter (**Translokation** der mRNA): Die tRNA aus dem A-Bereich (an der nun zwei AS gebunden sind) rutscht in die P-Stelle und die nächste mit einer AS beladene tRNA mit der passenden Nukleotidsequenz im Anticodon kann im A-Bereich an die mRNA binden.

Nach der Translokation wird das Dipeptid der P-Stelle erneut auf die AS der A-Stelle übertragen (es entsteht ein Tripeptid), die tRNA der P-Stelle wird über den E-Bereich freigesetzt, das Ribosom rutscht um ein Triplett weiter, die mit einem Tripeptid beladene tRNA der A-Stelle gelangt an die P-Stelle usw.

Termination
Die Elongation läuft so lange ab, bis ein **Stop-Codon** erreicht wird, das den **Abbruch** (oder die Termination) der Translation signalisiert. Für die Stop-Codons gibt es keine passenden tRNA-Moleküle, daher kommt es nun zur Bindung von **Release-Faktoren**.

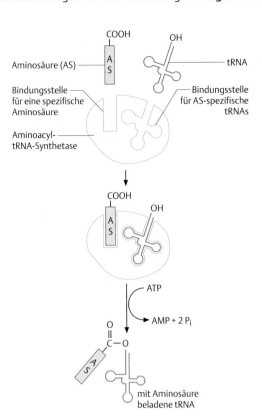

Abb. 2.66   Aminoacyl-tRNA-Synthetasen verknüpfen Aminosäuren mit der passenden tRNA. Dabei ist jede Synthetase spezifisch für eine Aminosäure und für eine oder mehrere dazu passende tRNAs. (nach Murken J, Grimm T, Holinski-Feder E, Zerres K. Taschenlehrbuch Humangenetik. Thieme 2011)

Diese Faktoren bewirken, dass statt einer neuen Aminosäure durch Einbau von H_2O die Peptidkette von der letzten tRNA getrennt wird. Das Protein wird dadurch freigesetzt und das Ribosom zerfällt wieder in seine Untereinheiten.

Aminoacyl-tRNA-Synthetasen

Wir wissen, dass die tRNA über ihre Anticodon-Schleife die richtige Position auf der mRNA findet, damit auch die Aminosäure an der richtigen Stelle in das Peptid eingebaut wird. Woher „weiß" aber die tRNA, welche Aminosäure sie transportieren muss? Diese Zuordnung übernimmt eine bestimmte Gruppe von Enzymen, die **Aminoacyl-tRNA-Synthetasen**. Diese Enzyme haben, bedingt durch ihre Tertiärstruktur, **zwei Bindungsstellen:**

- eine Bindungsstelle für eine **definierte AS** und
- eine Bindungsstelle, die nur passend ist für die der AS **entsprechenden tRNAs**.

Nur wenn beide Komponenten passen, verknüpft die tRNA-Synthetase eine Aminosäure mit der jeweiligen tRNA. So wird gewährleistet, dass jede tRNA nur mit der für sie spezifischen AS beladen wird.

Da es 20 proteinogene Aminosäuren gibt, werden auch ca. 20 verschiedene Aminoacyl-tRNA-Synthetasen benötigt, die bezüglich der Aminosäure eindeutig, bezüglich der tRNA mehrdeutig sind. Man spricht

in diesem Zusammenhang von der Degeneriertheit (S. 74) des genetischen Codes. Nach Belegung der Bindungsstellen des Enzyms, verknüpft es die Carbonsäuregruppe der Aminosäure mit einer OH-Gruppe der Ribose des Adenosins vom 3'-CCA-Ende der tRNA. Bei diesem Vorgang wird die AS erst durch ATP aktiviert und anschließend auf die tRNA übertragen (Abb. 2.66).

Koordination der Translation

Bei Eukaryonten kann die Translation mannigfaltig kontrolliert werden. Insgesamt wird sie durch das Zusammenspiel von mehr als 100 Makromolekülen realisiert. Die mRNA besteht nicht nur aus dem für ein Protein kodierenden Bereich. Sowohl am 5'-Ende als auch am 3'-Ende gibt es **regulatorische Nukleotidsequenzen**, die **UTRs** (Untranslated Regions). Diese bilden sogenannte **Stem-Loop-Strukturen** (intramolekulare komplementäre Nukleotidpaarungen, die zu einer Schleifenbildung führen), welche durch Interaktion mit **regulatorischen Proteinen** die Tanslation fördern oder hemmen (Abb. 2.67). Weiterhin ist eine Regulation der Translation durch **kleine RNAs** (siRNA, miRNA) möglich, die entweder komplementär an die mRNA binden und das Ablesen verhindern, oder über den **RISC-Komplex** (RNA-induced Silencing Complex) die mRNA zerschneiden.

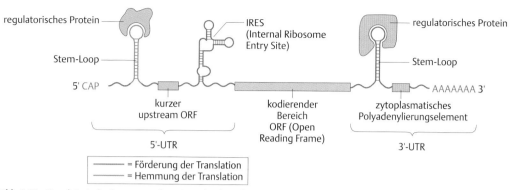

Abb. 2.67 Regulatorische Sequenzen der mRNA. (nach Murken J, Grimm T, Holinski-Feder E, Zerres K. Taschenlehrbuch Humangenetik. Thieme 2011)

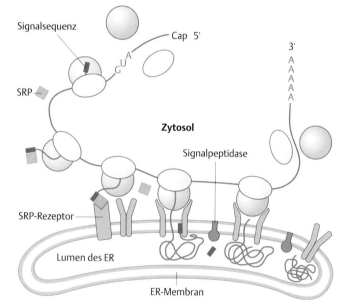

Abb. 2.68 Translokation der Ribosomen zum ER und Einfädeln der sich bildenden Peptidkette. (nach Königshoff M, Brandenburger T. Kurzlehrbuch Biochemie. Thieme 2012)

Während der Translation werden Proteine gebildet, die sowohl für den Eigenbedarf der Zelle als auch für den Export bestimmt sind. Proteine für den Export, für Lysosomen und integrale Membranproteine müssen an **Ribosomen** des **rauen endoplasmatischen Retikulums (rER)** (S. 41) gebildet werden, da sie spezifisch modifiziert bzw. schon während ihrer Synthese in die Membran eingebaut werden. Andere Proteine sind für Mitochondrien, den Zellkern oder Peroxisomen bestimmt. Wie entscheidet die Zelle, welches Protein wohin gehört? Dazu gibt es **Sortiersignale**, die in der Aminosäuresequenz eines Proteins verschlüsselt und bis zu 60 AS lang sind (Abb. 2.69).

Translation am rER

Da die Translation immer an freien Ribosomen beginnt, ist ein Signal nötig, das bestimmte entstehende Proteine für die Synthese am ER kennzeichnet. Dieses Signal ist eine Sequenz von **acht oder mehr** hydrophoben Aminosäuren am Aminoterminus des entstehenden Peptids. **Signalerkennungspartikel** (**SRP**, Signal Recognition Peptide, bzw. **Docking Protein**) binden an die Signalpeptidsequenz des entstehenden Proteins und blockieren vorerst die weitere Translation. Die SRPs binden an SRP-Rezeptoren der ER-Membran, die wiederum mit Tunnelproteinen assoziiert sind (**Ribophorine, Rezeptor-Tunnelprotein-Komplexe**) und fädeln die Signalsequenz in den Tunnel ein (**Transfer-Start**). Daraufhin löst sich das SRP ab und die Proteinsynthese wird fortgesetzt, wobei das sich bildende Protein gleich in Form einer Schleife in das Lumen des ER eingefädelt wird (Abb. 2.68). Die Signalsequenz wird nach Fertigstellung des Proteins abgespalten.

Von einem **Signalpeptid** spricht man, wenn sich die betreffende AS-Sequenz nur an einer Stelle, meist am Ende, des Proteins befindet. **Signalbereiche** entstehen aus mehreren Signalsequenzen, die über das

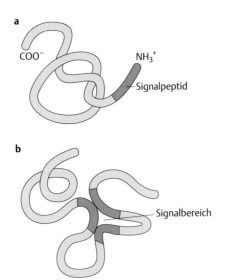

a
COO⁻
NH_3^+
Signalpeptid

b
Signalbereich

Abb. 2.69 Signalstrukturen von Proteinen. a Signalpeptid.
b Signalbereich..

gesamte Protein verteilt sein können und erst nach der Proteinfaltung in räumliche Nähe zueinander geraten (Abb. 2.69).

Translation von Membranproteinen
Sollen Proteine in die Membran eingebaut werden (**transmembranöse Proteine**), sind wiederum Signalsequenzen für den Stopp des Transfers (**Transfer-Stopp**) durch die ER-Membran verantwortlich. Durch mehrere aufeinander folgende Transfer-Start- und Transfer-Stopp-Signale kann ein Protein schon während seiner Bildung mehrfach durch die Membran gefädelt werden.
Die Glykosylierung dieser Membranproteine erfolgt ebenfalls bereits während der Synthese und des Transfers.

Chaperone
Chaperone kontrollieren die korrekte Ausbildung der **Tertiärstruktur** der sich bildenden Proteine. Die Tertiärstruktur ist in der Primärstruktur der Proteine verschlüsselt, was bedeutet, dass eine bestimmte Faltung „vorbestimmt" ist. Chaperone machen den Faltungsprozess jedoch zuverlässiger, indem sie die energetisch günstigsten Faltungswege unterstützen. Bei einigen Proteinen geschieht dies schon während der Synthese.

2.8.9 Posttranslationale Modifizierung von Proteinen

Posttranslational werden einzelne Aminosäuren von Proteinen durch **Methylierung, Acetylierung, Phosphorylierung, Glykosylierung und Sulfatierung** z.B. in ER (S.41) und Golgi-Apparat (S.43) modifiziert.

Proteine können außerdem durch bestimmte Enzyme (**Exo- und Endopeptidasen**) gespalten werden, wodurch aus inaktiven Proenzymen oder Prähormonen an ihrem Wirkungsort aktive Substanzen entstehen. Auch hier regulieren Signalsequenzen, die im Protein sogenannte Signalpeptide oder Signalbereiche bilden und von den entsprechenden Enzymen erkannt werden, diese Prozesse.

2.8.10 Abbau von Proteinen

Die Lebensdauer der synthetisierten Proteine ist extrem unterschiedlich und reicht von wenigen Sekunden bis zu Jahren. Auch hier gibt es Signalsequenzen, die durch spezielle Enzyme erkannt werden. Diese knüpfen ein kleines Protein, das **Ubiquitin**, an die Proteine. Je stärker ein Protein ubiquitiniert ist, umso schneller wird es abgebaut. Der Abbau erfolgt in großen Komplexen aus Proteasen, den **Proteasomen**. Diese Komplexe erkennen das Ubiquitinsignal, binden die Proteine und zerstückeln sie in kleine Peptide.

Klinischer Bezug

Antiobiotika. Viele Antibiotika (S.145) entfalten ihre Wirkung, indem sie in die Prozesse der **Translation** eingreifen. Hier einige Beispiele:
— **Streptomycin** bindet bei Prokaryonten an die 30S-UE und verhindert die Initiation,
— **Chloramphenicol** hemmt die Peptidyltransferase (nur bei Prokaryonten),
— **Tetracyclin** bindet bei Prokaryonten an die 30S-UE und hemmt die Bindung der Aminoacyl-tRNA,
— **Cycloheximid** hemmt bei Eukaryonten die Peptidyltransferase in der 60S-UE,
— **Erythromycin** lagert sich bei Prokaryonten an die 50S-UE und hemmt die Translokation,
— **Puromycin** verursacht bei Pro- und Eukaryonten einen Kettenabbruch, da es als Analogon der Aminoacyl-tRNA wirkt.

Man könnte annehmen, dass man Antibiotika, die nur gegen Prokaryonten gerichtet sind, beim Menschen in beliebig hoher Dosis anwenden kann. Dabei darf man jedoch nicht außer Acht lassen, dass das mitochondriale Replikations-, Transkriptions- und Translationssystem dem der Prokaryonten entspricht. Einige Nebenwirkungen dieser Antibiotika lassen sich auf die Beeinflussung dieser mitochondrialen Systeme zurückführen.

Diphtherietoxin. Neben Antibiotika greifen auch **bakterielle Toxine** in die Translation der eukaryontischen Zellen ein. Diphterietoxin, das Toxin des *Corynebacterium diphtheriae*, behindert die **Translokation der Peptidkette im Ribosom** bei Eukaryonten durch Hemmung des Elongationsfaktors. Es legt dadurch die Proteinsynthese der Zellen lahm, was zu einer Zerstörung der Schleimhäute führt.

Check-up

✓ Machen Sie sich die Unterschiede zwischen Leit- und Folgestrangsynthese bei der DNA-Replikation klar.

✓ Wiederholen Sie den Ablauf der Transkription und arbeiten Sie dabei die unterschiedlichen Regulationsmechanismen bei Pro- und Eukaryonten heraus.

✓ Rekapitulieren Sie den Ablauf der Translation und die Funktion von Signalpeptiden und Signalbereichen.

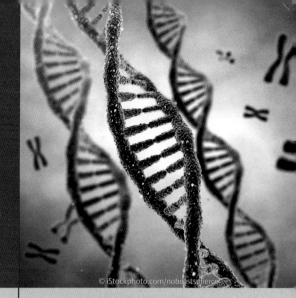

© iStockphoto.com/nobeastsofierce

Kapitel 3

Genetik

3.1 Klinischer Fall

Langer Lulatsch

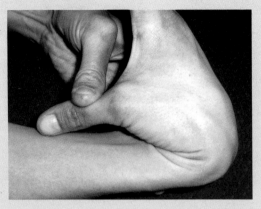

Ein typisches Kennzeichen des Marfan-Syndroms ist die Überstreckbarkeit der Gelenke, hier des Handgelenks. (aus Bald et al. Kurzlehrbuch Pädiatrie. Thieme 2012. Fotografin: Dr. Benzenhöfer)

Dass „die Gene" für Frieders Körpergröße von 2,07 Metern verantwortlich sind, hat sich der Familienvater schon lange gedacht. Doch er erfährt erst spät, dass er an einer genetischen Erkrankung leidet, die er von seinem Vater „geerbt" hat: dem Marfan-Syndrom. Wie genetische Erkrankungen weitergegeben werden und welche Vererbungsarten es gibt, erfahren Sie im folgenden Kapitel.

Frieder hat es in seinem Leben nicht leicht gehabt. Schon als Grundschulkind war er mehr als einen Kopf größer als seine Mitschüler, trug eine dicke Brille und war ganz und gar unsportlich. Die Hänseleien der anderen Kinder waren kaum zu ertragen. Auch als junger Erwachsener hörte er – bei einer Körpergröße von 2,07 Metern – häufig, wie man ihn hinter seinem Rücken „langer Lulatsch" oder „Leuchtturm" nannte. Bei Türen musste er grundsätzlich den Kopf einziehen, Tische und Stühle waren für ihn zu klein und seine Schuhe und Kleidung kaufte er in einem Spezialgeschäft für Übergrößen. Sein größtes Problem zu dieser Zeit: Die Mädchen wollten von ihm nichts wissen. Schon im Tanzkurs war er als einziger ohne Partnerin geblieben, später änderte sich das kaum. Deshalb konnte er sein Glück kaum fassen, als er Heidi kennen lernte und sie sich in ihn verliebte.

Zeitbombe im Körper

Inzwischen sind Frieder und Heidi seit vier Jahren verheiratet. Dass die „nur" 1,75 Meter große Heidi mehr als einen Kopf kleiner ist als ihr Mann, hat den beiden nie etwas ausgemacht. Vor einem Jahr wurde Tochter Lea geboren. Mit 62 cm Länge war sie überproportional groß für ein Baby. „Die Größe liegt halt in der Familie", scherzte Frieder. Schon in der Klinik fiel das erste Mal der Ausdruck „Marfan-Syndrom". Und es war der Kinderarzt, der dem jungen Paar in den folgenden Wochen klar machte, dass nicht nur Töchterchen Lea, sondern auch Papa Frieder an einer genetischen Bindegewebserkrankung leidet. Heute ist es für Frieder unfassbar, dass seine Krankheit so lange unentdeckt geblieben ist. Und er weiß auch, dass nicht die Körpergröße bei ihm in der Familie liegt, sondern die Krankheit: Sein Vater, der bereits in Frieders Kindheit an einem „Herzleiden" gestorben war, hat vermutlich ebenfalls an dem Marfan-Syndrom gelitten. Und auch Frieders 1,91 Meter große Schwester trägt das defekte Gen für den Bindegewebsbestandteil Fibrillin in sich. Dieses mutierte Gen ist nicht nur für die außergewöhnliche Körpergröße verantwortlich, sondern auch eine Art „tickende Zeitbombe". Denn die Betroffenen leiden auch an Augenproblemen, Herz- und Gefäßveränderungen oder Erkrankungen des Skelettsystems.

Kein Geschwisterchen für Lea?

Inzwischen lässt sich Frieder regelmäßig in der Uniklinik untersuchen. Eine der Hauptgefahren beim Marfan-Syndrom ist, dass sich in der Aorta Aussackungen, so genannte Aneurysmen, bilden. Meist ist dann eine Operation erforderlich, denn wenn das Aneurysma platzt, kommt jede Hilfe zu spät. Bisher ist bei Frieder noch alles im „grünen Bereich", aber er weiß, dass es nur eine Frage der Zeit ist, bis sich erste Probleme einstellen. Ursprünglich hatten Heidi und Frieder eine große Familie mit mindestens drei Kindern geplant. Nun denken sie darüber nach, ob Lea überhaupt noch ein Geschwisterchen bekommen soll. In der genetischen Beratung haben sie erfahren, dass Frieders Erkrankung autosomal dominant ist. Das Risiko für die Geburt eines Kindes mit Marfan-Syndrom liegt also bei 50 %. Ob sie einem weiteren Kind die Belastung zumuten wollen, mit einer „Zeitbombe" im Körper zu leben, haben sie bislang nicht entschieden.

3

3.2 Formale Genetik

 Lerncoach

In diesem Kapitel lernen Sie die Mendel-Regeln kennen. Sie sind die Grundvoraussetzung für das Verständnis von Vererbung. Alle von den Chromosomen des Zellkerns kodierten Merkmale folgen bei diploiden Organismen (die haploide Geschlechtszellen bilden) den Mendel-Erbregeln.

3.2.1 Überblick und Funktion

Das äußere Erscheinungsbild eines Organismus wird als **Phänotyp** bezeichnet. Er wird durch den **Genotyp** und durch Umwelteinflüsse bestimmt. Der Genotyp basiert auf den Genen, die in den Chromosomen des Zellkerns lokalisiert sind (abzugrenzen vom **Plasmotyp**, der durch die in Mitochondrien und Plastiden lokalisierten Gene bestimmt wird).

Da Menschen diploide Organismen sind, gibt es, abgesehen von den Geschlechtschromosomen beim Mann, jedes Chromosom im Zellkern zweimal. Ein Chromosom hat man von der Mutter geerbt, das jeweils zweite, dazu homologe Chromosom vom Vater. Auf den zwei homologen Chromosomen sind jeweils am gleichen Genort **(Genlocus)** die gleichen Gene lokalisiert. Diese beiden Gene können identisch oder (durch vorangegangene Mutationen) leicht unterschiedlich sein. Ein Gen und seine durch Mutationen abgewandelten Formen werden als **Allele** dieses Gens bezeichnet, wobei das ursprüngliche „normale" Gen das Wildtypallel ist.

Sind beide Allele identisch, ist man bezüglich dieses Gens **homozygot**, unterscheiden sich die beiden Allele, ist man bezüglich dieses Gens **heterozygot**.

Jeder Mensch kann also von jedem Gen zwei Allele besitzen (da er zwei Chromosomensätze hat). Dies gilt uneingeschränkt jedoch nur für die Frau. Da Männer zwei verschiedene Geschlechtschromosomen besitzen, die unterschiedliche Gene tragen, werden Männer bezüglich der Gene auf den X- und Y-Chromosomen als **hemizygot** bezeichnet.

In einer Population gibt es häufig viele verschiedene Allele eines Gens. Diese **multiplen Allele** sind die Ursache des genetischen **Polymorphismus**. Jedes Einzelindividuum besitzt maximal zwei dieser vielen Allele eines jeden Gens, eine Ursache für seine Individualität. In der Evolution sind multiple Allele von Vorteil, da sie die Möglichkeiten zur Anpassung an sich ändernde Umweltbedingungen verbessern.

3.2.2 Arten der Vererbung

Merkmale können dominant, rezessiv oder kodominant vererbt werden:

- Bei einem **dominant** vererbten Merkmal muss nur eines der beiden Allele für dieses Merkmal kodieren, es setzt sich also auch im **heterozygoten** Zustand durch. Das zweite Allel kommt nicht zur Ausprägung.
- **Rezessiv** vererbte Merkmale können sich phänotypisch nur im **homozygoten** Zustand durchsetzen, d. h. wenn beide Allele identisch sind.
- Bei **kodominant** vererbten Merkmalen werden phänotypisch im heterozygoten Zustand **beide Merkmale** unabhängig nebeneinander ausgebildet. Ein typisches Beispiel dafür ist die Vererbung der Blutgruppe AB (S. 101).
- Vermischen sich im Phänotyp die Merkmale (z. B. Rot + Weiß = Rosa), spricht man von einem **intermediären** Erbgang.

3.2.3 Mendel-Regeln

Das Verdienst von **Gregor Mendel** war die Analyse und vor allem quantitative Auswertung der Vererbung einzelner Merkmale. Aufbauend auf seinen Erkenntnissen konnte zu Beginn des vorigen Jahrhunderts von **Sutton** und **Boveri** die Chromosomentheorie der Vererbung postuliert werden.

Mendel hat seine Experimente an Erbsen durchgeführt, weil er deren Bestäubung leicht kontrollieren konnte und es viele Merkmale mit zwei phänotypisch gut auswertbaren Alternativen gab, wie z. B.

- Stängellänge: lange/kurze Stängel
- Samenoberfläche: glatte/runzlige Samen
- Farbe der Keimblätter: gelbe/grüne Keimblätter
- Blütenfarbe: rote/weiße Blüten

Was stellte Mendel fest?

1. Mendel-Regel

Die 1. Mendel-Regel besagt: Die Nachkommen aus der Kreuzung homozygoter Elternteile (Parentalgeneration), die sich bezüglich eines Merkmals unterscheiden, sind phäno- und genotypisch gleichartig; die F1-Generation (1. Filialgeneration) ist uniform.

Diese Regel bezeichnete man als **Uniformitätsregel** und sie ist in Abb. 3.1 erläutert: Der Buchstabe A steht für das Merkmal (z. B. Stängellänge), wobei A **(dominantes Allel)** für lange und a **(rezessives Allel)** für kurze Stängel benutzt wird.

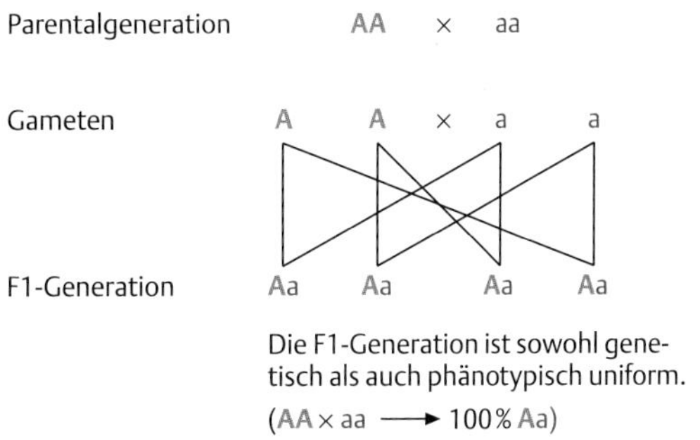

Parentalgeneration	AA × aa
Gameten	A A × a a
F1-Generation	Aa Aa Aa Aa

Die F1-Generation ist sowohl genetisch als auch phänotypisch uniform.

(AA × aa ⟶ 100% Aa)

Abb. 3.1 1. Mendel-Regel.

3

> **MERKE**
>
> Die **F1-Generation** (1. Filialgeneration) aus der Kreuzung zweier Elternteile, die jeweils für ein bestimmtes Merkmal homozygot sind, ist **uniform** und bezüglich der Allele **heterozygot**: AA × aa → 100 % Aa.

Diese Regel trifft unabhängig vom Erbgangstyp (ob dominant/rezessiv, kodominant oder intermediär) zu. Jedes Individuum der F1-Generation hat zwei verschiedene Allele, ist also genotypisch heterozygot.

Wenn eines dieser Allele **dominant** über das andere ist, setzt es sich im Phänotyp durch (**dominant-rezessiver Erbgang**: Da z. B. ein langer Stängel bei Erbsen dominant ist, hat die gesamte F1-Generation lange Stängel). Das rezessive Allel ist zwar genotypisch noch vorhanden, wird aber im Phänotyp nicht ausgeprägt.

Bei einem **intermediären Erbgang** gehen beide Allele teilweise in die Ausprägung des Phänotyps ein, sie beeinflussen sich gegenseitig (z. B. Blütenfarbe der Eltern: rot und weiß → Blütenfarbe der F1-Generation: rosa).

Beim **kodominanten Erbgang** werden beide elterlichen Merkmale unabhängig nebeneinander ausgeprägt, es gibt keine gegenseitige Beeinflussung (z. B. Eltern haben die Blutgruppen AA und BB, die gesamte F1-Generation hat die Blutgruppe AB).

2. Mendel-Regel

Die 2. Mendel-Regel besagt: Nach Kreuzung der identischen F1-Hybriden untereinander (heterozygot × heterozygot) kommt es in der F2-Generation zur genotypischen Aufspaltung der Nachkommen in einem bestimmten Zahlenverhältnis (Abb. 3.2).

Diese 2. Mendel-Regel wird aufgrund der zahlenmäßigen Aufspaltung der Nachkommen **Spaltungsregel** genannt.

In der F2-Generation eines **dominant-rezessiven** Erbganges taucht jetzt das rezessiv vererbte Merkmal bei 25 % der Nachkommen wieder auf, da sie für das entsprechende Gen homozygot sind. Der Rest der Nachkommen ist entweder homozygot für das dominante Gen (25 %) oder heterozygot (50 %) und weist das dominante Merkmal auf.

In der F2-Generation eines **intermediären** Erbganges sind beide Ausgangsmerkmale der Parentalgeneration bei je 25 % der Nachkommen wieder homozygot vorhanden.

> **MERKE**
>
> Die **F2-Generation** aus der Kreuzung zweier bezüglich eines bestimmten Merkmals identischer heterozygoter Elternteile spaltet sich genotypisch folgendermaßen auf: Aa × Aa → 25 % aa + 50 % Aa + 25 % AA.

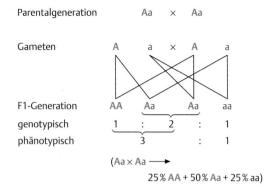

Abb. 3.2 **2. Mendel-Regel bei einem dominant/rezessiven Erbgang.** Die F1-Generation spaltet sich in einem bestimmten Zahlenverhältnis auf.

Will man in der F2-Generation bei einem dominant-rezessiven Erbgang feststellen, ob ein Tochterorganismus homozygot oder heterozygot ist, muss man eine **Rückkreuzung** mit dem rezessiven homozygoten Elternteil der Parentalgeneration durchführen: Sind die Nachkommen uniform, dann war das getestete Individuum homozygot (aa × AA → 100 % Aa), spalten die Nachkommen 1:1 auf, dann war das getestete Individuum heterozygot (aa × Aa → 50 % Aa + 50 % aa).

3. Mendel-Regel

Nachdem Mendel die Eigenschaften der Vererbung eines einzelnen Merkmals analysiert hatte, untersuchte er Pflanzen, die sich in **zwei Merkmalen** (z. B. Samenfarbe und Samenstruktur, 2 Gene mit je zwei Allelen) unterschieden. Auch in diesem Fall war die F1-Generation sowohl **geno-** als auch **phänotypisch identisch**. In der F2-Generation traten jedoch nach Kreuzung der F1-Hybriden **neue Merkmalskombinationen** auf, die vorher nicht vorhanden waren. Daraus schloss Mendel, dass die zwei Merkmale unabhängig voneinander vererbt werden.

Diese dritte Mendel-Regel wird als **Unabhängigkeitsregel** bezeichnet. Bei der Kreuzung von zwei Rassen mit zwei oder mehr Merkmalsunterschieden werden die einzelnen Merkmale unabhängig voneinander und jeweils entsprechend der 1. und 2. Mendelschen Regel vererbt. In der F2-Generation entstehen also Individuen mit neuen Merkmalskombinationen. Diese Aufspaltung erfolgt ebenfalls in einem bestimmten Zahlenverhältnis, welches sich aus der Kombination aller möglichen Allele bei der Gametenbildung in der F1-Generation ergibt (Abb. 3.3).

Beispiel: Zwei Pflanzenlinien unterscheiden sich in zwei Merkmalen A (Samenoberfläche) und B (Samenfarbe). Der große Buchstabe kennzeichnet das jeweils dominant vererbte Merkmal.

3

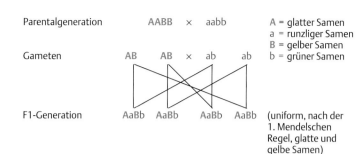

Parentalgeneration	AABB	×	aabb
Gameten	AB AB	×	ab ab

A = glatter Samen
a = runzliger Samen
B = gelber Samen
b = grüner Samen

F1-Generation   AaBb   AaBb   AaBb   AaBb   (uniform, nach der 1. Mendelschen Regel, glatte und gelbe Samen)

Parentalgeneration   AaBb × AaBb

Gameten   AB Ab aB ab × AB Ab aB ab

F2-Generation

Gameten ♀ / ♂	AB	Ab	aB	ab
AB	**AABB**	**AAB**b	Aa**BB**	Aa**B**b
Ab	**AAB**b	**AA**bb	Aa**B**b	Aabb
aB	Aa**BB**	Aa**B**b	aa**BB**	aa**B**b
ab	Aa**B**b	Aabb	aa**B**b	aabb

Merkmalsausprägung: 9 × **A**X **B**X : **glatter**, **gelber** Samen
3 × **A**X bb : **glatter**, grüner Samen
3 × aa **B**X : runzliger, **gelber** Samen
1 × aa bb : runzliger, grüner Samen

Aufspaltungsverhältnis: 9 : 3 : 3 : 1 = 56,25 % : 18,75 % : 18,75 % : 6,25 %

Abb. 3.3   3. Mendel-Regel.

Beide Merkmale können in zwei Formen ausgeprägt werden:
— Die Samenoberfläche kann glatt sein (A, dominant vererbt), oder runzlig sein (a, rezessiv vererbt);
— die Samenfarbe kann gelb (B, dominant vererbt), oder grün sein (b, rezessiv vererbt).

Die Parentalgeneration unterscheidet sich bezüglich beider Merkmale und ist für jedes der beiden Merkmale homozygot. Es werden Pflanzen mit glatten, gelben Samen und Pflanzen mit runzligen, grünen Samen gekreuzt. Die F1-Generation ist geno- und phänotypisch identisch und bildet glatte, gelbe Samen. Bei der Gametenbildung in der F1-Generation sind jetzt 4 verschiedene Allelenkombinationen möglich (Abb. 3.3). Bei Selbstbefruchtung entstehen damit 4 × 4 = 16 verschiedene Allelenkombinationen.

Wie genau sind die Mendel-Regeln?

Die 2. und 3. Mendel-Regel treffen bezüglich der Aufspaltungszahlen bei den Nachkommen nur in den Grenzen des Zufalls zu, da jeweils nur eine kleine Zahl der gebildeten Keimzellen zur Befruchtung gelangt. Je größer die Anzahl der zur Befruchtung gelangenden Keimzellen ist, umso mehr werden sich die Aufspaltungszahlen dem theoretisch zu erwartenden Wert annähern.

Die 3. Mendel-Regel hat weitere Einschränkungen: Unabhängige Vererbung von Merkmalen setzt voraus, dass die Merkmalsanlagen auf **verschiedenen** Chromosomen lokalisiert sind. Gene, die auf demselben Chromosom liegen werden **gekoppelt** vererbt, sie bilden sogenannte **Kopplungsgruppen** (Segregation, Abb. 2.41b). Dies ist jedoch auch nur eingeschränkt gültig. Die gekoppelte Vererbung der Allelenkombination eines Chromosoms wird nämlich durch das Crossing over (S. 56) durchbrochen, da Allele von Genen zwischen den **homologen** Chromosomen ausgetauscht werden. Das geschieht umso häufiger, je weiter zwei Gene auf einem Chromosom voneinander entfernt lokalisiert sind (Abb. 3.4).

Durch die **Aufteilung des Chromosomensatzes** während der Meiose (S. 55) entstehen über **8 Millionen** Möglichkeiten der Kombination von Allelen im menschlichen Genom, diese Zahl **vervielfacht** sich durch das Crossing over.

MERKE

— Die **Crossing-over-Häufigkeit** nimmt proportional zum Abstand zweier Gene auf einem Chromosom zu.
— Nur Gene auf einem Chromosom, die nicht durch Crossing over getrennt werden, bilden **Kopplungsgruppen**. Die von ihnen kodierten Merkmale werden gemeinsam vererbt.

3

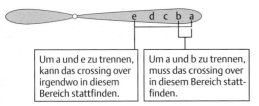

Um a und e zu trennen, kann das crossing over irgendwo in diesem Bereich stattfinden.

Um a und b zu trennen, muss das crossing over in diesem Bereich stattfinden.

Abb. 3.4   Abhängigkeit der Rekombinationsrate zweier Gene vom Genabstand auf dem Chromosom.

Genkartierung

Die Tatsache, dass eng benachbarte Gene gekoppelt vererbt werden, nutzt man zur Kartierung von Genen auf einem Chromosom (**Kopplungsanalyse**). Man definiert die Häufigkeit, mit der Gene rekombiniert werden, als ein relatives Maß für die Entfernung zweier Gene auf einem Chromosom.

Als Einheit dieses Maßes wurde das **MORGAN** gewählt, wobei **0,01 Morgan (1 cM)** einer Rekombinationsrate von **1 %** entspricht. Bei einem Abstand von **0,5 Morgan** (= Rekombinationsrate von 50 %) verhalten sich die zwei Gene **ungekoppelt**, d. h. man kann mittels einfacher Kopplungsanalyse nicht mehr feststellen, ob zwei Gene auf einem Chromosom liegen oder nicht. Diese Distanz entspricht etwa ⅓ der Chromosomenlänge. Durch Kopplungsanalyse mehrerer Gene (**Mehrfaktoranalyse**) kann dieses Problem jedoch gelöst werden.

Eine weitere Möglichkeit der Genkartierung sind **physikalische Kartierungen**. Sie basieren auf der Hybridisierungstechnik mit Gensonden (S. 129). Der Abstand der Gene wird in µm angegeben.

Die Reihenfolge der Gene auf den Chromosomen stimmt bei beiden Methoden überein, der Abstand zwischen den Genen weicht jedoch aufgrund der unterschiedlichen Rekombinationshäufigkeit der homologen Chromosomen voneinander ab.

3.2.4 Humangenetik

Dieses Kapitel beschreibt die **Vererbung von Merkmalen und Krankheiten beim Menschen**. Für die Risikoanalyse der Vererbung von Krankheiten werden Stammbäume aufgestellt und die Vererbung symbolhaft deutlich gemacht. Diese Symbole werden in Abb. 3.5 erläutert.

Autosomale Erbgänge

Autosomale Erbgänge beschreiben die Vererbung von Merkmalen, deren Gene auf den Chromosomen 1–22, den **Autosomen**, lokalisiert sind. Autosomal vererbte Merkmale werden bei Männern und Frauen gleich ausgeprägt.

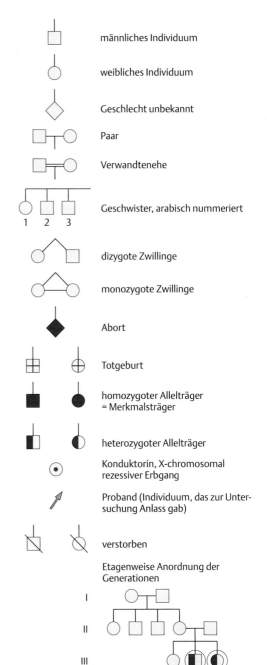

männliches Individuum

weibliches Individuum

Geschlecht unbekannt

Paar

Verwandtenehe

Geschwister, arabisch nummeriert

dizygote Zwillinge

monozygote Zwillinge

Abort

Totgeburt

homozygoter Allelträger = Merkmalsträger

heterozygoter Allelträger

Konduktorin, X-chromosomal rezessiver Erbgang

Proband (Individuum, das zur Untersuchung Anlass gab)

verstorben

Etagenweise Anordnung der Generationen

kranker Phänotyp

Abb. 3.5   Symbole in der Humangenetik. (nach Hirsch-Kauffmann M, Schweiger M, Schweiger MR. Biologie und molekulare Medizin. Thieme 2009)

Lerntipp

Im Folgenden sind immer die Allele, die für das betrachtete (in der Regel krankheitsauslösende) Merkmal kodieren, farbig gekennzeichnet.

3

Autosomal-dominanter Erbgang

Merkmale, die autosomal-dominant vererbt werden, kommen sowohl im **heterozygoten** als auch im **homozygoten** Zustand bei beiden Geschlechtern zur Ausprägung. Die Übertragung erfolgt statistisch bei **vollständiger Penetranz** in der Regel von einem Elternteil auf die Hälfte der Kinder.

Die Wahrscheinlichkeit, dass die Kinder das dominante Merkmal ausprägen, liegt zwischen 50 % (ein Elternteil war heterozygot für das dominante Merkmal: Aa × aa → **50 % Aa + 50 % aa**) und 100 % (mindestens ein Elternteil war homozygot für das dominante Merkmal: **AA × aa → 100 % Aa**). Falls zwei heterozygote Merkmalsträger Nachkommen zeugen (Aa × Aa), so prägen 75 % der Nachkommen das Merkmal aus (25 % aa merkmalsfrei; **25 % AA** homozygot und **50 % Aa** heterozygot für das Merkmal). Handelt es sich bei dem Merkmal um eine Krankheit, sind Homozygote oft schwerer betroffen als Heterozygote. Bei einer autosomal-dominant vererbten Krankheit sind Geschwister dann häufig betroffen.

Autosomal-dominant vererbte Krankheiten lassen sich im Stammbaum weit zurückverfolgen, da in jeder Generation Personen betroffen sind. Ausnahmen machen einige Krankheiten wie Achondroplasie oder das Marfan-Syndrom, bei denen häufig Neumutationen auftreten.

Einige **Beispiele** für **autosomal-dominant** vererbte Merkmale (Krankheiten) sind:
- Kurzfingrigkeit (Brachydaktylie),
- Vielfingrigkeit (Polydaktylie),
- Spalthand,
- Spaltfuß,
- Achondroplasie (disproportionierter Zwergwuchs) und
- Marfan-Syndrom (Mutationen im Gen für Fibrillin, Bindegewebsschwäche).

Autosomal-dominant vererbt werden offensichtlich häufig Krankheiten, bei denen die abnormen Genprodukte den funktionellen Aufbau von Zell- und Gewebsstrukturen beeinträchtigen.

> **MERKE**
>
> Bei **autosomal-dominant** vererbten Erkrankungen **erkrankt jeder**, der das Krankheitsmerkmal trägt. Umgekehrt gilt: Wer nicht erkrankt, ist auch kein Merkmalsträger!

Lerntipp

Wenn in einer Prüfung ohne nähere Erläuterung von einem seltenen dominanten Erbleiden oder dem Träger eines seltenen, dominant vererbten Allels die Rede ist, so geht man stillschweigend von einem heterozygot Erkrankten aus.

Autosomal-rezessiver Erbgang

Beim autosomal-rezessiven Erbgang kommt das Merkmal nur zur Ausprägung, wenn das entsprechende Allel **homozygot** vorliegt **(aa)**. Die Heterozygoten (Aa) sind zwar Konduktoren, d. h. sie vererben die Krankheit weiter, sind aber selbst phänotypisch gesund. Dieser Vererbungsmodus ist charakteristisch für Stoffwechseldefekte.

Alle Nachkommen eines Elternpaares, dessen einer Teil homozygot gesund, der andere heterozygot ist, sind also **phänotypisch gesund**. Die Hälfte der Kinder sind aber Konduktoren und vererben die Krankheit weiter:

Aa × AA → 50 % Aa + 50 % AA

Zeugen zwei Heterozygote für ein autosomal-rezessiv vererbtes Merkmal Nachkommen, so erkranken 25 % der Kinder. 50 % der Kinder sind heterozygote Konduktoren und 25 % der Kinder sind homozygot gesund:

Aa × Aa → **25 % aa** + 50 % Aa + 25 % AA

> **MERKE**
>
> Eine **autosomal-rezessiv** vererbte Krankheit kann nur zur Ausprägung kommen, wenn der Patient von **beiden** Elternteilen das rezessive Gen geerbt hat.

In einem Stammbaum können mehrere Generationen merkmalsfrei sein, bevor die Krankheit wieder auftritt (Abb. 3.6). Besonders gefährdet sind die Kinder aus Verwandtenehen, da die Chance, dass ein in der Familie vorhandenes rezessives Merkmal bei beiden Eltern auftritt und so zu homozygoten Nachkommen führt, natürlich sehr viel höher ist, als bei nicht verwandten Elternteilen.

Beispiele für **autosomal-rezessiv** vererbte Krankheiten sind:
- Albinismus,
- Phenylketonurie,
- Mukoviszidose,
- verschiedene Formen der Taubstummheit (S. 98) und

Auch die Blutgruppe 0 ist ein autosomal-rezessiv vererbtes Merkmal.

Lerntipp

In der 1. Ärztlichen Prüfung müssen Sie häufig Wahrscheinlichkeiten für das Vorliegen von mutierten Allelen oder die mögliche Ausprägung einer Krankheit in belasteten Familien berechnen. Dazu gibt es so viele Möglichkeiten der Fragestellung, dass nur an einem Beispiel die Vorgehensweise erläutert werden soll.

Eine gesunde Frau fragt nach ihrem Risiko, **heterozygot** für das Gen für eine **autosomal-rezessive** Krank-

3

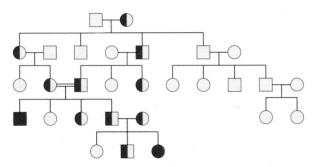

halbgefüllte Symbole: heterozygoter gesunder Konduktor
vollständig rot gefüllte Symbole: homozygoter Erkrankter

**Abb. 3.6   Stammbaum eines autosomal-
rezessiv vererbten Merkmals.**

heit zu sein, die sich bereits im Kindesalter manifestiert. Ihre Eltern sind phänotypisch gesund, ihr Bruder ist homozygot und erkrankt.
Als **Antworten** stehen zur Auswahl: 0 %, 25 %, 50 %, 66,7 % und 100 %
Vorgehensweise: Aus den Angaben lässt sich ableiten, dass beide Eltern Konduktoren sind. Sie sind gesund und haben ein krankes Kind, den Sohn, gezeugt:
— Eltern: Aa × Aa
— Mögliche Allelenkombination der Kinder: 25 % AA, 50 % Aa und **25 % aa**
Gefragt ist nach der Allelenkombination Aa. Auf den ersten Blick ist man verleitet das Risiko mit 50 % anzugeben. Das wäre aber nur richtig, wenn die Fragestellung z. B. nach dem Risiko eines **ungeborenen** Kindes wäre. Das ist hier nicht der Fall! Da die Probandin lebt und gesund ist, kann die krankheitsauslösende Allelenkombination aa (die ihr Bruder hat) von vorneherein **ausgeschlossen** werden. Damit liegt das Risiko bei ⅔ (also 2 von 3 Möglichkeiten = 66,7 %). Bei einem Stammbaum, der über **mehrere Generationen** geht, ergibt sich die **Gesamtwahrscheinlichkeit** aus dem **Produkt der Einzelwahrscheinlichkeiten**. Das Risiko der Frau heterozygote Kinder zu zeugen (bei einem gesunden homozygoten Mann) beträge dann also:
⅔ (= die Wahrscheinlichkeit, dass sie Konduktorin ist) × ½ (= die Wahrscheinlichkeit, mit der sie das Allel weitervererbt) = ⅓.
Da die berechneten Risiken für jedes Kind individuell gelten, muss man bei Fragen, wie hoch das Risiko ist, dass **zweieiige Zwillinge** oder **Geschwister** ebenfalls betroffen sind, die Einzelwahrscheinlichkeiten multiplizieren. Wenn also jedes Kind mit einer Wahrscheinlichkeit von ½ heterozygot für ein Allel ist, so ist die Wahrscheinlichkeit, dass beide Geschwister betroffen sind ½ × ½ = ¼, für drei gleichzeitig betroffene Geschwister ½ × ½ × ½ = ⅛ u.s.w. Das gilt jedoch nicht für **eineiige Zwillinge (Drillinge usw.)**, da diese genetisch identisch sind.

⎮ Klinischer Bezug

Inzucht (Verwandtenehe). Bei der Vererbung autosomal-rezessiver genetischer Defekte sind Nachkommen aus Verwandtenehen besonders gefährdet, da die Wahrscheinlichkeit, dass rezessive Allele aufeinander treffen um ein Vielfaches höher ist, als bei Nichtverwandten. Damit kommen rezessiv vererbte Merkmale bei Verwandten häufiger zur Ausprägung.

Taubstummheit. Taubstummheit kann seine Ursache in verschiedenen, rezessiv vererbten genetischen Defekten haben **(Heterogenie)**. Selbst wenn zwei Taubstumme Kinder zeugen, können die Kinder u. U. normal hören, wenn die Eltern in unterschiedlichen Genen betroffen waren.

Geschlechtsbestimmung durch die Gonosomen
Y-Chromosom
Das Y-Chromosom ist im Gegensatz zum X-Chromosom, das sehr viele (teils dominante, teils rezessive) Gene enthält, **informationsarm**. Das wichtigste Gen im Y-Chromosom definiert das männliche Geschlecht (**SRY-Gen**, Sex-determing Region Y), einige weitere sind für die Fertilität der Spermien zuständig. Außerdem gibt es zwei kurze Bereiche an den Enden des Y-Chromosoms, die homolog zu den Enden des X-Chromosoms sind und bei der Paarung in der Meiose eine Rolle spielt, die **pseudoautosomalen Regionen**. Muationen der Gene dieser Regionen verhalten sich bei der Vererbung wie Mutationen von autosomal lokalisierten Genen.

⎮ MERKE

Auf dem **Y-Chromosom** sind im Gegensatz zum X-Chromosom nur **sehr wenige Gene** lokalisiert.

Das **SRY-Genprodukt** (TDF, Testis-determining Factor) induziert die Ausbildung der Hoden (Testes). Diese produzieren das männliche Geschlechtshormon **Testosteron**, welches seinerseits die Aktivität männlicher geschlechtsspezifischer Gene induziert und damit die Ausbildung der männlichen Genitalien bewirkt. Ein weiteres, in den Testes gebildetes Hormon, das **AMH** (anti-Müllerian Duct Hormone) verursacht die **Degeneration des Müller-Gangs**, der im weiblichen Organismus zum Eileiter wird.

Fehlt das **Y-Chromosom** (und damit das SRY-Genprodukt) entwickeln sich die embryonalen Geschlechtsanlagen zu **Ovarien**, die durch die Produktion des weiblichen Geschlechtshormons **Östrogen** die Induktion der Aktivität der weiblichen geschlechtsspezifischen Gene verursachen und die Differenzierung der weiblichen Geschlechtsmerkmale (Uterus, Vagina, Brüste) auslösen.

Der **Müller-Gang** wird in diesem Fall nicht reduziert und entwickelt sich zum **Eileiter**.

Klinischer Bezug

Sexuelle Fehlentwicklungen. Welche Rolle das SRY-Gen für die Ausbildung des männlichen Geschlechts spielt, zeigen folgende sexuelle Fehlentwicklungen:

- **XX-Mann:** Wird das **SRY-Gen** während der Meiose an andere Chromosomen **transloziert**, führt das bei eigentlich weiblichen XX-Personen zu einem männlichen Phänotyp, obwohl das Y-Chromosom fehlt. Der Typus ähnelt dem des Klinefelter-Syndroms, betroffene Männer sind steril.
- **XY-Frau:** Eine **SRY-Inaktivierung** durch eine Mutation bei eigentlich männlichen XY-Personen führt zu einem weiblichen Phänotyp obwohl ein Y-Chromosom vorhanden ist. Die primäre Gonadendifferenzierung zu Hodengewebe bleibt aus. Undifferenzierte Gonadendysgenesie ohne Hormonbildung (weder Testosteron noch Östrogene in der Gonade) ist die Folge; die sekundäre Geschlechtsentwicklung bleibt aus, Brust und Schambehaarung entwickeln sich nur gering; Bei undifferenzierter Gonade besteht Infertilität.
- **Testikuläre Feminisierung:** Durch Mutation entsteht ein **defekter Testosteronrezeptor** (S. 68). XY-Personen besitzen einen weiblichen Phänotyp (sind allerdings steril). Die Signale des Testosterons (Aktivierung männlicher Gene) können nicht umgesetzt werden, der Müller-Gang wird jedoch reduziert.

Das Y-Chromosom ist im Interphasekern fakultativ heterochromatisch (d. h. es kann bei Bedarf exprimiert werden) und es ist mit Fluoreszenzfarbstoffen färbbar **(F-body)**.

X-Chromosomen

Die Frau hat zwei X-Chromosomen, damit im Vergleich zum Mann die **doppelte Gendosis** bezüglich X-chromosomal lokalisierter Gene. Um dieses auszugleichen, wird eines der beiden X-Chromosomen **irreversibel inaktiviert**. Man spricht hier vom fakul-

tativen Heterochromatin (S. 48), das z. B. als **Barr-Körperchen** am Rande des Zellkerns vorliegt. Diese Inaktivierung wird als **Dosis-Kompensationsmechanismus** betrachtet (Lyon-Hypothese, Mary Lyon 1961) und offensichtlich von einem Zentrum auf dem X-Chromosom gesteuert (XIC, X-inactivating Center). Da einige Gene von dieser Inaktivierung nicht betroffen sind, scheint die X-Inaktivierung ein komplexer Prozess zu sein. Epigenetische Mechanismen wie die **Methylierung** der DNA und eine verringerte Histon-Azetylierung sind für die Inaktivierung verantwortlich. Gesteuert wird dieser Prozess durch Gene innerhalb der XIC-Region. Eines dieser Genprodukte, die Xist-RNA, bindet an das zu inaktivierende X-Chromosom und induziert die Inaktivierung. Ausnahmen sind die Enden des X-Chromosoms (pseudoautosomale Region), das Xist-Gen selbst und einige weitere Gene. Auf dem aktiven X-Chromosom ist das Xist-Gen inaktiv (methyliert).

Die Inaktivierung beginnt bereits sehr früh in der Embryonalentwicklung um den 12.-18. Embryonaltag und trifft nach dem Zufallsprinzip entweder das von der Mutter geerbte oder das vom Vater geerbte X-Chromosom. Ein einmal inaktiviertes X-Chromosom bleibt bei allen nachfolgenden Zellgenerationen inaktiv. Frauen sind also bezüglich X-chromosomal lokalisierter Gene genetische **Mosaike**: In ca. 50 % der Zellen des weiblichen Organismus ist das mütterliche X-Chromosom aktiv, in den anderen 50 % das väterliche X-Chromosom.

In den Zellen der Keimbahn wird die Inaktivierung wieder aufgehoben.

MERKE

Bei Frauen wird zur **Gendosiskompensation** eines der beiden X-Chromosomen inaktiviert. Es wird zum Barr-Körperchen.

Gonosomale Erbgänge

X-chromosomal-dominante Vererbung

X-chromosomal-dominante Vererbung ist sehr selten. Ist der Vater Träger eines mutierten Allels, sind alle Söhne gesund und alle Töchter krank. Ist die Mutter Allelenträgerin, sind 50 % der Söhne und 50 % der Töchter krank:

Xy × xx → 50 % xy + **50 % Xx**

xy × Xx → 25 % Xy + **25 % xy** + **25 % Xx** + 25 % xx

Ein **Beispiel** für eine **X-chromosomal-dominante** Vererbung ist die Vitamin-D-resistente Rachitis (S. 104).

X-chromosomal-rezessive Vererbung

Wesentlich häufiger sind X-chromosomal-rezessiv vererbte Krankheiten. In der Merkmalsausprägung sind Männer häufiger betroffen als Frauen. Besitzt ein Mann das mutierte Allel, dann ist er auch krank

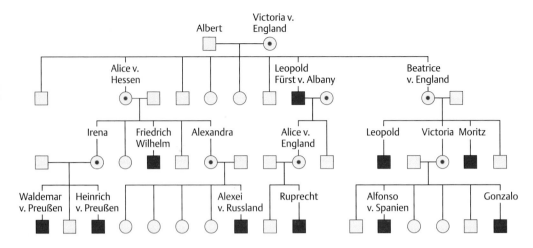

Abb. 3.7 Stammbaum von Königin Victoria von England. Vererbung der X-chromosomal-rezessiv vererbten Hämophilie. (nach Hirsch-Kauffmann M, Schweiger M, Schweiger MR. Biologie und molekulare Medizin. Thieme 2009)

und vererbt dieses Allel auf alle Töchter weiter (sie werden bei homozygot gesunder Mutter aber nur Konduktorinnen). Das Allel kann vom Vater nicht auf die Söhne vererbt werden, sie sind bei homozygot gesunder Mutter alle gesund und keine Genträger:

$xY \times XX \rightarrow 50\% \; xX + 50\% \; Xy$

Ist die Mutter gesund, aber Trägerin eines mutierten Allels (Konduktorin, heterozygot) erkranken 50 % ihrer Söhne. Von ihren Töchtern werden 50 % zu Konduktorinnen:

$XY \times Xx \rightarrow 25\% \; xY + 25\% \; XY + 25\% \; xX + 25\% \; XX$

Falls ein kranker Mann und eine Konduktorin Kinder zeugen (z. B. bei Verwandtenehen!) erkranken 50 % der Söhne. Nun erkranken aber auch 50 % der Töchter, die anderen 50 % sind Konduktorinnen:

$xY \times Xx \rightarrow 25\% \; xY + 25\% \; XY + 25\% \; Xx + 25\% \; xx$

Beispiele für **X-chromosomal-rezessiv** vererbte Krankheiten sind:

— Hämophilie A (S. 101) und Hämophilie B (Faktor-IX-Mangel, selten),
— Rot-Grün-Blindheit (S. 114) und
— Muskeldystrophie vom Typ Duchenne (S. 100).

Abb. 3.7 zeigt als Beispiel für ein X-chromosomal vererbtes Leiden (Hämophilie) den Stammbaum der Königin Vitoria von England.

Auch hier ein **Berechnungsbeispiel** zur Risikoabschätzung in einem Stammbaum:

Zwei Brüder leiden an einer **X-chromosomal-rezessiv** vererbten Krankheit. Wie groß ist das Risiko ihrer Nichte (der Tochter ihrer Schwester) heterozygote Überträgerin zu sein?

Als **Antworten** stehen zur Auswahl: 0 %, 12,5 %, 25 %, 50 % und 75 %.

Lösungsweg: Die beiden Brüder müssen das mutierte Allel von der Mutter geerbt haben. Sie vererbt als gesunde Konduktorin (Xx) das Allel mit einer Wahr-

scheinlichkeit von 50 % (p = ½) auf ihre Tochter. Diese gibt das mutierte Allel dann ebenfalls mit einer Wahrscheinlichkeit von 50 % (p = ½) auf ihre Kinder weiter (ihr Mann ist gesund, geht damit nicht in die Berechnung ein). Die Wahrscheinlichkeit für die Nichte berechnet sich aus dem Produkt der Einzelwahrscheinlichkeiten: ½ × ½ = ¼.

Klinischer Bezug

Duchenne-Muskeldystrophie. Die Muskeldystrophie vom Typ Duchenne ist ein **X-chromosomal-rezessiv** vererbtes Leiden (Häufigkeit 1:3000–1:5000), bei dem das muskelspezifische Protein **Dystrophin** nicht gebildet wird. Die Krankheit manifestiert sich um das 3. Lebensjahr. Die Muskelschwäche der Becken- und Oberschenkelmuskulatur verursacht einen watschelnden Gang und ein erschwertes Aufstehen aus dem Sitzen oder Liegen. Schon im 5.–7. Lebensjahr sind Treppensteigen und Aufstehen aus dem Sitzen oder Liegen nur noch mit Hilfe möglich, da die Erkrankung auch auf die Muskulatur der Schulter und Arme übergreift. Viele Kinder sind ab dem Alter von 7–12 Jahren auf den Rollstuhl angewiesen. Später tritt die vollständige Pflegebedürftigkeit und im jungen Erwachsenenalter immer der Tod ein. Die Ursache der Krankheit liegt in verschiedenen Mutationen des Dystrophin-Gens (79 Exons), wobei eine Deletion die häufigste Ursache ist. Zirka ⅓ der Patienten erkrankt durch Neumutation, die anderen ⅔ erben das defekte Gen von der Mutter. Aufgrund der Möglichkeit einer ungleichen X-Inaktivierung (S. 99) kann bei einem Teil der Überträgerinnen eine milde Manifestation auftreten. Der Nachweis der Erkrankung erfolgt durch Bestimmung der Serum-Kreatinphosphokinase, mittels molekulargenetischer Methoden (durch Deletions-Screening, Nachweis der Exons mit PCR) oder durch immunchemischen Dystrophin-Nachweis.

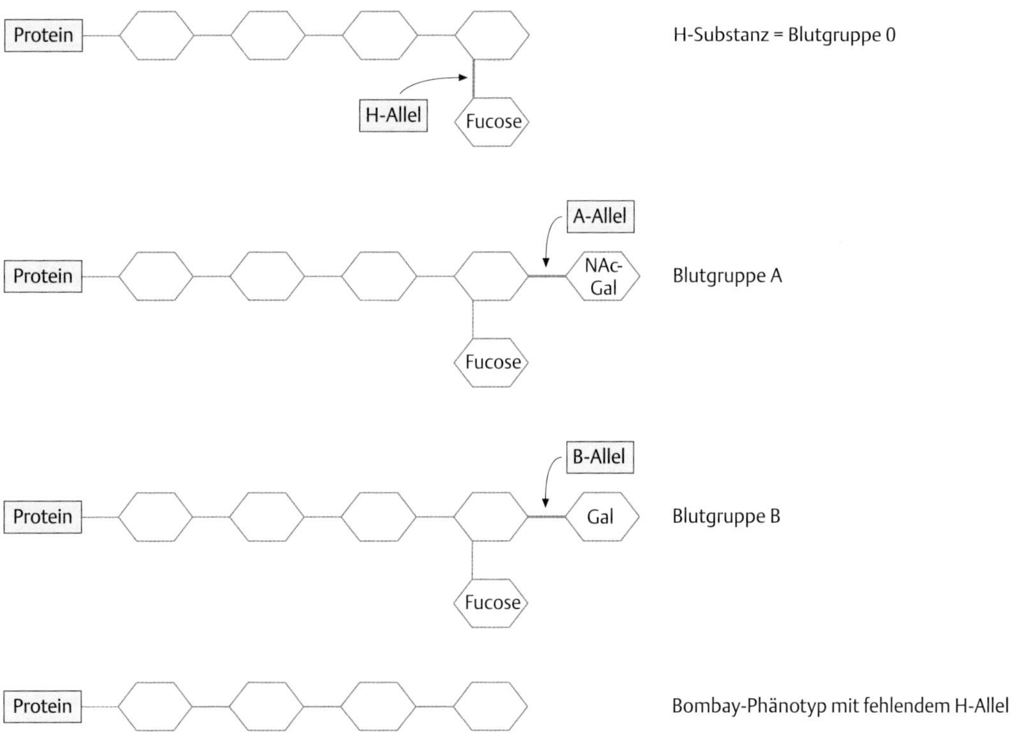

3

Abb. 3.8   Die Blutgruppensubstanzen 0, A, B und der „Bombay"-Phänotyp des Menschen.

Hämophilie A. Dieser auch als „Bluterkrankheit" bezeichneten Erkrankung liegt ein Defekt des **Blutgerinnungsfaktors VIII** zugrunde. Die Mutation wird **X-chromosomal-rezessiv** vererbt, was bedeutet, dass vorwiegend Männer, die nur ein X-Chromosom haben, von ihr betroffen sind. Die Krankheit war früher tödlich, die betroffenen Männer starben vor Erreichen der Fertilität, sie konnten ihr defektes X-Chromosom also nicht weitergeben. Daher gab es auch keine bluterkranken Frauen, bei denen die Erkrankung wegen der X-chromosomalen Inaktivierung (S.99) nur im homozygoten Zustand ausbricht. Heterozygote Frauen sind also bezüglich dieser Mutation Mosaike (S.60): In ca. 50 % ihrer Zellen ist das gesunde Gen (X-Chromosom) aktiv, in den anderen 50 % der Zellen ist das mutierte X-Chromosom aktiv. Offensichtlich reicht die Gendosis der gesunden Zellen aus, um genügend Faktor VIII zu produzieren, sodass heterozygote Frauen nicht erkranken. Dieses Phänomen betrifft übrigens alle X-chromosomal-rezessiv vererbten Krankheiten.

Nach der Aufklärung der Ursachen und des Mechanismus der Erkrankung können die Patienten heute durch Gabe des Genprodukts **(Faktor VIII)** am Leben erhalten werden. Die Mutation kann somit auch von erkrankten Vätern an ihre Töchter weitergegeben werden.

Anfänglich wurde der Faktor VIII aus Blut isoliert, dadurch bestand jedoch die Gefahr der Infektion mit im Blut vorkommenden Viren (Hepatitis). Diese Gefahr besteht heute durch die gentechnische Produktion von Faktor VIII nicht mehr.

Vererbung der Blutgruppen
Es gibt rund 20 verschiedene Blutgruppensysteme, von denen das **AB0-System**, das **Rh-System** und das **MN-System** die wichtigsten sind.

ABO-Blutgruppensystem nach Landsteiner
Für die Bluttransfusion ist das AB0-Blutgruppensystem nach Landsteiner sehr bedeutsam. Es ist ein Beispiel für multiple Allelie **(genetischer Polymorphismus)**.

Grundlage des AB0-Systems sind **Glykolipide und Glykoproteine der Erythrozytenmembran.** Der Kohlenhydratanteil ist dabei für die antigenen Eigenschaften verantwortlich. Er wird durch Enzyme an die Proteine angeknüpft (Abb. 3.8). Das Grundgerüst ist die **H-Substanz**, ein Oligosaccharid, das aus fünf Zuckern besteht. Das Genprodukt des sogenannten **H-Allels** (es liegt auf Chromosom 19) ist für die Anknüpfung des 5. Zuckers der H-Substanz (Fucose) verantwortlich. Nur wenn Fucose vorhanden ist, können die beiden anderen Blutgruppenallele wirksam werden.

Die Allele A, B und 0 sind auf dem Chromosom 9 lokalisiert, sie kodieren für **Glykosyltransferasen**, die an dieses Grundgerüst ein weiteres Zuckermolekül anhängen, entweder N-Acetylgalactosamin (**Allel A**) oder Galactose (**Allel B**).

Das **Allel 0** kodiert für eine nicht funktionsfähige Glykosyltransferase, so dass die H-Substanz nicht weiter modifiziert wird. Fehlen die Allele A und B, resultiert dies in der Blutgruppe 0.

> **MERKE**
> — Bei der **Blutgruppe A** (Allel A) wird N-Acetylgalactosamin an die H-Substanz geknüpft.
> — Bei der **Blutgruppe B** (Allel B) wird die H-Substanz um Galactose erweitert.
> — Bei der **Blutgruppe 0** (Allel 0) wird kein weiterer Zucker an die H-Substanz gehängt.

Bei dem extrem seltenen „Bombay"-Phänotyp (0, hh) fehlt die Glycosyltransferase für Fucose, sodass auch keine H-Substanz gebildet wird.

Die **Blutgruppe A** wird noch einmal in Untergruppen unterteilt, von denen A_1 und A_2 die häufigsten Gruppen sind. Der Unterschied ist ein rein quantitatives Problem und spielt bei der Bluttransfusion keine Rolle:
— A_1: wenig H-Antigen, viel A-Antigen auf der Erythrozytenoberfläche,
— A_2: viel H-Antigen, wenig A-Antigen auf der Erythrozytenoberfläche.

Die **Vererbung der Blutgruppenantigene** verläuft folgendermaßen:
— A (A_1/A_2) ist dominant über 0 und kodominant zu B,
— B ist dominant über 0 und kodominant zu A,
— 0 ist rezessiv gegenüber A und B,
— A_1 ist dominant gegenüber A_2.

Die Vererbung im AB0-System ist in Tab. 3.1 verdeutlicht.

Phänotypisch leiten sich daraus folgende Blutgruppen ab:
— 3 × **Blutgruppe A**: homozygot AA oder heterozygot A0,
— 3 × **Blutgruppe B**: homozygot BB oder heterozygot B0,
— 2 × **Blutgruppe AB**: kodominant,
— 1 × **Blutgruppe 0**: immer homozygot.

Man kann also nur bei den Blutgruppen 0 und AB aus dem Phänotyp direkt auf den Genotyp schließen,

bei den Blutgruppen A und B gibt es immer zwei Möglichkeiten (AA, A0; BB, B0).

Die Blutgruppenvererbung wird neben anderen Merkmalen zur **Vaterschaftsbestimmung** herangezogen.

Lerntipp

Die Blutgruppenvererbung sollten Sie genau kennen. Häufig werden dazu Fragen gestellt, die z. B. den Vaterschaftsausschluss betreffen. So sollten Sie immer berücksichtigen, dass z. B. bei der Konstellation Mutter A und Kind 0 der Vater die Blutgruppen A, B und 0 haben kann.

Die Blutgruppenantigene kommen auch auf anderen Körperzellen vor und werden bei den meisten Menschen auch in die Körperflüssigkeiten sekretiert (diese Sekretionseigenschaft wird übrigens dominant vererbt!).

Die kurzen Zuckerketten, die die Blutgruppen ausmachen, sind in der Natur sehr verbreitet und kommen z. B. auch auf der Oberfläche von Bakterien vor. Dadurch erfolgt eine „Immunisierung" mit den Blutgruppenantigenen durch die Umwelt. Der menschliche Körper bildet also **Antikörper** gegen die Blutgruppenantigene auch ohne Kontakt mit den entsprechenden Blutzellen. Da aber in einer sensiblen Phase der Entwicklung alle Lymphozyten, die Antikörper gegen körpereigene Antigene bilden können, eliminiert werden – sog. „Selbst"-Erkennung (S. 63) –, sind jeweils nur Antikörper gegen die **fehlenden** Blutgruppen-Antigene vorhanden. Die **H-Substanz** (als Grundsubstanz) besitzt jeder, daher werden vom Menschen keine Antikörper dagegen gebildet (Ausnahme ist der oben erwähnte Bombay-Phänotyp: da er keine H-Substanz besitzt, sind Antikörper gegen sie vorhanden).

— Wer die Blutgruppe A hat bildet Antikörper gegen Blutgruppe **B**,
— wer die Blutgruppe B hat, bildet Antikörper gegen Blutgruppe **A**,
— wer Blutgruppe AB hat, bildet **weder gegen A noch gegen B** Antikörper,
— wer Blutgruppe 0 hat, bildet Antikörper gegen **A und B**.

Die gebildeten Antikörpertypen gehören zur **IgM-Klasse** (S. 64). IgM-Antikörper besitzen 10 Antigenbindungsstellen und können die Erythrozyten, die das passende Antigen tragen, agglutinieren. Da Antikörper vom IgM-Typ sehr groß sind, können sie die Plazenta nicht passieren. Dies schützt einen Embryo, der z. B. vom Vater Blutgruppe B geerbt hat, vor den Anti-B Antikörpern im Blut einer Mutter mit Blutgruppe 0.

Da diese Blutgruppenantikörper primär vorhanden sind, darf der Mediziner bei der Bluttransfusion nur

> **Tab. 3.1**
>
> **Vererbung der Blutgruppenantigene**
>
> | | A | B | 0 |
> |---|---|---|---|
> | A | AA | AB | A0 |
> | B | AB | BB | B0 |
> | 0 | A0 | B0 | 00 |

typgleiches **Blut** übertragen. Ansonsten agglutinieren die im Empfängerblut vorhandenen Antikörper die Spendererythrozyten, die Gefäße verstopfen, es gibt schwere Komplikationen.

Rh-System

Von besonderer Bedeutung ist ein weiteres Blutgruppenantigen auf den Erythrozyten, der **Rhesus-Faktor** (abgekürzt Rh, oder auch D). Der Rh-Faktor ist ein Protein, das zugehörige Allel wird **dominant** vererbt. Menschen, die Rh-negativ sind (rhrh oder auch dd) können Antikörper gegen den Rh-Faktor bilden. Diese Antikörper sind aber nicht (wie die gegen die Blutgruppenantigene A und B) primär vorhanden, sie werden erst **nach Kontakt** mit dem entsprechenden Blut gebildet. Das hat Konsequenzen, wenn eine Rh-negative Frau (rhrh) mit einem Rh-positiven Mann (RhRh) Kinder zeugt. Bei der **ersten Schwangerschaft** entwickelt sich im Mutterleib ein Kind mit Rh-positiven Erythrozyten. Während der Geburt gelangen die kindlichen Blutzellen auch in den mütterlichen Kreislauf und lösen dort eine **Immunantwort** gegen den Rh-Faktor aus, d. h. es werden Antikörper gegen den Rh-Faktor gebildet. Diese Antikörper sind vom **IgG**-Typ. Sie können bei einer **zweiten Schwangerschaft** die Plazenta passieren und im kindlichen Organismus Rh-positive Erythrozyten agglutinieren. Die Erythrozyten werden lytisch, das Hämoglobin in der Leber zu Bilirubin (gelb) abgebaut und das Kind hat bei der Geburt eine starke Gelbsucht **(Neugeborenenikterus)** mit schwerwiegenden Folgen (wie Schädigung der Hirnzentren). Bei einem heterozygoten Vater (Rhrh) kommt es ab dem zweiten Kind bei 50 % der Nachkommen zu den beschriebenen Komplikationen. Bei einem homozygoten Vater ist dies bei 100 % der Nachkommen der Fall. Um dies zu verhindern, wird Rh-negativen Müttern mit Rh-positiven Kindern unmittelbar vor und nach der Geburt des ersten Kindes eine hohe Dosis **Rh-Antikörper** gespritzt. Diese Antikörper maskieren die mit dem kindlichen Blut übertragenen Rh-Antigene und sorgen für die schnelle **Eliminierung** dieser Erythrozyten aus der Blutbahn. In diesem Fall werden keine eigenen mütterlichen Anti-Rh-Antikörper gebildet.

> **MERKE**
>
> Nur die **Rhesus-Blutgruppe** ist ein kritischer Faktor während einer Schwangerschaft. Die Antikörper, die gegen das Rh-Blutgruppensystem gebildet werden, sind klein genug, um die Plazentaschranke zu überwinden.

MN-System

Beim MN-System gibt es zwei verschiedene Allele (**M** und **N**) des **Glykophorin A**, eines Proteins der Ery-

throzytenoberfläche. Der Erbgang ist **kodominant**. Daher gibt es folgende drei phänotypischen Möglichkeiten:

– Blutgruppe M (genotypisch **MM**),
– Blutgruppe N (genotypisch **NN**),
– Blutgruppe MN (genotypisch **MN**).

Da es sich um ein körpereigenes Protein handelt, gibt es spontan keine Antikörper gegen dieses Antigen.

> **Lerntipp**
>
> Hier wird deutlich, dass sich bei rein kodominanten Erbgängen vom Phänotyp immer direkt auf den Genotyp schließen lässt, da es kein rezessives Allel gibt, das sich „verstecken" kann.

> **Klinischer Bezug**
>
> **Antikörpersuchtest.** Bei Patienten, die bereits **Bluttransfusionen** erhalten haben, sollte vor einer weiteren Transfusion ein Antikörpersuchtest mit Testzellen, die **seltene Blutgruppenantigene** tragen, durchgeführt werden. Es besteht ansonsten die Gefahr, dass durch die erste Transfusion eine Immunisierung gegen seltene Blutgruppenantigene erfolgt ist, die bei einer weiteren Transfusion zur Agglutination der Erythrozyten führt.

3.2.5 Variabilität bei der Merkmalsausprägung

Die Ursachen für die Variabilität bei der Merkmalsausprägung sind sowohl **genetisch** bedingt als auch **Umwelt** bedingt.

Penetranz, Expressivität, Polyphänie, Polygenie, genetische Prägung und genetische Disposition sind Ursachen der genetisch bedingten Variabilität.

Genetische Faktoren
Penetranz

Die Penetranz ist ein Maß dafür, **wie oft** sich ein bestimmtes Merkmal innerhalb der Gruppe seiner Genträger phänotypisch manifestiert. Zeigen alle Individuen, die ein bestimmtes Gen tragen, das dazugehörige Merkmal, so spricht man von 100 %iger Penetranz.

> **Klinischer Bezug**
>
> **Chorea Huntington** (Veitstanz) ist eine **autosomal-dominant** vererbte Krankheit, die auf degenerative Veränderungen des Nervensystems zurückzuführen ist. Die Ursache liegt in **Triplettexpansionen** (S. 114), in deren Folge es zu einer Zerstörung von Neuronen der Basalganglien des Gehirns kommt. Die Symptome sind schwere **motorische Störungen**, im Durchschnitt tritt ca. 15 Jahre nach dem Auftreten der ersten Symptome der Tod ein. Die Krankheit ist mit einer Häufigkeit von 4×10^{-4} sehr häufig, kommt aber erst im Alter von **40–45 Jahren** zum Ausbruch. Manche Genträger sterben

3

jedoch scheinbar gesund vor Erreichen dieses Alters. Es sieht dann so aus, als ob bei dieser dominanten Erkrankung eine Generation übersprungen wird (**unvollständige Penetranz**). Weiterhin ist die Penetranz bei Chorea Huntington von der **Zahl der Triplettwiederholungen (CAG)** abhängig:

- Bei CAG-Wiederholungen von **36–39** liegt unvollständige Penetranz vor, d. h., obwohl die Krankheit dominant vererbt wird, kann sie zum Ausbruch kommen, muss es aber nicht (je nach genetischer Konstitution).
- Mit **steigender Zahl** der Triplettwiederholungen sinkt das Manifestationsalter und steigt die Penetranz.
- Bei **über 60** CAG-Tripletts muss mit juvenilem Auftreten gerechnet werden.

Da sich bei der Keimzellbildung die Zahl der Triplettwiederholungen verringern kann, können Nachkommen belasteter Personen merkmalsfrei sein, falls diese Zahl unter 40 Wiederholungen sinkt.

Expressivität

Die Expressivität beschreibt, **wie stark** ein bestimmtes Merkmal ausgeprägt wird.

▌ Klinischer Bezug

Die **Vitamin-D-resistente Rachitis** (Hypophosphatämie) ist eine **X-chromosomal-dominant** vererbte Krankheit, die zu **Skelettdefekten** führt. An dieser Krankheit erkranken also sowohl Männer als auch Frauen, jedoch sind Männer phänotypisch wesentlich stärker betroffen als Frauen. Die Ursache dafür liegt in der **Gendosiskompensation** bei der Frau. Da Frauen zwei X-Chromosomen haben, wird eines während der frühen ontogenetischen Entwicklung inaktiviert (S. 99). Das Chromosom wird also **irreversibel** abgeschaltet. Einen solchen Vorgang nennt man auch **chromosomale Prägung** bzw. **Imprinting** (S. 104), da bei allen Tochterzellen das einmal abgeschaltete X-Chromosom inaktiv bleibt. Dadurch sind Frauen physiologische **Mosaike** (S. 60), denn sie besitzen Zellgruppen mit einem aktiven X-Chromosom vom Vater und Zellgruppen mit einem aktiven X-Chromosom von der Mutter. Bezogen auf die Vitamin-D-resistente Rachitis heißt das, dass im heterozygoten Zustand in nur **ca. 50 % der Zellen** eines weiblichen Organismus das mutierte Chromosom aktiv ist. In den anderen 50 % liegt dieses Chromosom inaktiviert als Barr-Körperchen am Zellrand. Da Männer nur ein X-Chromosom besitzen, also 100 % ihrer Zellen betroffen sind, ist bei ihnen die Ausprägung des Krankheitsbildes wesentlich stärker als bei Frauen.

Expressivität entsteht auch durch **unterschiedliche genetische Konstitution** oder durch **genetische Mosaike** (S. 60) und ist dann geschlechtsunabhängig.

Polyphänie

Beeinflusst **ein Gen mehrere phänotypische Merkmale**, so spricht man von Polyphänie oder **Pleiotropie**.

▌ Klinischer Bezug

Die **Sichelzellanämie** (S. 115), eine im homozygoten Zustand tödliche Erkrankung führt im heterozygoten Zustand unter bestimmten Bedingungen (niedriger Sauerstoffpartialdruck) primär zu **sichelförmigen Erythrozyten**. Der daraus möglicherweise resultierende Sauerstoffmangel führt dann jedoch zu einer Reihe weiterer phänotypischer Erscheinungen wie HerzfehPraler, Hirnschäden, Nierenschäden, Lungenentzündung usw. Damit beeinflusst ein Gen eine **Vielzahl** von phänotypischen Merkmalen, die je nach Konstitution des Merkmalträgers und äußeren Bedingungen unterschiedlich stark ausgeprägt sind.

Polygenie

Wenn **mehrere** Gene an der **Ausprägung eines Merkmals** beteiligt sind (= Polygenie), kann es zu **Gendosiseffekten** kommen. Die Gendosis (Anzahl der für ein Merkmal kodierenden Allele) bestimmt dann den Phänotyp. Bei einigen Weizensorten wird die Farbe durch mehrere Gene bestimmt. Von jedem Gen gibt es zwei Allele (eines wirkt färbend, das andere nicht). Die Farbintensität des Weizens hängt von der Zahl der dominant vererbten färbenden Allele ab, ist also ein Gendosis-Phänomen.

Genetische Prägung (Imprinting)

Durch Kerntransplantation kurz vor der Vereinigung des männlichen und weiblichen Vorkerns hat man herausgefunden, dass die **homologen Gene** von Mann und Frau **nicht gleichwertig** sind. Sie unterscheiden sich. Tauscht man bei Mäusen den männlichen Vorkern gegen einen zweiten weiblichen aus bzw. den weiblichen gegen einen zweiten männlichen, so entstehen unterschiedliche Phänotypen:

- Bei **zwei weiblichen** Vorkernen entstehen normale Organismen, aber kümmerliche Plazenten und Dottersäcke;
- bei **zwei männlichen** Vorkernen entstehen zurückgebliebene Embryos, aber normal entwickelte Plazenten und Dottersäcke.

Das bedeutet, dass während der ontogenetischen Entwicklung die väterlichen Gene und die mütterlichen Gene zu unterschiedlichen Zeiten aktiv sind. Die Gene können sich gegenseitig nicht ersetzen. Dieses Phänomen lässt sich durch das sogenannte **Imprinting** erklären. Die Gene für die Entwicklung von Plazenta und Dottersack sind z. B. im weiblichen Vorkern imprinted (durch **Methylierung** von DNA und Modifikation der Histone inaktiviert), während die Gene für Embryonalentwicklung im männlichen Vorkern imprinted sind.

Prader-Willi-Syndrom und Angelman-Syndrom. Die Gene im Chromosomenabschnitt 15q11–13 werden durch Imprinting reguliert, d. h., es wird entweder nur das väterliche oder nur das mütterliche Chromosom abgelesen. Findet in diesen Genen eine Mikrodeletion statt, kann kein funktionelles Genprodukt gebildet werden. Beim **Prader-Willi-Syndrom** sind Gene auf dem väterlichen Chromosom betroffen (*SNRPN*-Gen und *Necdin*-Gen), beim **Angelman-Syndrom** ein Gen auf dem mütterlichen Chromosom (*UBE3A* Gen). Da die Gene des entsprechenden homologen Chromosoms inaktiviert sind **(Imprinting)**, kann in beiden Fällen kein Genprodukt synthetisiert werden.

Genetische Disposition
Oft muss für die Auslösung phänotypischer Merkmale ein genetischer **Schwellenwert** überschritten werden, der **individuell**, aber auch **geschlechtsspezifisch** unterschiedlich sein kann.

Ein Beispiel dafür ist die **Hüftgelenksdysplasie**, ein polygenetisch vererbtes Leiden mit einer Häufigkeit von 1 : 2000 beim Mann und 6 : 2000 bei der Frau. Die Ursache für diesen Unterschied in der Ausprägung zwischen den Geschlechtern liegt in unterschiedlichen Schwellenwerten für die Ausprägung des Merkmals (genetischen Disposition). Beim Mann müssen für die Merkmalsauslösung mehr Gene betroffen sein als bei der Frau.

Umweltfaktoren
Neben genetischen Faktoren wirken Umweltfaktoren auf die **Ausprägung von Merkmalen** ein. Klimatische Faktoren, Menge und Art der Nahrung, Embryonalentwicklung, Krankheitserreger, Hormone, Mikromilieuunterschiede und Phänokopien sind Beispiele für umweltbedingte Variabilität.

Mikromilieuunterschiede (developmental noise)
Der Mensch gehört zu den Bilateria (bilateralsymmetrische Tiere), trotzdem kann **eine Körperhälfte nicht** durch Spiegelung **mit der anderen zur Deckung** gebracht werden. Dafür sind Mikromilieuunterschiede verantwortlich, wie z. B. kleine Temperaturdifferenzen oder kleine Konzentrationsdifferenzen im Mikromilieu der Zellen während der Embryonalentwicklung.

Phänokopien
Es gibt Krankheiten, die phänotypisch auf den ersten Blick eine **genetische Ursache vortäuschen**.

So kann eine **Jodmangelernährung** von den phänotypischen Krankheitsmerkmalen her mit genetisch bedingtem Zwergwuchs **(Kretinismus)** verwechselt werden. Beim genetisch bedingten Zwergwuchs liegt eine Mutation im Gen für das Thyreoidea-stimulierende Hormon TSH oder dessen Releasing-Faktor vor. Durch Jodmangel werden zu wenig funktionsfähige Schilddrüsenhormone (Trijodthyronin und Tetrajodthyronin [Thyroxin]) gebildet. In beiden Fällen entsteht eine Unterfunktion der Schilddrüse.

Will man bei Pflanzen oder Tieren herausfinden, ob ein Merkmal umweltbedingt oder genetisch bedingt ist, kann man die extremen Beispiele für ein Merkmal kreuzen. Aus den Phänotypen der Nachkommen lassen sich dann Aussagen über die **Heredität** (Anteil des Erbgutes an der Variabilität) machen:
— Ist die Tochtergeneration bezüglich des Merkmals **uniform**, dann ist die Variabilität im Merkmal zu **100 % genetisch** bedingt (1. Mendel-Regel).
— Gibt es in der Tochtergeneration bezüglich des Merkmals eine Aufspaltung in Form einer **Glockenkurve**, ist die Variabilität zu **100 %** durch die **Umwelt** bedingt.

Bei vielen Merkmalen wird sich das Ergebnis zwischen diesen beiden Extremen einordnen.
Zur Klärung der Heredität kann man auch genetisch weitgehend identische Individuen untersuchen. Beim Menschen bieten sich eineiige Zwillinge an. Durch Untersuchungen von getrennt aufgewachsenen eineiigen und gemeinsam aufgewachsenen zweieiigen Zwillingen und Vergleich der Merkmale kann man die Heredität erkennen:
— Sind **eineiige** Zwillinge, die einmal getrennt und zum anderen gemeinsam aufgewachsen sind, bezüglich eines Merkmals **konkordant** (stimmen überein) spricht das für **Erblichkeit**.
— Wenn **Zweieiige** trotz gleicher Umwelt für ein Merkmal **diskordant** sind, spricht das ebenfalls für **Erblichkeit**.

3.2.6 Populationsgenetik
Die Populationsgenetik untersucht die **Verteilung und Weitergabe von Allelen** in einer Population. Aus dem bislang besprochenen Stoff könnte man den Schluss ziehen, dass sich im Laufe der Entwicklung dominante Allele durchsetzen und rezessive Allele verschwinden. Dem ist jedoch nicht so, vielmehr befinden sich die Allele im sogenannten **Hardy-Weinberg-Gleichgewicht**. Vorraussetzung für die Hardy-Weinberg-Regel ist, dass sich alle Individuen einer Population **unabhängig** und **zufällig** paaren können **(Panmixie)**.

Unter einer **Population** versteht man eine Anzahl von Individuen einer Art, die in einem umgrenzten Gebiet leben und damit auch praktisch die Bedingung Panmixie erfüllen.

Die **Allelenfrequenz** ist die Häufigkeit, mit der ein Allel in der Population auftritt. Mathematisch muss die Summe aller Allele eines Gens in der Population 100 % ergeben, d. h., bei zwei Allelen **p (gesund)** und **q (mutiert)** sind p + q = 100 % (oder als Wahrscheinlichkeit ausgedrückt = 1).

Die Allelenverteilung eines diploiden Organismus mit haploiden Geschlechtszellen berechnet sich dann als

$(p + q) \times (p + q) = (p^2 + 2pq + q^2) = 1$.

Bei mehr als zwei Allelen (multiple Allele) müssen diese natürlich einbezogen werden: $(p + q + r + ... x)^2 = 1$. Mithilfe dieser Formel kann man die **Allelenfrequenzen** berechnen (p als $\sqrt{p^2}$, q als $\sqrt{q^2}$) sowie den **Anteil Heterozygoter** (2pq) aus dem Anteil der **rezessiv Homozygoten** (diese sind ja sichtbar krank) bestimmen.

Beispiel: Die Häufigkeit, mit der **Phenylketonurie** auftritt, beträgt **1:10 000**. Da es sich um eine rezessive Erkrankung mit nur zwei Allelen (gesund – mutiert) handelt, bedeutet das, dass alle Erkrankten **homozygot** sind:

$q^2 = 1 / 10\,000$

Daraus folgt:

$$q = \sqrt{1/10000} = 1/100$$

Aus p + q = 1 ergibt sich, dass das **gesunde Allel p** eine Frequenz von

p = 1 – 1/100 = 99/100

hat, also praktisch **p = 1** ist (die Frequenz des gesunden Allels wird immer auf 1 gerundet).

Damit kann man jetzt die **Konduktoren** berechnen, also diejenigen, die als Heterozygote das mutierte Allel vererben,

2pq = 2 × 1 × 1/100 = 1/50.

Daraus muss man schlussfolgern, dass, obwohl nur jeder 10 000ste erkrankt, **jeder 50ste** das Allel für Phenylketonurie im heterozygoten Zustand trägt und weitervererbt!

Diese Berechnung zeigt, dass die Anzahl der rezessiv Homozygoten vergleichsweise gering ist im Vergleich zur Anzahl der Heterozygoten. Je seltener ein Allel in einer Population vorkommt, desto geringer wird dieser Anteil im Verhältnis zu den Heterozygoten. Das bedeutet, dass man eine Erbkrankheit nicht durch die Eliminierung der Homozygoten aus dem Genpool entfernen kann. „Rassenhygiene" durch Tötung von Kranken ist daher nicht nur moralisch verwerflich, sondern auch biologisch sinnlos.

Wird bei **rezessiv** vererbten Krankheiten nach dem **Risiko von Kindern** aus Ehen von betroffenen (krank/ heterozygot) und gesunden Partnern gefragt, kann man bezüglich des **betroffenen** Partners konkrete Werte annehmen:

— Bei **Homozygten** ist das einfach: Sie sind ja krank und geben das mutierte Allel mit einer Wahrscheinlichkeit von 1 weiter.

— Bei **Heterozygoten** muss entweder eine eindeutige Aussage über die Eltern vorliegen oder über erkrankte Geschwister auf die Eltern rückgeschlossen werden. Man muss das Risiko für Heterozygotie dann berechnen: in diesem Fall ⅔; s. Kap. Autosomale Vererbung (S. 96). Die Weitergabe des mutierten Allels erfolgt mit der Wahrscheinlichkeit ½.

Beim **gesunden** Partner kann man das Risiko der **Heterozygotie** nur über das Auftreten der Krankheit in der Population schätzen. Man muss die **Hardy-Weinberg-Regel** anwenden und die Heterozygoten (2pq) berechnen, die dann das Allel wieder mit der Wahrscheinlichkeit ½ weiter vererben (siehe obiges Beispiel Phenylketonurie: Erkrankte $q^2 = 1/10\,000$, daraus folgt die Frequenz des Allels q = 1/100 und die der Heterozygoten 2pq = 1/50, sprich: jeder 50ste). Die Wahrscheinlichkeit für die Kinder eines solchen Paares zu Erkranken muss jetzt durch das **Produkt sämtlicher Einzelwahrscheinlichkeiten** berechnet werden.

Im Kapitel Evolution (S. 153) wird besprochen, wie durch verschiedene Faktoren **Abweichungen** von der Hardy-Weinberg-Regel auftreten und dadurch Evolution möglich wird.

3.2.7 Epigenetik

Die differenzielle Genaktivität, welche **unterschiedliche Zellphänotypen** hervorbringt, wird außer durch genetische Faktoren auch durch epigenetische Faktoren gesteuert. Die Genomfunktion wird **ohne Änderung der DNA-Sequenz** beeinflusst. Durch **Modifikation der DNA** (Methylierung, insbesondere der Promotorregionen) oder der **Histone** (Methylierung, Azetylierung) wird der Zugang der RNA-Polymerasen erschwert (Methylierung) oder erleichtert (Azetylierung). Dadurch entstehen **zellspezifische Genexpressionsmuster**. Beispiele für solche epigenetischen Prozesse sind das **Imprinting** (S. 104) und die **X-Inaktivierung** (S. 99).

Die Modifikationsmuster von DNA und Histonen werden bei der Mitose auf die **Tochterzellen übertragen**. Eine Übertragung über die **Keimbahn** ist in einigen Fällen wahrscheinlich (Imprinted Genes, Inaktivierung von Transposons), ist aber noch nicht eindeutig bewiesen.

Will man aus somatischen Zellen Klone züchten (z. B. das Klonschaf „Dolly"), müssen die epigenetischen Fixierungen rückgängig gemacht werden, damit die Zelle wieder totipotent wird.

Check-up

✓ Rekapitulieren Sie die 3 Mendel-Regeln und überlegen Sie, wann man diese Regeln anwenden darf und wann nicht.

✓ Machen Sie sich klar, welche Unterschiede bei der Vererbung von gonosomal-dominant und -rezessiv vererbten Merkmalen bezüglich männlicher und weiblicher Nachkommen auftreten.

✓ Wiederholen Sie die Merkmale der AB0- und Rh-Blutgruppenvererbung. Stellen Sie sich Vater-Mutter-Kind-Blutgruppenerbgänge zusammen und geben Sie die jeweiligen Phänotypen an.

✓ Rekapitulieren Sie die Ursachen für die Variabilität von Merkmalen.

✓ Begründen Sie das gehäufte Auftreten von autosomal-rezessiv vererbten Krankheiten bei Nachkommen mit verwandten Eltern.

3.3 Genom und Mutationen

Lerncoach

Ein Medizinstudent sollte die verschiedenen Formen von Mutationen kennen und die entsprechenden Krankheiten diesen Mutationen zuordnen können. Da das genetische Material des Menschen ständig durch Mutationen gefährdet wird, ist es auch wichtig, die Mechanismen der Genreparatur zu verstehen.

3.3.1 Überblick und Funktion

Das **menschliche Genom** ist sehr komplex aufgebaut, und nur ein geringer Prozentsatz des genetischen Materials hat kodierende Funktion.

Mutationen, die sich im Laufe vieler Jahre sowohl in kodierenden als auch nicht kodierenden Bereichen durchgesetzt haben, haben die Evolution ermöglicht. Mutationen sind Veränderungen des genetischen Materials sowohl in der **Quantität** als auch in der **Qualität**. Sie können **spontan** entstehen, die Mutationsrate ist aber durch effektive Reparaturmechanismen sehr niedrig ($1 : 10^5$ bis $1 : 10^9$). Ursachen sind z. B. Ablesefehler oder körpereigene mutationsauslösende Substanzen. Durch chemische oder physikalische **Induktion** kann die Mutationsrate deutlich erhöht werden.

Mutagene **chemische Substanzen** sind z. B. Benzpyren, Dioxin, salpetrige Säure, alkylierende Substanzen (Senfgas), Formaldehyd, Zytostatika, Peroxide und Bestandteile von Schädlingsbekämpfungsmitteln, Autoabgasen oder Industriequalm. Diese Mutagene können Nukleotide derart modifizieren, dass es zu Basenfehlpaarungen oder zu sperrigen Addukten innerhalb der DNA kommt. Auch Basenanaloga, d. h.

bereits im Vorfeld chemisch veränderte Basen, wirken durch den Einbau in die DNA mutagen.

Physikalisch können Mutationen durch UV-Strahlen oder ionisierende Strahlen (Röntgen-Strahlen und Neutronen) ausgelöst werden:

— **Ionisierende Strahlen** führen zur Radikalenbildung und damit zu Mutationen oder zur Ionisation, die zu Chromosomenaberrationen führt.

— **UV-Strahlen** brechen die Doppelbindungen der Pyrimidinringe von Thymin auf, wodurch innerhalb des DNA-Stranges benachbarte Thyminreste miteinander zu Dimeren reagieren. Diese biegen den DNA-Strang auf und behindern die ordnungsgemäße Replikation.

Mutationen haben meist negative Folgen und sind häufig Letalfaktoren. Sie können aber auch positive Einflüsse haben.

3.3.2 Das menschliche Genom

Bei Eukaryonten ist das Genom in den **Chromosomen** lokalisiert. Das Genom des Menschen besteht aus mehr als 3 Milliarden Basenpaaren. Diese sind auf dem artspezifischen Chromosomensatz von $n = 23$ verteilt, den wir so **(haploid = einfach)** jedoch nur in den Geschlechtszellen vorfinden. Alle somatischen Zellen haben einen **diploiden** Chromosomensatz (**2n = 46**; Abb. 2.36).

Auf den Chromosomen des Zellkerns (dem **Genom**, **Genotyp**) sind die meisten Merkmalsanlagen des Menschen lokalisiert, einige finden sich jedoch auch im Zytoplasma (**Plasmon**, **Plasmotyp**), da Mitochondrien über eine eigene DNA verfügen.

Entsprechend der Denver-Konvention von 1960 und dem Paris-Übereinkommen von 1971 werden die sichtbaren **Metaphasechromosomen** nach ihrer **Länge** und nach der **Lage ihrer Zentromerregion** eingeteilt:

— Liegt die Zentromerregion in der Mitte des Chromosoms, handelt es sich um **metazentrische** Chromosomen.

— Ist die Zentromerregion zu den Enden verschoben, handelt es sich um **submetazentrische** Chromosomen (es gibt zwei lange und zwei kurze Arme des Chromosoms, der lange Arm wird **q-Arm**, der kurze Arm **p-Arm** genannt).

— Befindet sich die Zentromerregion nahe an einem Ende des Chromosoms, dann handelt es sich um **akrozentrische** Chromosomen. Alle akrozentrischen Chromosomen, mit Ausnahme des Y-Chromosoms, weisen eine **sekundäre Einschnürung** auf.

Mit verschiedenen Färbetechniken lassen sich auf den Chromosomen unterschiedliche, reproduzierbare **Bandenmuster** erzeugen (G-Banden, C-Banden), die mit bestimmten Eigenschaften der entsprechenden DNA-Abschnitte korrelieren:

3

— Euchromatin,
— fakultatives oder konstitutives Heterochromatin,
— früh- oder spätreplizierende DNA.

Auch diese Bandenmuster dienen der Charakterisierung der Chromosomen und können verschiedene Formen von Mutationen aufzeigen.

Die **ISCN-Nomenklatur** (ISCN: International System for Human Cytogenetic Nomenclature) ist eine international festgelegte Beschreibung der **Karyotypen**. Sie besteht aus der **absoluten Chromosomenzahl**, durch Komma getrennt die **geschlechtliche Konstellation** mit anschließenden **numerischen oder strukturellen Veränderungen**.

Beispiele:
— 46,XX (normale Frau),
— 46,XY (normaler Mann),
— 47,XXY (Klinefelter-Syndrom),
— 47,X0 (Turner-Syndrom),
— 47,XX, +21 (Down-Syndrom).

Die Chromosomenarme werden weiterhin in **Regionen** und jede der Regionen in **Banden** unterteilt, die dann wieder in **Subbanden** unterteilt sein können. Die Angabe 8p21.2 bezeichnet auf dem kleinen Arm (p) des Chromoms 8 die Region 2, in dieser Region die Bande 1 mit der Subbande 2.

Durch entsprechende Kürzel, wie z. B. „t" für Translokation, kann jetzt eine **Mutation** genauer definiert werden. Zum Beispiel bedeutet 46,XX, t(11;22)(q23; q11.2), dass bei einer Frau mit normalem Chromosomensatz eine Translokation zwischen den beiden Chromosomen 11 und 22 stattgefunden hat (erste Klammer). Die Bruchpunkte liegen in der Region 2, Bande 3 des langen Arms vom Chromosom 11 und Region 1, Bande 1, Subbande 2 vom langen Arm des Chromosoms 22 (zweite Klammer). Für alle möglichen strukturellen Aberrationen (S. 111) gibt es entsprechende Abkürzungen, deren Aufzählung hier jedoch zu weit führen würde.

Kodierende DNA

Nur ein Bruchteil der menschlichen DNA beinhaltet tatsächlich kodierende genetische Information (Tab. 3.2). Früher nahm man an, dass der Mensch ca. 150 000 Gene hat, heute weiß man, dass es nur **ca. 25 000–30 000** (1,1–1,4 % des Genoms) sind. Diese Gene kodieren
— für **ca. 250 000 Proteine** und
— **706 Gene** sind **reine RNA-Gene**, wovon wiederum 497 t-RNA-Gene sind.

223 unserer Proteine sind **bakteriellen Proteinen** auffallend ähnlich (ohne Verwandte in anderen Eukaryonten) was auf einen **horizontalen Gentransfer** von Bakterien auf den Menschen hindeutet.

Tab. 3.2

Aufbau des menschlichen Genoms.

Eigenschaft	Ausprägung
Länge (m)	1,8
Anzahl Basenpaare (bp)	$> 3 \times 10^9$
Anzahl Gene	25 000–30 000
kodierende Bereiche (%)	1,1–1,4
nicht kodierende Bereiche (%), dazu gehören:	98,6–98,9
— Introns (%)	24
— Retroposons (%)	40
— Transposons (%)	3
— endogene Retroviren (%)	8
— Satelliten-DNA (%)	10

MERKE

Der Mensch hat **25 000–30 000 Gene**. Sie machen nur ca. 2 cm des etwa 1,8 m langen DNA-Fadens aus. Nur **1–2 %** des menschlichen Genoms sind also **kodierend**, der Rest ist nicht kodierend.

Die kodierende DNA besteht meist aus **singulären** Abschnitten. Sie enthalten **einmalige Sequenzen**, die einen Großteil der ca. 25 000 Gene für Proteine kodieren. Einige Gene liegen jedoch als **repetitive Sequenzen** vor, wie z. B. Histongene, tRNA-Gene oder rRNA-Gene.

Nicht kodierende DNA

Der Anteil der **intergenischen DNA** (nicht kodierende DNA zwischen den Transkriptionseinheiten der Gene) wird auf ca. 75 % geschätzt. Dazu gehören regulatorische Sequenzen und Spacer-DNA, durch die regulatorische Sequenzen positioniert werden. Berücksichtigt man, dass Introns (S. 108) ebenfalls nicht für Proteine kodieren, enthalten ca. **99 %** des Genoms keine kodierenden Nukleotidsequenzen.

Das heißt jedoch nicht, dass diese DNA bedeutungslos ist. Je komplexer ein Genom wird, umso größer wird auch der Aufwand, der für die Kontrolle dieser Komplexität nötig wird. Viele Sequenzen werden zwar transkribiert, aber nicht translatiert. Diese RNAs dienen **regulatorischen Prozessen**.

Introns

Etwa 24 % des menschlichen Genoms besteht aus Introns, langen **nicht kodierenden** Abschnitten, welche die kodierenden Abschnitte von Genen (Exons) unterbrechen und nach der Transkription durch **Splicing** (S. 82) entfernt werden.

Repetitive Sequenzen

Repetitive (teilweise hochrepetitive) Sequenzen können verstreut über die DNA oder in Form von Tandemwiederholungen vorkommen. Von einem großen Anteil der repetitiven Sequenzen ist die Funktion unbekannt. Zu repetitiver DNA gehören:

- **Transposons und Retroposons:** Etwa 45 % des Genoms sind Kopien von Transposons und Retroposons. Dabei handelt es sich um Sequenzen, die sich **innerhalb des Genoms vervielfältigt** haben („Selfish Elements" = egoistische Elemente) und sich entweder **direkt** (kodieren für eine von „Inverted Repeats" flankierte Transposase, die ihnen das Springen ermöglicht → **Transposons**, 3 % des Genoms) oder **indirekt** (durch Rückschreiben von reifer mRNA in DNA und Integration in das Genom → **Retroposons**) an anderen Stellen der DNA integriert haben. Diese „beweglichen Elemente" haben sich in Millionen von Jahren im menschlichen Genom angesammelt. Weitere Infos zu Transposons und Retroposons (S. 119).

  Zu den **Retroposons** gehören die **LTR-Elemente** („Long terminal Repeats", 8 % des Genoms), die für eine reverse Transkriptase, RNAse H, Protease und Integrase kodieren und von langen terminalen direkten Wiederholungssequenzen flankiert sind. Sie ähneln dem Genom von Retroviren, ihnen fehlt nur das env-Gen (env = envelop), welches Retroviren für das Verlassen der Zelle benötigen. Den **LINE-Sequenzen** („Long interspersed Nuclear Elements", 21 % des Genoms) fehlen diese Flankierungssequenzen. Die **SINE-Seuqenzen** („Short interspersed Nuclear Elements", 14 % des menschlichen Genoms) leiten sich von einer tRNA oder 7S-RNA ab, die nicht translatiert wird und Bestandteil der SRPs (S. 87) ist. SINE-Sequenzen können nicht autonom replikativ springen, sie benutzen dafür die Genprodukte der LINE-Elemente. Zu den SINE-Elementen gehören die nur bei Primaten vorkommenden Alu-Elemente (10 % des Genoms, Duplikat der 7S-RNA). Alle diese Sequenzen erfüllen wichtige Funktionen bei der Regulation von Transkription und Translation.

  Die meisten **intronlosen Gene** sind ebenfalls durch Retroposition entstanden. Man erkennt sie an ihrer **Poly-T-Sequenz**, dem rückgeschriebenen Poly-A-Schwanz (S. 82) der reifen mRNA. Über den gleichen Mechanismus können auch **Genduplikationen** entstehen, wobei die Duplikate häufig **Genleichen** sind, da sie bei der Integration in die DNA meist nicht auf eine Promotorregion treffen.

- **Satelliten-DNA:** Etwa 10 % der DNA sind Satelliten-DNA, **repetitive** (sich wiederholende) Sequenzen, z. B. in der nicht transkribierenden, permanent kondensierten Zentromerregion (→ Makrosatelliten, s. u.) oder den Telomeren (→ Minisatelliten, s. u.) der Chromosomen. Man unterteilt sie in Abhängigkeit von der Anzahl der Basenpaare, die sich tandemartig wiederholen, in **Makrosatelliten** (hunderte bis tausende Basenpaare), **Minisatelliten** (10–100 Basenpaare) und über das Genom verstreute **Mikrosatelliten** (bis 5 Basenpaare).

- **Endogene Retroviren:** Weitere große nicht kodierende Abschnitte (ca. 8 %) entstammen endogenen Retroviren. Sie sind über **reverse Transkription** – also ebenfalls durch Umwandlung viraler RNA in DNA – integriert worden.

3.3.3 Numerische Chromosomenaberrationen

Veränderungen in der **Chromosomenzahl** bezeichnet man als numerische Chromosomenaberrationen (Ploidiemutationen, Tab. 3.3). Ist dabei der gesamte Chromosomensatz vervielfältigt, spricht man von **Euploidie**. Veränderungen der Anzahl einzelner Chromosomen nennt man **Aneuploidie**.

Eine Ursache für Ploidiemutationen liegt im sogenannten **„Non-Disjunction"** während der Meiose, wo entweder bei der Reduktionsteilung die Chromosomen oder während der Äquationsteilung die Chromatiden nicht getrennt werden. Dadurch erhalten die Tochterzellen jeweils ein Chromosom zu viel bzw. zu wenig, es entstehen **Monosomien** bzw. **Trisomien**. Diese Aberrationen sind **nicht erblich**, da die Betroffenen entweder steril sind oder bei ihnen offensichtlich schon während der Bildung und Reifung der Urgeschlechtszellen solche mit Chromosomenanomalien aussortiert werden.

In einigen Fällen werden numerische Chromosomenaberrationen **in der Zygote korrigiert**. Bei einer Trisomie wird eines der drei Chromosomen wieder entfernt, sodass der normale Chromosomensatz entsteht **(Trisomy Rescue)**. Wenn dadurch zwei Chromosomen des gleichen Elternteils in der Zygote verblei-

Tab. 3.3	
Einteilung der numerischen Chromosomenaberrationen	
Form	**Ausprägung**
Aneuploidien (einzelne Chromosomen)	— **Monosomie (2n−1)** • *autosomal:* letal • *gonosomal:* nur Turner-Syndrom (X0) — **Trisomie (2n + 1)** • *autosomal:* z. B. Down-Syndrom • *gonosomal:* z. B. Klinefelter-Syndrom — **Polysomie (2n + z)** • *gonosomal:* z. B. XXXX → genotypisch weiblich
Euploidien (gesamter Chromosomensatz)	— **1n** haploid — **2n** diploid — **xn** polyploid (x = 3: triploid; x = 4: tetraploid usw.)

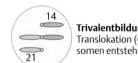

Trivalentbildung während der Prophase I der Meiose nach Robertson-Translokation (Chromosomen 21 + 14, aus zwei akrozentrischen Chromosomen entsteht ein metazentrisches Chromosom)

folgende Gameten entstehen nach

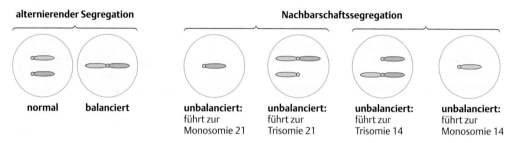

alternierender Segregation		Nachbarschaftssegregation			
normal	**balanciert**	**unbalanciert:** führt zur Monosomie 21	**unbalanciert:** führt zur Trisomie 21	**unbalanciert:** führt zur Trisomie 14	**unbalanciert:** führt zur Monosomie 14

Abb. 3.9   Trivalentbildung nach einer Robertson-Translokation.

ben, spricht man von **uniparentaler Disomie** (in diesem Fall **Heterodisomie**). Bei der Korrektur einer Monosomie durch Verdopplung des verbliebenen Chromosoms **(Monosomy Rescue)** entstehen zwei Chromosomen eines Elternteils mit identischen Allelen (**uniparentale Disomie** bzw. **Isodisomie**). Bei vielen Chromosomen macht sich das phänotypisch nicht bemerkbar. Liegen jedoch auf den betroffenen Chromosomen Gene die durch chromosomale Prägung (Imprinting) (S. 104) abgeschaltet (oder in ihrer Aktivität reduziert) sind, kommt es zu Krankheitssymptomen, z. B. bei Prader-Willi- und Angelman-Syndrom (S. 105). Das betrifft die maternalen uniparentalen Disomien der Chromosomen 7, 14 und 15 sowie die paternalen uniparentalen Disomien der Chromosomen 6, 11, 14 und 15. Erfolgen die Korrekturen nach Beginn der embryonalen mitotischen Zellteilungen, entstehen **Mosaike**.

Erbliche Trisomien können durch **Translokation** entstehen. Dabei verschmelzen zwei akrozentrische Chromosomen miteinander **(Robertson-Translokation)**. Die betroffene Person ist phänotypisch gesund, da ja alle Gene noch in der richtigen Zahl vorhanden sind (= **balancierte Translokation**). Bei der Bildung der Geschlechtszellen während der Meiose entstehen jedoch **Paarungstrivalente** (Abb. 3.9). In Abhängigkeit von der Anordnung der gepaarten Chromosomen in der Metaphaseplatte und der Lage der Teilungsebene entstehen neben normalen Keimzellen jetzt auch Keimzellen mit einem Chromosom zu viel, einem Chromosom zu wenig, und Keimzellen, welche die Translokation weitervererben (balanciert, Abb. 3.9)

 Lerntipp

Der Begriff „balancierte Translokation" wird Ihnen in diesem Kapitel noch häufiger begegnen. Nach einer balancierten Translokation während der Meiose ist in den Geschlechtszellen jedes Gen nach wie vor einmal vorhanden. Geändert hat sich lediglich die Lokalisation bestimmter Gene.

Im Verlauf der Embryonalentwicklung kann auch während der **mitotischen** Zellteilungen ein **Non-Disjunction** auftreten. Im Unterschied zum **meiotischen** Non-Disjunction, wo als Folge **alle Zellen** eines betroffenen Organismus entweder zu viele oder zu wenige Chromosomen besitzen, entstehen beim mitotischen Non-Disjunction sogenannte **Mosaike** (Zellen mit einem Chromosom zu viel, Zellen mit einem Chromosom zu wenig und normale Zellen). Je nach dem Zeitpunkt des Auftretens während der Embryonalentwicklung sind die Symptome (Expressivität) stärker oder weniger stark, da ja auch mehr oder weniger Zellen betroffen sein können.

Klinischer Bezug

Turner-Syndrom (X0). Die einzige lebensfähige **Monosomie** ist das Turner-Syndrom. Die Häufigkeit beträgt 1 : 2500 der weiblichen Nachkommen. Die Mutationsrate ist wesentlich höher, es kommt jedoch meist (98 %) zu einem unbemerkten frühzeitigen spontanen Abort der X0-Embryonen während der ersten 12 Schwangerschaftswochen. Die Krankheit ist zu 75 % auf eine Befruchtung mit Spermien ohne Geschlechtschromosom zurückzuführen. Da nur ein X-Chromosom vorhanden ist, gibt es kein Geschlechtschromatin (Barr-Körperchen, Drum Stick). Der Phänotyp der Betroffenen ist weiblich,

3

bei einer geringen Körpergröße von ca. 145 cm. Die Eierstöcke sind unterentwickelt, die Frauen sind steril. Durch Behandlung mit weiblichen Geschlechtshormonen zum Ausgleich der Unterfunktion der Eierstöcke (dann auch Brustentwicklung) und Behandlung mit Wachstumshormon zum Ausgleich des Kleinwuchses kann den betroffenen Frauen ein relativ normales Leben ermöglicht werden.

Down-Syndrom (Trisomie 21). Das Down-Syndrom ist eine von drei **autosomalen Trisomien** (Trisomien 13, 18, 21), bei denen lebende Kinder geboren werden. Die Trisomie 21 ist mit einer Häufigkeit von 1 : 600 bis 1 : 700 die häufigste Trisomie. Ihr Auftreten hängt stark vom Alter der Mutter ab (von 0,1 % unter 30 Jahren bis zu 2 % über 45 Jahren). Symptome sind u. a. geistige Defekte, gedrungener Wuchs, verzögerte Skelettentwicklung, offen stehender Mund, rundliche Gesichtszüge, schlaffe Muskulatur. Die Hälfte der Betroffenen starb früher vor dem 10. Lebensjahr an Herzschwäche und Schwäche des Immunsystems, heute liegt die Lebenserwartung dank medizinischer Fortschritte bei ca. 50 Jahren.

Morbus Pätau (Trisomie 13). Diese autosomale Trisomie tritt mit einer Häufigkeit von 1 : 7500 bis 1 : 9000 auf. Die Kinder sind bei der Geburt untergewichtig und haben schwere Organfehlbildungen, insbesondere des Gehirns, des Herzens, der Nieren und des Magen-Darm-Traktes. Es kommt zum kombinierten Auftreten von Lippen-Kiefer-Gaumen-Spalten und Sechsfingrigkeit. Betroffene sterben gewöhnlich in den ersten Lebensmonaten, wenige erreichen das erste Lebensjahr.

Morbus Edwards (Trisomie 18). Sie tritt mit einer Häufigkeit von 1 : 3000 bis 1 : 10 000 auf, die Lebenserwartung beträgt nur Tage bis wenige Monate. Es gibt jedoch auch Ausnahmen, wo Betroffene das jugendliche Alter erreicht haben. Die Kinder werden ebenfalls stark untergewichtig geboren, ihr Kopf ist insgesamt zu klein, der Hinterkopf ist weit nach hinten ausladend. Augenfehlbildungen, Lippen- und Gaumenspalten und Missbildungen der Füße (Klumpfüße) treten häufig auf. Von den inneren Organen sind das Herz mit Defekten in der Herzscheidewand sowie die Nieren, Harnleiter, der Magen-Darm-Trakt und das Gehirn betroffen.

Klinefelter-Syndrom. Das Klinefelter-Syndrom ist eine **gonosomale Trisomie (47,XXY)**, welche mit einer Häufigkeit von 1 : 3000 bis 1 : 10 000 auftritt. Der Phänotyp ist männlich, da jedoch zwei X-Chromosomen vorhanden sind, gibt es ein Barr-Körperchen bzw. Drum Stick (Gendosiskompensation). Die Ausprägung der phänotypischen Merkmale ist individuell sehr verschieden.

Klinefelter-Männer sind in der Regel unfruchtbar. Der Hoden ist unterentwickelt, es gibt nur wenige reife Spermien im Ejakulat. Motorische Entwicklung, Sprach- und Reifeentwicklung sind verzögert. Die Entwicklung der Muskulatur bleibt in der Pubertät zurück. Durch eine Therapie mit Testosteron ab dem 11.–12. Lebensjahr können diese Symptome erfolgreich behandelt werden. Da die Intelligenz innerhalb des Normbereiches liegt, können Betroffene ein relativ normales Leben führen, ca. 90 % der betroffenen Fälle bleiben daher unerkannt.

Es gibt neben dem Klinefelter-Syndrom noch mehrere weitere **gonosomale Trisomien**, wie das **Triple-X-Syndrom** oder das **XYY-Syndrom**. Beide verursachen keine schwerwiegenden Symptome. Da das Y-Chromosom – wie im gleichnamigen Kapitel (S. 98) beschrieben – wenig Gene trägt, ruft ein zusätzliches Y-Chromosom kaum phänotypische Veränderungen hervor (die Männer sind fertil). Ein oder mehrere zusätzliche X-Chromosomen, wie z. B. beim Triple-X-Syndrom, werden durch die Dosiskompensation (2 oder mehr Barr-Körperchen) inaktiviert, sodass ebenfalls phänotypisch kaum Merkmale auftreten.

Polysomien sind z. B. **48, XXXY**; **48, XXYY** (phänotypisch männlich mit weiblicher Geschlechtsbehaarung).

3.3.4 Strukturelle Chromosomenaberrationen

Mutationen, bei denen sich die Chromosomenzahl nicht ändert, aber **größere Abschnitte** von Chromosomen verändert werden (über mehrere Gene hinweg), nennt man strukturelle Chromosomenaberrationen. Diese werden nochmals unterteilt in:

— Verluste (**Deletionen**),
— Verdopplungen (**Duplikationen**),
— Verdrehungen (**Inversionen**) und
— Verschiebungen (**Translokationen**).

Strukturelle und numerische Chromosomenaberrationen kann man **zytogenetisch** erkennen. Sie können daher nach Amniozentese oder Chorionzottenbiopsie bereits im Embryo nachgewiesen werden.

 Lerntipp

> Seien Sie sich bewusst, dass bei den hier behandelten strukturellen Chromosomenaberrationen die veränderten DNA-Bereiche sehr groß sind. Innerhalb dieser Bereiche sind die Gene meist noch vollständig erhalten und aktiv.

Deletionen

Deletionen sind **Verluste** von Chromosomenstücken. Deletionen von Endstücken der Chromosomen werden auch als **Defizienzen** bezeichnet. Das Ausmaß der phänotypischen Veränderungen ist abhängig

3

von Größe und Bedeutung des Verluststückes. Die Gründe für Deletionen können sein:

– **intrachromosomale Rekombination** und Heraus- schneiden der entstehenden Lassostruktur,
– **fehlerhafte Paarung** der homologen Chromoso- men während der Prophase I der Meiose (Abb. 3.9) oder
– eine **balancierte** Translokation (S. 112).

Das **Katzenschreisyndrom** (Cri-du-Chat-Syndrom) ist auf eine Deletion zurückzuführen (5p–, ein partieller Verlust des kurzen Arms vom Chromosom 5). Es hat als Ursache eine **balancierte Translokation** vom kurzen Arm des Chromosoms 5 (5p) zum langen Arm des Chro- mosoms 13 (13q) bei einem Elternteil (vgl. Abb. 3.11). Die Patienten haben einen missgebildeten Larynx, so- dass die Babys wie Katzen schreien, weiterhin sind sie geistig retardiert und haben tief sitzende Ohren.

Duplikationen

Duplikationen sind **Verdopplungen** von Chromoso- menabschnitten. Die Ursachen für Duplikationen sind meist **Fehlpaarungen** der homologen Chromo- somen mit nachfolgendem Crossing over. Auf dem korrespondierenden Chromosom entsteht dann eine Deletion (Abb. 3.10).

Als weitere Ursache kommen **Transposition oder Re- troposition** (S. 109) infrage.

Duplikationen spielen in der Evolution eine bedeu- tende Rolle. Sie waren die Voraussetzung dafür, dass **Isoenzyme** und **Genfamilien** entstehen konnten: Ge- ne wurden dupliziert und unterlagen anschließend unabhängig voneinander mutativen Veränderungen. So entstanden mit der Zeit Proteine, die immer mehr voneinander abwichen, jedoch die gleiche oder ähn- liche Funktionen erfüllten (Isoenzyme: unterschied- liche AS-Sequenz, daher im elektrischen Feld auf- trennbar, gleiche chemische Reaktion wird kataly- siert).

Das **Myoglobin** und die verschiedenen Ketten des **Hämoglobins** bilden eine Genfamilie. Sie haben ihren Ursprung in einem gemeinsamen Gen, das begin- nend vor 450 Millionen Jahren mehrfach dupliziert wurde. Die entstandenen Duplikate unterlagen in der Evolution unabhängig voneinander Veränderun- gen (Abb. 5.2) und ermöglichen jetzt entwicklungs- und gewebsspezifische Anpassungen (S. 83) an die Bedingungen der Sauerstoffbindung.

MERKE

Deletionen und **Duplikationen** führen zu **Kopienzahl- variationen**, da die normale Zahl von 2 Kopien eines Gens verändert ist (z. B. 0, 1, 3, 4).

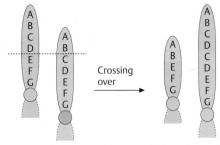

Abb. 3.10   Folgen einer Fehlpaarung der homologen Chro- mosomen beim Crossing over.

Inversionen

Bei einer Inversion bleiben DNA-Sequenzen zwar an der **richtigen Stelle** im Chromosom, jedoch werden sie **umgedreht**. Große Inversionen sind phänotypisch meist symptomlos, da auch die Promotorregionen der betroffenen Gene mit gedreht werden. Weil die Orientierung der Promotorregion bestimmt, welcher der beiden DNA-Stränge als Matrize dient, wird nur der kodogene Strang gewechselt.

Translokationen

Translokation nennt man die **Verlagerung** von Chro- mosomenabschnitten an **nicht homologe Chromoso- men**. Phänotypisch gibt es in der Regel bei den be- troffenen Personen kaum Abweichung von der Aus- gangsform. Eine Ausnahme besteht, wenn die Pro- motorregion nicht mit verschoben wird und sensibel regulierte Gene unter die Kontrolle eines anderen (aktiveren) Promotors gelangen, wie es z. B. beim sog. Burkitt-Lymphom (S. 74) der Fall ist.

Ist allerdings die Zentromerregion betroffen (ein Chromosom erhält zwei Zentromerregionen, das an- dere keines), so sind die Folgen letal.

Durch Translokation entstehen auch neue **Kopp- lungsgruppen** (S. 95), d. h. dass neue Genkombinatio- nen, weil sie nun zusammen auf einem Chromosom liegen, gemeinsam vererbt werden.

Die Ursache von Translokationen sind **Paarungs-** und **Crossing-over-Vorgänge** zwischen nichthomologen Chromosomen während der Meiose. Weiterhin kom- men Genverlagerungen durch **Transposition** (S. 109) nach dem Cut-and-paste-Verfahren als Ursache in Frage.

Translokationen können **reziprok** ablaufen (ein Aus- tausch von Genen zwischen zwei nicht homologen Chromosomen) oder **nicht reziprok** (einseitige Ver- lagerung von Genen an ein anderes Chromosom).

Die Folge von Translokationen sind häufig Deletionen oder Duplikationen in den Geschlechtszellen. Ursache ist die **Multivalentbildung** (Abb. 3.11) bei der Paarung der homologen Chromosomen während der Prophase I der Meiose, denn jetzt paaren sich vier Chromoso- men statt zwei. Je nach Lage der Teilungsebenen ent-

Multivalentbildung während der Prophase I der Meiose nach einer balancierten Translokation

folgende Gameten entstehen nach

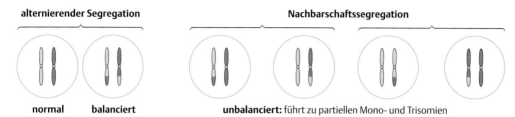

alternierender Segregation

normal   balanciert

Nachbarschaftssegregation

unbalanciert: führt zu partiellen Mono- und Trisomien

Abb. 3.11 Multivalentbildung in der Prophase I nach einer balancierten Translokation.

stehen normale Geschlechtszellen, Geschlechtszellen, die eine balancierte Translokation aufweisen (Weitervererbung der Translokation!) sowie Geschlechtszellen mit Duplikationen und Deletionen, was nach deren Befruchtung zu **partiellen Monosomien** oder **partiellen Trisomien** führt (Abb. 3.11).

Eine besondere Form der Translokation ist die **zentrische Fusion**, bei der zwei akrozentrische Chromosomen unter Verlust der kurzen Arme zu einem großen **metazentrischen** (oder submetazentrischen) Chromosom verschmelzen. Diese ist gleichzeitig eine **numerische Chromosomenaberration (Ploidiemutation)** (S. 109), da ein Chromosom weniger vorhanden ist. Der Verlust an genetischem Material ist jedoch so gering, dass meist keine Folgen auftreten. Nur ein Teil der Nachkommen muss mit Folgen rechnen.

Sind die zwei fusionierten Chromosomen **homolog**, entstehen **Isochromosomen**. Sind diese **nicht homolog**, spricht man von **Robertson-Translokation** (z. B. Translokation von Chromosom 21 an 14, Abb. 3.9).

3.3.5 Genmutationen

Lerntipp

Die gleichen Läsionen, die man bei den großen strukturellen Chromosomenaberrationen beobachtet, treten auch auf der Ebene einzelner Gene auf. Genmutationen resultieren sehr häufig in funktionsunfähigen Genen oder Genprodukten.

Veränderungen eines **einzelnen Gens** werden als **Genmutationen** bezeichnet und sind ohne spezielle Verfahren zytogenetisch nicht mehr zu erkennen. Die ursprüngliche Genform (das sogenannte **Wildtyp-Allel**) ist in der Regel dominant. Die mutierte Genform **(Mutanten-Allel)** ist in der Regel rezessiv.

Das Ergebnis von Genmutationen ist meist die **Funktionsunfähigkeit** des betroffenen Gens und seines Genprodukts. Die Mutation kann sich aber auch **neutral** auswirken (keine Veränderung des Genprodukts), die **Aktivität** des Genproduktes **herabsetzen** oder **steigern**.

Duplikationen und Deletionen

Innerhalb eines Gens können bestimmte Bereiche **dupliziert** werden (Duplikation z. B. eines Exons, damit entsteht ein neues Genprodukt) oder durch **Deletion** verloren gehen. Ist bei der Deletion ein Exon oder die Erkennungsregion für die Spleißosomen (Exon-Intron-Übergangsregion) betroffen, sind die Auswirkungen schwerwiegend. Es entstehen ebenfalls neue, in der Regel funktionsunfähige, Genprodukte.

Insertion und Deletion einzelner Basen

Werden einzelne Basen in Exonbereiche eingefügt **(Insertion)** oder gehen einzelne Basen aus einem Exonbereich verloren **(Deletion)**, resultiert dies in einer Verschiebung des Leserasters dieses Exons. Solche Mutationen nennt man daher **Rastermutationen** (Frame-shift-Mutationen). Ab der Läsionsstelle werden innerhalb des betroffenen Exonbereiches während der Translation die falschen Aminosäuren zur Synthese des Proteins verwendet.

Inversionen

Inversionen innerhalb eines Gens haben phänotypische Auswirkungen. So ist die Bluterkrankheit **Hämophilie A** (S. 101) in 40 % der Fälle auf eine Inversion innerhalb des sehr großen Gens für den Faktor VIII auf dem X-Chromosom zurückzuführen. Das Faktor-VIII-Protein, das für die Blutgerinnung benötigt wird, wird durch die Inversion inaktiviert. Die

3

Patienten sind „Bluter" und neigen auch zu inneren Blutungen. Sie müssen medikamentös mit dem Faktor VIII versorgt werden.

Transposons und Retroposons

Bewegliche genetische Elemente – **Transposons oder Retroposons** (S. 109) – sind in der Lage (tun es aber selten!), ihre Position im Genom zu verändern (**springende Gene**). Solche Positionsveränderungen führen zu einem Schaden, wenn die Insertion in ein Gen erfolgt, dessen Genprodukt dadurch inaktiviert wird.

Aufgrund der **Instabilität** einiger Gene (in die Transposons bevorzugt integriert wurden) hat man diese beweglichen Elemente erst entdeckt.

Fehlerhafte Chromosomenpaarung (mit Crossing over)

Eine weitere Ursache für Genmutationen können **fehlerhafte Crossing-over-Prozesse** (S. 56) während der Meiose sein.

Klinischer Bezug

Rot-Grün-Blindheit (Dyschromatopsie). Häufigste Ursache für diese Farbenfehlsichtigkeit (umgangssprachlich „Farbenblindheit") ist ein **ungleiches Crossing over** zwischen den grünen und roten **Opsin-Pigmentgenen**, die eng beieinander auf dem X-Chromosom liegen. Die Patienten können als Folge die Farben Rot und Grün nicht unterscheiden.

Es gibt zwei Formen dieser Krankheit:

- **Rotblindheit (Protanopie):** Hier liegen auf dem X-Chromosom nur die „Opsin-Pigmentgene" für das Grünsehen unverändert vor, die für das Rotsehen sind mutiert oder fehlen.
- **Grünblindheit (Deuteranopie):** Hier liegen auf dem X-Chromosom nur die „Opsin-Pigmentgene" für das Rotsehen unverändert vor, die für das Grünsehen sind mutiert oder fehlen.

Durch Veränderung verschiedener Gene wird das gleiche Merkmal ausgelöst, man spricht von **Heterogenie**.

Triplettexpansionen

Eine weitere Form von Genmutationen sind sogenannte Triplettexpansionen, bei denen **Repeats (Wiederholungen) von Tripletts** auftreten – wahrscheinlich bedingt durch fehlerhaftes Crossing over (S. 56) oder sogenanntes „Slippage" (Verrutschen) der diskontinuierlich arbeitenden DNA-Polymerase.

Im Fall der autosomal-dominant vererbten **Chorea Huntington** (S. 103) handelt es sich um das Triplett Cytosin-Adenin-Guanin (CAG), das den Code für die Aminosäure Glutamin bildet. Im normalen Huntington-Gen wiederholt sich dieses Triplett zwischen 6- und 36-mal, während es bei Huntington-Patienten bis zu 180-mal aufeinander folgt. Der hohe Gluta-

mingehalt führt dazu, dass das Protein auskristallisiert und die Neuronen zerstört.

Punktmutationen

Veränderungen der kleinsten Einheit der DNA, des **Nukleotids**, werden als Punktmutationen bezeichnet. Sie sind die Grundlage für die Allelenbildung: Im Laufe der Evolution haben sich ca. 2,1 Millionen Punktmutationen im menschlichen Genom angesammelt. Ca. 60 000 dieser mutativen Veränderungen haben innerhalb der kodierenden Regionen stattgefunden und so zu der großen Vielfalt von Allelen und Merkmalen beigetragen. Durch Punktmutationen entstehen **Einzel-Nukleotid-Polymorphismen** (S. 126).

Punktmutationen entstehen **physiologisch** durch mangelhafte Arbeit der DNA-Polymerasen. **Chemisch** können sie durch Basenanaloga, wie z. B. Bromuracil, induziert werden. Es wird in der DNA-Synthesephase statt Thymin eingebaut und kann sowohl mit Adenin als auch mit Guanin paaren. Andere Substanzen, wie HNO_2 wirken desaminierend. Es entstehen Ketogruppen, aus Adenin wird Hypoxanthin (paart dann mit Guanin), aus Cytosin wird Uracil (paart mit Thymin) und aus Guanin wird Xanthin (paart gar nicht). Die Degeneriertheit des genetischen Codes (S. 74) hat zur Folge, dass viele Punktmutationen **Gleichsinnmutationen** (Sense-Mutationen) sind. Das bedeutet, dass trotz Mutation das betroffene Triplett immer noch für die gleiche Aminosäure kodiert. Gleichsinnmutationen haben damit keine Folgen für das Genprodukt (Abb. 3.12).

MERKE

Die **Degeneriertheit des genetischen Codes** wirkt mutativen Veränderungen entgegen.

Selbst wenn eine andere Aminosäure in ein Protein eingebaut wird (**Fehlsinn-** bzw. **Missense-Mutation**, Abb. 3.12), kann eine solche Mutation, wenn sich die ausgetauschten Aminosäuren chemisch ähneln, **toleriert** werden.

MERKE

Nicht alle Mutationen wirken sich **negativ** aus, ein Teil der Mutationen ist **tolerierbar**.

Wird jedoch durch eine Missense-Mutation eine Aminosäure mit völlig anderen chemischen Eigenschaften eingebaut, sind die Folgen meist fatal, da sich die Tertiärstruktur des Proteins verändert. Dieser Fall tritt z. B. bei der Sichelzellanämie (S. 115) ein. Entsteht durch eine Punktmutation ein Stop-Codon (**Nonsense-Mutation**, Abb. 3.12), führt dies frühzeitig zum Abbruch der Translation, das gebildete Protein ist unvollständig.

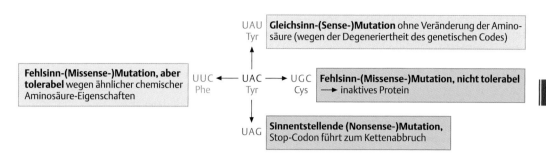

Abb. 3.12   Unterschiedliche Folgen von Punktmutationen.

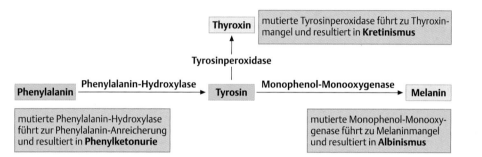

Abb. 3.13   Inaktivierung der Enzyme des Tyrosinstoffwechsels durch Mutation führt zu verschiedenen rezessiv vererbten Erkrankungen.

Klinischer Bezug

Sichelzellanämie. Die Sichelzellanämie ist eine autosomal-rezessiv vererbte Erkrankung. Eine Punktmutation der DNA führt zu einer Veränderung der **β-Kette des Hämoglobins** an Position 6. Die polare Aminosäure Glutamat wird durch die unpolare Aminosäure Valin ersetzt (Tab. 3.4).

Das mutierte Hämoglobin hat ein schlechteres Sauerstoffbindungsvermögen als Wildtyp-Hämoglobin. Die Erythrozyten sind sichelförmig. Im homozygoten Zustand – d. h., wenn väterliches und mütterliches Chromosom von der Genmutation betroffen sind – sind schwere Organerkrankungen die Folge und die Patienten sterben früh. Im heterozygoten Zustand sind die Patienten zwar beeinträchtigt, aber lebensfähig.

In **Malariagebieten** ist es im Verlaufe der Evolution, trotz der Einschränkungen der physiologischen Leistungsfähigkeit Betroffener, zu einer **Anhäufung** dieses Gendefekts gekommen, da die heterozygoten Träger der Mutation vor Malariainfektionen geschützt sind und damit einen Selektionsvorteil aufweisen.

Punktmutationen bei Stoffwechselerkrankungen. Punktmutationen sind eine Ursache für viele Stoffwechselerkrankungen, da bereits eine Mutation im Gen eines einzelnen **Enzyms** dazu führen kann, dass ein kompletter Stoffwechselweg lahm gelegt wird. **Tyrosin** z. B. nimmt eine zentrale Rolle im Zellstoffwechsel ein. Abb. 3.13 zeigt, welche Auswirkungen Punktmutationen in Genen haben, die für Enzyme des Tyrosinstoffwechsels kodieren.

So kann z. B. eine Mutation des Gens für das Enzym **Phenylalaninhydroxylase**, das Phenylalanin in Tyrosin umwandelt, zu einer Funktionsunfähigkeit dieses Enzyms führen. Als Folge häufen sich Phenylalanin an und die Reaktion wird in einen Nebenweg abgedrängt: Phenylalanin wird zu Phenylbrenztraubensäure oxidiert, das sich ebenfalls im Blut anhäuft.

Das juvenile sich entwickelnde Gehirn ist außerordentlich empfindlich gegen beide Substanzen, es kommt zu einer starken geistigen Behinderung bei den Betroffenen. Die Erkrankung heißt **Phenylketonurie (PKU)** und wird rezessiv vererbt. Die Kinder sind bei Geburt noch unauffällig, Krankheitszeichen treten erst nach 2 bis 4 Wochen auf. Durch Bestimmung der Phenylalanin-Konzentration im Blut **(Guthrie-Test)** kann die Krankheit rechtzeitig diagnostiziert, und durch eine phenylalaninarme Diät die Ausprägung des Krankheitsbildes verhindert werden. Diese Diät sollte bis zur Pubertät (u. U. das ganze Leben lang) eingehalten werden.

Tab. 3.4

Mutative Veränderung bei der Sichelzellanämie		
	normal	mutiert
Codon der mRNA	GAG	GUG
Aminosäure	Glutamat	Valin

Mutationen haben jedoch manchmal auch positive Auswirkungen und können sich dann in evolutionsbiologisch kurzen Zeiträumen in einer Population durchsetzen. Ein Beispiel dafür ist die Fähigkeit **Laktase** zu bilden. Laktase ermöglicht dem Säugling den Abbau von Milchzucker (Laktose), die Fähigkeit Laktase zu bilden wird mit der Entwöhnung von der Muttermilch immer mehr eingeschränkt **(Laktoseintoleranz)**. Bei Laktoseintoleranz gelangt der mit der Milch aufgenommene Milchzucker ungespalten in den Dickdarm und wird dort von Bakterien vergoren. Die entstehenden Gärungsprodukte führen unter anderem zu Blähungen und Durchfall.

Bei Populationen, die lange Zeit Milchwirtschaft betrieben haben, hat sich eine Punktmutation durchgesetzt, die diese Einschränkung aufhebt, sodass Träger dieser Population auch im späteren Leben Laktase bilden und damit Milchzucker verdauen können **(Laktasepersistenz)**. Die meisten Europäer können als Erwachsene problemlos Milch verdauen. Offensichtlich liegt darin ein Selektionsvorteil, da sich innerhalb von weniger als 8000 Jahren in manchen Populationen diese Mutation durchgesetzt hat (Nordeuropa 90–100 %, Süd- und Osteuropa 15–50 %). In den übrigen Weltteilen ist die Laktoseintoleranz jedoch der Normalzustand (in Asien und Afrika besitzen < 10 % der Bevölkerung die vorteilhafte Punktmutation), weshalb sie dort auch nicht zu den Nahrungsmittelunverträglichkeiten zählt.

3.3.6 Genreparaturmechanismen

Mutationen laufen ständig in unserem Organismus ab, es muss also Mechanismen geben, die **Mutationen rückgängig** machen können. Im vorausgehenden Kapitel wurde bereits besprochen, dass viele Ablesefehler bereits durch die **Korrekturfunktion der Polymerasen** wieder beseitigt werden. Zusätzlich gibt es jedoch weitere Reparaturmechanismen.

SOS-Reparatur bei Bakterien

Gelangt der bakterielle DNA-Syntheseapparat auf dem Mutterstrang an eine Stelle mit modifizierten Nukleotiden, so wird die Replikation an dieser Stelle nicht fortgesetzt. Das SOS-Reparatursystem erkennt den **Replikationsstopp** und aktiviert ein bestimmtes Set von Proteinen, das die Reparatur der fehlerhaften Stelle durchführt. Dabei werden die fehlerhaften Basen in der Matrize **herausgeschnitten** und **willkürlich** durch unbeschädigte Basen **ersetzt**. Das so entstehende Gen ist zwar ebenfalls mutiert, da für die eingefügten Nukleotide keine Matrize zur Verfügung stand, das Leseraster ist jedoch noch korrekt, d. h. die Anzahl der Basen wurde nicht verändert. Das Genprodukt kann also noch funktionsfähig sein, und möglicherweise sogar bessere Eigenschaften als das ursprüngliche Protein aufweisen.

Entfernung von Thymindimeren

Durch **UV-Strahlung** gebildete Thymindimere stören die Konformation des DNA-Doppelstrangs. Sie können unter dem Einfluss von sichtbarem Licht enzymatisch (durch eine **Photolyase**) wieder gespalten werden.

Nukleotid-Exzisionsreparatur

Bei der Nukleotid-Exzisionsreparatur spüren **Reparaturendonukleasen** veränderte und sperrige Nukleotide oder Basenfehlpaarungen in der DNA auf, setzen an geeigneter Stelle einen Einzelstrangschnitt und entfernen einen Teil des DNA-Stranges über die defekte Stelle hinweg. **Korrekturpolymerasen** (Polymerase I bzw. Polymerase β) nutzen den verbliebenen komplementären Strang als Matrize und ersetzen das herausgeschnittene Stück. Die Lücke wird dann durch eine Ligase wieder verschlossen. Der korrekte Mutterstrang wird bei Bakterien an seinem hohen **Methylierungsgrad** erkannt, bei Eukaryonten durch sog. „Nicks" im Tochterstrang.

Basen-Exzisionsreparatur

Ist eine einzelne Base modifiziert, so kann sie von einer **Glykosylase** herausgeschnitten werden, zunächst ohne dabei den DNA-Strang zu durchtrennen, da lediglich die **Purin- oder Pyrimidinbase** entfernt wird, nicht das komplette Nukleotid. Es entsteht nun eine apyrimidierte oder apurinierte (AP)-Stelle im DNA-Strang, die von einer speziellen **Endonuklease** erkannt wird. Diese entfernt jetzt den noch in der Kette verbliebenen **Riboserest**, sodass eine Lücke im DNA-Strang entsteht. Eine **Polymerase** ersetzt das passende Nukleotid und durch eine **Ligase** wird das Rückgrat des DNA-Strangs wieder geschlossen.

Reparatur durch Suppressormutation

Eine zweite Mutation kann die **Wirkung** einer vorangegangenen Mutation wieder **aufheben**. Die Suppressormutation kann im **gleichen** Gen liegen (z. B. Deletion/Insertion) oder eine Mutation in einem **anderen** Gen sein, dessen Genprodukt die erste Mutation unwirksam macht.

Rückmutation durch somatische Rekombination

Das **mutierte Allel** einer **heterozygoten** Zelle kann wieder in das **ursprüngliche Allel zurückgeführt** werden. Als Matrize dafür verwendet die Zelle das zweite, nicht mutierte Allel **(Genkonversion)**. Dies erfordert eine Paarung der homologen Chromosomen auch in somatischen Zellen, also außerhalb der Meiose. Genkonversion ist aber auch in die andere Richtung möglich: Die heterozygote Zelle verwendet das mutierte Allel als Matrize und verändert das nicht mutierte Allel. In beiden Fällen ist sie danach bezüglich dieses Gens **homozygot**.

Klinischer Bezug

Therapie von Mutationen? Momentan ist eine gentechnische „Reparatur" von Mutationen im Menschen nur sehr begrenzt möglich. Erste Experimente zum Ersatz mutierter Gene durch gesunde Gene beim Menschen (Einführung zusätzlicher, korrekter Genkopien) sind bereits versucht worden, die Ergebnisse waren jedoch noch nicht befriedigend. Die phänotypischen Auswirkungen von Mutationen können jedoch in einigen Fällen durch die Zufuhr von Hormonen (Klinefelter-Syndrom: Testosterongabe, Turner-Syndrom: Wachstumshormon- und Estrogengabe) oder durch **Zufuhr des fehlenden Genprodukts** gemildert werden.

2012 wurde die erste **Gentherapie** zur Behandlung einer defekten muskulären Lipoproteinlipase in Europa zugelassen. Das Medikament **Glybera** wird intramuskulär verabreicht (60 kleine Injektionen in die Beinmuskulatur). Als „Genfähre" für das korrekte Gen dienen adenoassoziierte Viren. Die Genfähre mit dem korrekten Gen wird in das Chromosom 19 integriert. Die Patienten sind zwar nicht ursächlich geheilt, es kommt aber zu einer dramatischen Verbesserung der Lebensqualität. Ob und wie oft diese Injektionen wiederholt werden müssen, wird die Zeit zeigen. In Deutschland sind ca. 160 Patienten betroffen (in Europa ca. 500). Die Behandlungskosten könnten, berechnet man die Entwicklungskosten des Medikaments auf die geringe Zahl der betroffenen Patienten, pro Patient über 1 Mill. Euro liegen. Das ist jedoch noch Spekulation und muss zwischen Hersteller und Krankenkassen ausgehandelt werden.

Reparatosen. Krankheiten, die auf eine **fehlerhafte DNA-Reparatur** zurückzuführen sind, werden als Reparatosen bezeichnet. Die Folgen solcher Reparatosen sind eine erhöhte Anfälligkeit gegen UV-Strahlung, ionisierende Strahlung oder chemischen Noxen, welches sich in einem erhöhten Tumorrisiko ausdrückt. Ein Beispiel für eine solche Krankheit ist **Xeroderma pigmentosum**. Die Patienten sind extrem UV-sensitiv, müssen also das Tageslicht meiden. Schon wenig Tageslicht führt zur Ausprägung des Krankheitsbildes, häufig zu Tumoren in den geschädigten Hautregionen. Es konnte gezeigt werden, dass die Krankheit auf 9 verschiedenen Defekten beruhen kann (9 Genprodukte). Das weist auf die Zusammenarbeit von 9 verschiedenen Genprodukten bei der Reparatur hin. Die meisten Reparatosen werden autosomal-rezessiv vererbt.

Check-up

✓ Rekapitulieren Sie die verschiedenen Ebenen von Mutationen und die diesen Ebenen zuzuordnenden Mutationstypen.

✓ Wiederholen Sie die Einteilung der numerischen Chromosomenaberrationen. Worin kön-

nen die Ursachen für numerische Veränderungen liegen?

✓ Erarbeiten Sie sich die Ursachen für die verschiedenen Formen der strukturellen Chromosomenaberrationen.

✓ Machen Sie sich klar, welche Auswirkungen eine Punktmutation auf ein Genprodukt haben kann.

✓ Vergegenwärtigen Sie sich die Funktion von Genreparaturmechanismen und die Folgen von Mutationen innerhalb dieser Reparatursysteme.

3.4 Grundlagen der Gentechnologie

Lerncoach

In diesem Kapitel lernen Sie die Grundlagen der Gentechnologie kennen. Sie werden im Laufe Ihres Studiums durch die entsprechenden Abschnitte der biochemischen Ausbildung erweitert.

3.4.1 Überblick

Schon seit Jahrhunderten manipuliert der Mensch das Genom von Tierarten durch die **zwischenartliche geschlechtliche Paarung**. Sie ist jedoch nur dort möglich, wo der Abstand zwischen den Arten noch nicht sehr groß ist, wie z. B. bei Pferd und Esel (Maultier, Maulesel) oder Tiger und Löwe (Liger). In der Natur finden solche Paarungen nicht statt, sie lassen sich jedoch in vitro (künstliche Befruchtung) oder unter Triebstau auslösen. Die Nachkommen dieser Kreuzungen sind allerdings entweder steril oder in ihrer Fortpflanzungsfähigkeit stark eingeschränkt.

In den letzten Jahrzehnten wurde eine Reihe von Techniken entwickelt, die es erlauben verändertes genetisches Material durch die **kontrollierte Manipulation von Nukleotidsequenzen** künstlich im Laboratorium herzustellen und in das Genom von Bakterien und Eukaryonten einzuschleusen. Dadurch kann man heute z. B. menschliche Proteine (Wachstumshormon, Faktor VIII der Blutgerinnung) mithilfe von Bakterien oder Hefezellen produzieren. Der medizinische Hintergrund solcher Experimente ist bedeutend, wenn man auch – in Bezug auf die Manipulation des menschlichen Erbguts – noch ganz am Anfang steht. Das Fernziel ist es, genetisch bedingte Krankheiten durch Ersatz des defekten Gens bzw. Einführung einer zusätzlichen, funktionsfähigen Genkopie zu therapieren.

Ein Blick in die Zukunft

Ein weiterer Schritt nach vorn bei der Behandlung von genetisch bedingten Erkrankungen wäre die **Gentherapie**: Die Einschleusung eines funktionierenden Gens mittels Retroviren in die betroffenen Kör-

3

perzellen des Patienten (somatische Gentherapie) oder in die Keimbahn. Diese Methode wurde in ersten Versuchen z. B. bei der Behandlung der zystischen Fibrose (Mukoviszidose) angewandt. Eine dauerhafte Heilung konnte jedoch nicht erreicht werden, da es nicht gelang, die epithelialen Stammzellen zu verändern. Ob die Behandlung der defekten muskulären Lipoproteinlipase mit Glybera (S. 117) ein Durchbruch ist, wird die Zukunft zeigen.

Man steht hier noch ganz am Anfang der Entwicklung; der rasante Fortschritt in der Entwicklung der Gentechnik gibt jedoch Anlass zu großen Hoffnungen.

3.4.2 Bakteriengenetik

Transformation

Die Transformation wurde als ein natürlicher Prozess 1928 von **Griffith** entdeckt. Es handelt sich um die **Fähigkeit von Bakterien, freie DNA** in das Bakteriengenom **aufzunehmen** und zu **integrieren**.

Griffith wies nach, dass ein nicht infektiöser Bakterienstamm, von einem ursprünglich infektiösen, aber durch Hitze inaktivierten Stamm, den sogenannten **Virulenzfaktor** (in diesem Fall die Fähigkeit zur Kapselbildung) übernehmen kann und damit selbst infektiös wird. Erst 1944 erkannte man, dass diese Fähigkeit durch die Aufnahme und Integration von freigesetzter DNA des infektiösen Stammes erreicht wurde.

Freie DNA kommt auch in der natürlichen Umwelt von Bakterien vor, in Form von genetischem Material anderer abgestorbener Bakterien. Eine DNA-Aufnahme kann jedoch nur durch **kompetente Bakterien** erfolgen. Diese Kompetenz kann durch den Zellteilungszustand, aber auch durch das Vorhandensein bestimmter Rezeptoren gegeben sein. DNA kann dann **unspezifisch** (d. h. jede DNA) oder aber **spezifisch** (nur DNA mit einer bestimmten Erkennungssequenz) aufgenommen werden. Die Integration der aufgenommenen DNA in das Bakteriengenom erfolgt durch Paarung homologer DNA-Sequenzen und einem der **Rekombination** ähnlichen Prozess. Die Fähigkeit von Bakterien, freie DNA aufzunehmen wird in vielen Laborexperimenten genutzt. So kann man u. a. Gene in **Plasmide** (ringförmige DNA-Konstrukte) einbauen, diese in Bakterien einschleusen und das Genprodukt von den Bakterien synthetisieren lassen. Plasmide sind zirkuläre DNA-Helices, die neben der Bakterien-DNA oftmals in mehreren Kopien vorkommen und unabhängig vom Genom repliziert werden können. Die Gene der Plasmide sind für die Bakterienzelle jedoch nicht essenziell.

Im Labor werden die Bakterien durch Manipulation der Zellwand für eine verbesserte Transformation kompetent gemacht.

MERKE

Transformation ist die Einschleusung von **freier DNA** in Bakterien.

Transduktion

Die Transduktion wurde 1952 von **Zinder** und **Lederberg** beschrieben. Es handelt sich um die Übertragung bakterieller DNA von einer Bakterienzelle auf eine andere Bakterienzelle durch **temperente Phagen** (S. 134). Nach der Infektion einer Bakterienzelle durch solche Viren erfolgt die Integration des Virusgenoms in das Bakteriengenom. Die Bakterienzelle trägt jetzt einen „Prophagen". Ein spezielles, viral kodiertes Rekombinationsenzym (**Integrase**) erkennt im Bakteriengenom sequenzspezifisch Schnittstellen und integriert hier das Virusgenom. Beim Übergang in die **lytische Phase des Zyklus** (S. 134) wird die Virus-DNA ungenau herausgeschnitten, dabei werden Bakteriengene (entweder spezifisch oder unspezifisch) mitgeschleppt. Diese Bakteriengene werden nach der Virusfreisetzung durch die Infektion neuer Bakterien auf diese Bakterien übertragen. Häufig ist dieser Vorgang mit dem Verlust der Virulenz des Virus verbunden.

MERKE

Transduktion ist die Einschleusung von DNA in Bakterien **mittels Viren**. Bakterien, die einen **Prophagen** tragen, werden als „**lysogen**" bezeichnet.

Konjugation

Die Konjugation wurde 1946 durch **Lederberg** und **Tatum** entdeckt. Konjugation ist die Übertragung bakterieller DNA durch **Zusammenlagerung von Bakterien**, wobei kurzzeitig eine Zytoplasmabrücke ausgebildet wird. Damit Bakterien konjugieren können, muss einer der Partner über ein sogenanntes **F-Plasmid** (Fertilitätsplasmid) verfügen (F⁺-Zelle). Dieses F-Plasmid kodiert den **F-Faktor** (Fertilitätsfaktor, Sex-Faktor), mit dem die Bakterienzelle sogenannte **Sexpili** ausbilden kann (Abb. 3.14a). Diese Sexpili sind dünne Proteinrohre, mit deren Hilfe sich eine F⁺-Zelle (Donorzelle) an eine andere Bakterienzelle (F⁻-Zelle, Rezipientenzelle) heftet. Zwischen den Bakterienzellen bildet sich jetzt eine **Zytoplasmabrücke** aus (Abb. 3.14b). Das F-Plasmid der F⁺-Zelle wird nach dem „**Rolling-Circle**"-**Prinzip** über die Zytoplasmabrücke auf die Rezipientenzelle übertragen:

- Die Doppelhelix wird aufgeschnitten und vom inneren Ring wird eine **Kopie** hergestellt. Dabei dreht sich der Ring und spult den äußeren DNA-Einzelstrang ab (daher: Rolling Circle, Abb. 3.14b, c)
- Dieser wird in die Empfängerzelle übertragen und dort wieder zum **Doppelstrang** repliziert (Abb. 3.14c, d). Dadurch wird diese Zelle jetzt auch zu einer F⁺-Zelle.

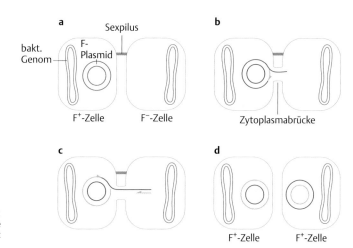

3

Abb. 3.14 Konjugation einer F⁺-Zelle mit einer F⁻-Zelle und Weitergabe einer Kopie des Plasmids. Die neusynthetisierte DNA ist heller dargestellt.

Das F-Plasmid kann auch direkt in das **Bakteriengenom** eingebaut werden, dann entsteht eine sogenannte **Hfr-Zelle**. Der Einbau erfolgt über Sequenzhomologien zwischen Plasmid und Genom, ähnlich einem Rekombinationsprozess (Crossing over) oder durch Transposons (S. 120).

Hfr-Zellen haben eine **sehr hohe Konjugationsfrequenz** (Hfr: high frequency of recombination) und sind in der Lage, nach dem eben beschriebenen Prinzip nicht nur den F-Faktor, sondern auch **benachbarte Gene** auf eine andere Bakterienzelle zu übertragen. Im Extremfall kann das komplette Genom übertragen werden, was bei *E. coli* ca. 90 Minuten dauert. Meist wird die Konjugation jedoch vorher abgebrochen.

> **MERKE**
>
> **Konjugation** ist die koordinierte Übertragung von DNA **zwischen Bakterien**. Übertragen wird dabei eine Kopie der Gene.

R-Plasmide

Neben F-Plasmiden können Bakterien auch **R-Plasmide** besitzen. Diese R-Plasmide enthalten ein oder mehrere verschiedene **Resistenzgene** gegen Antibiotika, sogenannte **Resistenzfaktoren** bzw. **R-Faktoren** (z. B. gegen Chloramphenicol, Streptomycin, Sulfonamide oder Penicillin). R-Plasmide können ebenfalls über Konjugation an andere Bakterien (auch an Bakterien eines anderen Stammes) weitergegeben oder in das Genom eines Prophagen integriert werden.

Bewegliche genetische Elemente

Auch im Bakteriengenom gibt es genetische Elemente, die ihre Position im Genom verändern können (**springende Gene**, bewegliche genetische Elemente). Es gibt zwei Mechanismen für das Springen:

- Das Original wird herausgeschnitten und an anderer Stelle eingefügt **(cut and paste)**.
- Das Element wird repliziert und die Kopie wird an anderer Stelle eingefügt **(copy and paste)**.

IS-Elemente

IS-Elemente **(Insertionssequenzen)** sind einfache Transposons (S. 120), die nur ein Gen enthalten: das **Transposasegen**, welches mit seinem Genprodukt das Springen ermöglicht – allerdings findet dieser Vorgang nur sehr selten statt. Flankiert wird dieses Gen durch kurze gegenläufige Insertionssequenzen **(inverted Repeats)**, die aus sehr ähnlichen, aber invers angeordneten Nukleotidsequenzen bestehen. Diese Insertionssequenzen sind die **Erkennungssequenzen** zum Herausschneiden des IS-Elements durch die Transposase. Die **Zielstellen** der beweglichen Elemente werden ebenfalls durch für die Transposase spezifische Nukleotidsequenzen bestimmt.

Da das Herausschneiden der DNA durch einen „glatten" Schnitt, das Einfügen am Zielort jedoch nach einem „versetzten" Schnitt erfolgt, sind die „inverted Repeats" nach dem Auffüllen der Lücken dort von gleichgerichteten Wiederholungen **(directed Repeats)** flankiert (Abb. 3.15). Beide Prozesse – Herausschneiden und Einfügen – werden durch die Transposase realisiert. Die Schnittmechanismen sind jedoch am Ursprung (glatter Schnitt) und am Ziel (versetzter Schnitt) unterschiedlich.

Häufig springen die Elemente **in Gene** hinein, die daraufhin **inaktiviert** werden. Die inversen Insertionssequenzen der springenden Gene können nämlich durch Ausbildung einer Haarnadelstruktur (S. 79) als Transkriptions-Stopp-Signale wirken. Falls eine Promotorsequenz im transposablen Element enthalten ist, können nach der Integration auch Gene „eingeschaltet" werden.

3

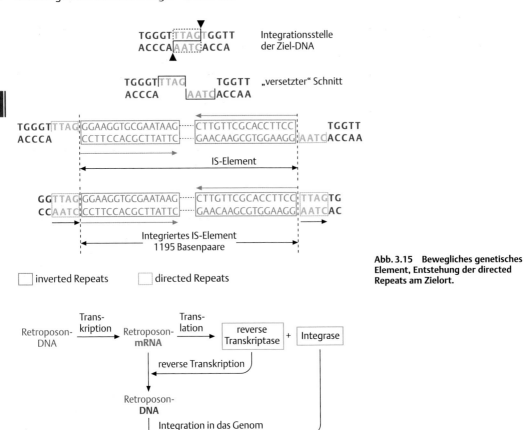

Abb. 3.15   Bewegliches genetisches Element, Entstehung der directed Repeats am Zielort.

Abb. 3.16   Kopieren und integrieren von Retroposons.

Transposons

Bei einem Transposon werden Gene oder Gengruppen (z. B. Resistenzgene) von zwei IS-Elementen flankiert **(zusammengesetztes Transposon)**. Damit wird das ganze Gebilde beweglich. Diese Gene können dann einzeln oder im Block verschoben (und dabei vervielfältigt) werden.

MERKE

Zusammengesetzte Transposons sind Gene, die von zwei IS-Elementen umrahmt sind und damit **als Komplex beweglich** werden.

Auf diese Art und Weise können z. B. Antibiotikaresistenzgene ihre Position verändern, indem sie vom Plasmid in das Genom, von einem Plasmid auf ein anderes Plasmid, vom Genom zurück in ein Plasmid oder auch in das Genom eines Phagen hineinspringen. Diese Positionsveränderungen sind aber sehr selten (bei ca. 1 : 1 000 000 Bakterien).

Transposons kommen sowohl bei **Prokaryonten** als auch bei **Eukaryonten** vor; siehe hierzu auch Kap. Repetitive Sequenzen (S. 109).

Retroposons

Im Säugergenom gibt es neben Transposons (die ca. 3 % der menschlichen DNA ausmachen) weitere bewegliche Strukturen, die **Retroposons** (oder Retrotransposons). Sie ähneln in ihrem Bau dem Genom von Retroviren, ihnen fehlt jedoch das Gen für das Hüllprotein (Envelope). Daher können sie die Zellen nicht mehr verlassen. Sie kommen in hoher Kopienzahl vor und machen beim Menschen **mehr als 40 % des Genoms** aus (Tab. 3.2). Retroposons enthalten die Gene für **reverse Transkriptase**, **RNAse H**, eine **Protease** und **Integrase** (das Pendant zur Transposase der Transposons). Es gibt zwei Gruppen von Retrotransposons. Bei einer Gruppe werden diese Gene von **LTR-Sequenzen** (S. 109) umrahmt, bei der anderen Gruppe nicht.

Das **Springen** erfolgt folgendermaßen (Abb. 3.16):
— Die DNA wird transkribiert,
— die entstehende mRNA wird translatiert, es entstehen die Enzyme reverse Transkriptase und Integrase,
— die mRNA wird durch die reverse Transkriptase in DNA umgewandelt,

— die Integrase sorgt für die Integration der DNA in das Genom.

MERKE

Einfache Transposons und Retrotransposons enthalten nur die Gene, die sie für ihre eigene Beweglichkeit benötigen. Daher werden sie auch „selfish Elements" (egoistische Elemente) genannt.

3.4.3 Neukombination von Erbgut
Somatische Hybridisierung
Durch das **Verschmelzen somatischer Zellen** kann man Zellen erzeugen, die die **genetischen Eigenschaften beider Ausgangszellen** besitzen (häufig angewendet bei der Zucht von pflanzlichen Hybriden, Protoplastenfusion). In der Medizin wird dieses Verfahren zur Produktion sogenannter **monoklonaler Antikörper** (Antikörper, die gegen ein definiertes Epitop eines Antigens gerichtet sind) genutzt.
Die Antikörper produzierenden Zellen (B-Lymphozyten) haben nur eine begrenzte Teilungsfähigkeit, Zellkulturen eines B-Lymphozytenklons brechen daher bald zusammen. Fusioniert man jedoch eine solche **B-Zelle** mit einer **Tumorzelle**, erhält man eine **Hybridzelle**, die Eigenschaften beider Elternzellen besitzt:
— die Fähigkeit zur Produktion und Sekretion von **Antikörpern** (stammt vom B-Lymphozyt) und
— die **unbegrenzte Teilungsfähigkeit** (stammt von der Tumorzelle).
Nimmt man diese Zelle jetzt in Kultur, so hat man ein **Hybridom**, mit dem man in großen Mengen definierte Antikörper herstellen kann.

Herstellung von Chimären
Chimären werden durch **Mischung von Zellen unterschiedlicher Morulae** (z. B. von zwei verschiedenen Mäusestämmen) und **Implantation in eine Leihmutter** hergestellt. Chimären können also 2 Väter und 2 Mütter besitzen, da sich ein Teil der Somazellen aus Zellen der einen Morula, ein anderer Teil der Somazellen aus Zellen der anderen Morula entwickelt.
Manchmal mischen sich bei Mehrlingsträchtigkeiten embryonale Stammzellen der Geschwister (auch beim Menschen), wodurch ebenfalls Chimären **(Mikrochimären)** entstehen, da die Zellen der betroffenen Embryonen kein einheitliches Genom mehr besitzen.

Herstellung transgener Tiere
Mithilfe transgener Tiere kann man die Funktion von Genen aufklären. Man kann z. B. ein funktionsfähiges Gen gegen ein **inaktives Gen** austauschen (= **Knockout-Tier**) und anschließend untersuchen, welche Auswirkungen der Verlust diese Gens auf das trans-

gene Tier hat. Genauso kann man aber auch **artfremde Gene** oder **mutierte Gene** in einen Organismus einbringen und daraus neue Erkenntnisse gewinnen. Zur Erzeugung transgener Tiere gibt es verschiedene Möglichkeiten.
— **Pronucleus-Injektion:** Die veränderten Gene (oder auch Gene einer anderen Art) werden in einen Pronucleus vor der Kernfusion injiziert. Das Gen kann integriert werden und das Wildtyp-Gen verdrängen oder als zusätzliche Kopie vorhanden sein. Anschließend wird die entstehende Zygote in eine Leihmutter transplantiert. Alle Nachkommen werden z. B. durch PCR (S. 126) auf Anwesenheit des veränderten Gens in Somazellen getestet und – falls das Gen vorhanden ist – gezüchtet. Wenn bei der nächsten Generation von Nachkommen das Gen ebenfalls nachweisbar ist, dann muss es auch in der Keimbahn eines Elternteils enthalten sein. Die so identifizierten transgenen Tiere werden weitergezüchtet.
— **Injektion in embryonale Stammzellen:** Die veränderten (oder auch artfremden) Gene werden in kultivierte embryonale Stammzellen injiziert. Zellen, die das Gen integriert haben, werden in die Morula oder Blastula eines isolierten Embryos injiziert. So entsteht ein **Mosaik**, bei dem man im Vorfeld nicht weiß, zu welchen Zellen sich die gentechnisch veränderten Stammzellen entwickeln werden. Der manipulierte Embryo wird in eine Leihmutter implantiert. Die Nachkommen werden ebenfalls auf das Vorhandensein des Gens getestet und nur diejenigen, bei denen das injizierte Gen in die Keimbahn integriert und aktiv ist, werden weitergezüchtet.

Klonen

Lerntipp

Im Folgenden sprechen wir vom Klonen im Labor. Klonen kommt jedoch auch in der Natur vor, z. B. entstehen bei der mitotischen ungeschlechtlichen Vermehrung von Einzellern Klone. Auch eineiige Zwillinge sind Klone. Das Klonen beschreibt also nicht primär eine molekularbiologische Methode.

Klonen ist die Erzeugung oder Vervielfältigung von **genetisch identischen Organismen**. Bei Organismen, die sich mitotisch vermehren (z. B. bei vielen Protozoen) ist das Klonen relativ einfach. Man muss lediglich ein **Einzelindividuum isolieren** und sich unter geeigneten Bedingungen **vermehren** lassen.
Bei höheren tierischen Organismen, die ihr genetisches Material durch die Fusion von Keimzellen weitergeben, ist dies jedoch nicht möglich. Differenzierte Zellen können im Labor nicht durch mitotische

Vermehrung zur Generierung vollständiger, genetisch identischer Nachkommen gebracht werden. Transplantiert man jedoch den **Zellkern einer Somazelle** in die zytoplasmatische Umgebung einer **Eizelle** (dazu muss diese Eizelle vorher entkernt werden) und kultiviert diese Zelle unter definierten Bedingungen, dann werden Faktoren wirksam, die zu einer **Entdifferenzierung** des implantierten somatischen Zellkerns führen. Die „Zygote" wird wieder **totipotent** und kann sich zu allen möglichen Arten von Zellen entwickeln. Nach Implantation derart manipulierter, angezüchteter Embryonen in eine Leihmutter werden geklonte Tiere erzeugt. Durch solche Experimente kann man die noch vorhandene volle prospektive Potenz von Somazellen nachweisen.

Kerntransplantationen sind inzwischen bei verschiedenen Tieren durchgeführt worden, ein spektakuläres Beispiel war das Klonen eines Schafes **(Dolly)** aus Euterzellen. Solche Experimente gelingen allerdings nur zu einem sehr geringen Prozentsatz und sind häufig von **schweren genetischen Störungen** und **Missbildungen** begleitet.

Eine Schwierigkeit beim Klonen besteht darin, dass das **Erbgut in erwachsenen Körperzellen** – im Gegensatz zu embryonalen Zellen – durch Methylierungen der DNA sowie Methylierungen und Azetylierungen der Histone **verändert** ist; vgl. Kap. Epigenetik (S. 106). Da das Klonschaf „Dolly" sehr früh Alterserscheinungen zeigte, nahm man an, dass die bereits verkürzten Telomere (S. 77) der Euterzelle die Ursache dafür waren. Neuere Untersuchungen bestätigten diese Annahme jedoch nicht.

Embryonale Stammzellen

Von medizinischer Bedeutung können embryonale Stammzellen sein. Sie sind nach den ersten Teilungen noch **totipotent** und können in verschiedene Richtungen differenziert werden. Daher sind diese Zellen möglicherweise therapeutisch für regenerative Zwecke einsetzbar, insbesondere bei Geweben, für die es keine spezifischen Stammzellen gibt.

Die Forschung mit embryonalen menschlichen Stammzellen ist sehr umstritten und wird aus ethischen Gründen in Deutschland sehr restriktiv gehandhabt; siehe hierzu auch Kap. Gefahren der Gentechnik (S. 130).

Klinischer Bezug

Die ethischen Probleme bei der medizinischen Nutzung embryonaler Stammzellen können teilweise durch die Kultivierung **adulter Stammzellen** umgangen werden. Diese sind zwar nicht mehr totipotent (können sich nicht mehr in alle Richtungen differenzieren), können sich aber eingeschränkt in verschiedene Richtungen entwickeln (sie sind **pluripotent**). Blutstammzellen z. B.

können sich noch zu allen verschiedenen Blutzellen differenzieren.

Adulte Stammzellen sind in vielen Geweben als „Reserve" für die Zellregeneration vorhanden. Falls es gelingen sollte, solche Reserve-Stammzellen zu kultivieren und in Richtung Totipotenz umzuprogrammieren, wäre man nicht mehr auf embryonale Stammzellen angewiesen.

Die dazu nötigen Techniken sind jedoch ebenfalls mit Risiken verbunden. So müssen **Viren** als Genfähren für die Integration der gesunden Gene benutzt werden. Diese können sich aber auch an unerwünschten Stellen ins Genom integrieren und dabei andere Gene zerstören. Die Umwandlung von Zellen in embryonale Stammzellen ist mithilfe von **Onkogenen** (S. 73) möglich. Diese Onkogene müssen anschließend wieder vollständig entfernt werden, was nicht immer gelingt.

3.4.4 Methoden der Gentechnik
Einsatz von Restriktionsendonukleasen

Viele Experimente in der Genforschung werden mit **DNA- oder Genfragmenten** durchgeführt und nicht mit einem kompletten Genom. Um solche Genfragmente zu erhalten, benötigt man ein Werkzeug, das es erlaubt, die DNA an ganz bestimmten Stellen zu schneiden. Dazu macht man sich die Fähigkeiten einer großen Gruppe **bakterieller Enzyme** zunutze, der **Restriktionsendonukleasen**.

Sie dienen den Bakterien zur **Abwehr gegen virale DNA** indem sie jeweils **spezifische DNA-Sequenzen** erkennen und die DNA an diesen Stellen zerschneiden. Die eigene bakterielle DNA ist dabei durch **Methylierungen** geschützt. Die Schnittstellen sind meist **palindrome Nukleotidsequenzen** (Sequenzen, die vorwärts und rückwärts gelesen den gleichen Sinn ergeben) und meistens wird versetzt geschnitten, sodass einzelsträngige Enden mit zueinander komplementären Basensequenzen entstehen, sogenannte „klebrige Enden" (Abb. 3.17).

Die Anwendung für die Forschung ist nun denkbar einfach: Zerschneidet man eine Ziel-DNA mit der gleichen Restriktionsendonuklease, mit der auch ein bestimmtes Genfragment gewonnen wurde, können die „klebrigen Enden" der Fragmente mit denen der Ziel-DNA hybridisieren und durch eine DNA-Ligase die verbleibenden Lücken wieder schließen (Abb. 3.17).

Inzwischen sind mehr als 300 verschiedene Restriktionsendonukleasen aus Bakterien bekannt, deren Einsatz in der Gentechnik nicht mehr wegzudenken ist.

Gelelektrophorese

Wenn man eine DNA-Probe mit Restriktionsendonukleasen behandelt, entstehen **DNA-Fragmente unterschiedlicher Länge**. Häufig benötigt man für die wei-

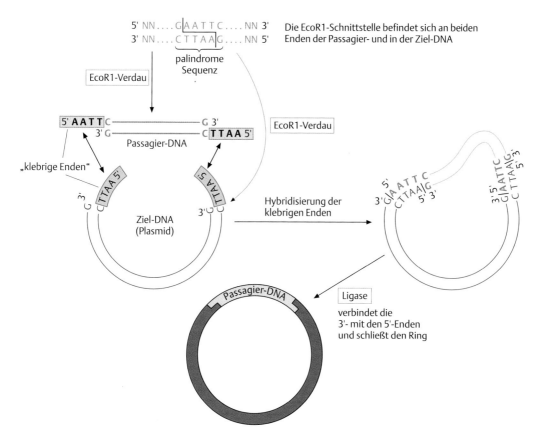

Abb. 3.17   Einbau eines DNA-Fragments in eine Ziel-DNA durch Restriktionsverdau.

tere Arbeit jedoch nur **ein bestimmtes** dieser DNA-Fragmente. Die Gelelektrophorese erlaubt es, Nukleinsäuren unterschiedlicher Länge aufzutrennen und anschließend zu isolieren.

Dafür wird aus **Agarose** ein flaches, horizontales Gel gegossen, das an einem Ende kleine Aussparungen (Slots) hat, in die man die Mischung aus unterschiedlich langen DNA-Fragmenten pipettiert. Nun wird eine **elektrische Spannung** über das Gel hinweg angelegt. Weil Nukleinsäuren negativ geladen sind, wandern sie durch das Gel in Richtung Pluspol. Dabei wandern große DNA-Fragmente langsamer als kleine. Im elektrischen Feld wird das genetische Material also nach der Größe sortiert. Im Anschluss an die Elektrophorese legt man das Gel in eine **Färbelösung**, die eine Substanz erhält (z. B. Ethidiumbromid), die sich in die DNA einlagert und unter dem Einfluss von UV-Licht fluoresziert. Unter der UV-Lampe wird nun ein **Bandenmuster** sichtbar (Abb. 3.18)

Die **Bestimmung der Größe** jeder einzelnen Bande erfolgt durch den Vergleich mit einem **Marker**, einer sogenannten **DNA-Leiter**. Ein solcher Marker besteht aus einer bestimmten Anzahl von DNA-Fragmenten definierter Länge. Führt man eine Gelelektrophorese

durch, ist immer ein Slot für die DNA-Leiter reserviert, die einem als Referenz anzeigt, wie groß die einzelnen DNA-Fragmente sind und welche Bande dasjenige Fragment enthält, das man für seine weiteren Experimente benötigt. Zur Weiterverarbeitung der aufgetrennten DNA kann man die entsprechende DNA-Bande wieder aus dem Gel isolieren (**präparatives Gel**).

Für **Analysezwecke** (ohne präparatives Ziel) ist die Gelelektrophorese ebenfalls eine Standard-Methode. Schnell lässt sich kontrollieren, ob ein Restriktionsverdau oder eine PCR vorschriftsmäßig funktioniert hat, oder ob ein rekombinantes DNA-Konstrukt vollständig ist und die erwartete Größe hat.

Die Gelelektrophorese lässt sich nicht nur mit DNA, sondern auch mit **RNA** durchführen.

Herstellung rekombinanter DNA

Anfang der 70er-Jahre war man mit der **molekularen Genklonierung** erfolgreich. Es gelang, gezielt Gene in **Bakterien** einzuschleusen und diese zur **Synthese der entsprechenden Genprodukte** zu bringen. Die gewonnenen Proteine konnten nun isoliert und für verschiedene Zwecke verwendet werden.

3

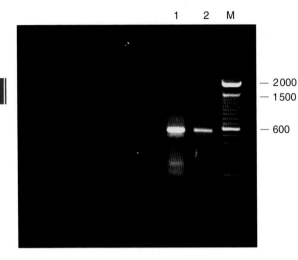

Abb. 3.18 **Gelelektrophorese unter UV-Licht.** Spur 1: 1 µg Proben-DNA; Spur 2: 0,5 µg Proben-DNA; Spur M: Marker-DNA. (aus Hirsch-Kauffmann M, Schweiger M, Schweiger MR. Biologie und molekulare Medizin. Thieme 2009)

Die **Passagier-DNA**, die in Bakterien eingeschleust werden soll, kann auf verschiedenen Wegen gewonnen werden.

Chemische DNA-Synthese

Aus der **Aminosäureabfolge** eines Proteins wird die dazugehörige **Nukleotidfolge** bestimmt und chemisch synthetisiert. Die künstlich erzeugte DNA wird nun in einen **Klonierungsvektor** (Plasmid oder Virus) eingebracht.

Erzeugung von DNA mittels Restriktionsendonukleasen

DNA wird mithilfe von **Restriktionsenzymen** zerschnitten und das gewünschte DNA-Bruchstück mit seinen klebrigen Enden wird in einen **Klonierungsvektor** (Plasmide oder Viren) eingebaut. Dazu werden diese Vektoren mit der identischen Restriktionsendonuklease geschnitten. Durch **komplementäre Basenpaarung** fügen sich die DNA-Fragmente nun in die Vektoren ein und eine **Ligase** schließt die verbleibenden Lücken.

Erzeugung von genomischen Bibliotheken

Zerschneidet man ein **komplettes Genom** mit Restriktionsendonukleasen, so erhält man eine Vielzahl von DNA-Fragmenten. Die Länge und Zusammensetzung der DNA-Fragmente wird von der Häufigkeit und dem Abstand der Schnittstellen bestimmt, wobei auch innerhalb von Genen geschnitten wird (daher auch **Schrotschussklonierung** genannt). Man baut nun die entstandenen DNA-Fragmente in **Klonierungsvektoren** ein und wählt die Bedingungen so, dass durchschnittlich ein DNA-Fragment pro Plasmid oder Virus enthalten ist. Jetzt infiziert man Bakterienzellen mit diesen veränderten Vektoren (z.B. durch **Transformation**), vermehrt die Bakterien und erhält eine Vielzahl von **Bakterienzellklonen**, die jeweils ein Stück genetischer Information des Men-schen tragen (**genomische Bibliotheken**, Abb. 3.19a). In diesen Bibliotheken ist die **gesamte Erbinformation** vorhanden (Gene mit ihren Exons, Introns, nicht-kodierende Abschnitte, regulatorische Sequenzen).

Erzeugung von cDNA-Bibliotheken

Nach Isolation von **mRNA** aus einem Gewebe kann man diese über **reverse Transkription** in DNA zurückschreiben. Ein künstliches Stück Poly-T-DNA, das sich an den Poly-A-Schwanz anlagert, wird dabei als Primer genutzt, es entsteht ein **mRNA/DNA-Hybrid**. Nach **RNA-Abbau** durch Alkali- oder RNAse-Behandlung wird über eine DNA-Polymerase eine **DNA-Doppelhelix** gebildet (→ **cDNA**, complementary DNA). Diese DNA-Stücke repräsentieren jetzt die **intronlosen Gene**. Fügt man solche DNA in Vektoren ein und vermehrt sie in Bakterien, so erhält man **cDNA-Bibliotheken**. In diesen Bibliotheken sind nur die **transkribierten Gene** des Gewebes vorhanden, aus dem die mRNA isoliert wurde (Abb. 3.19b).

> **MERKE**
>
> **Genomische Bibliotheken** enthalten die **komplette DNA** eines Organismus, **cDNA-Bibliotheken** enthalten die **intronlosen aktiven Gene** eines Gewebes.

Expression artfremder Proteine

1977 wurde gentechnisch erstmals das Wachstumshormon **Somatotropin** und 1978 menschliches **Insulin** in E. coli synthetisiert.

Die **technische Durchführung** könnte am Beispiel von Insulin wie folgt abgelaufen sein:
– Das Insulingen wird nach einer der drei beschriebenen Methoden gewonnen. An beiden Enden des Gens werden durch chemische Synthese **Spaltungsstellen** für ein **Restriktionsenzym** angebaut (z.B. GAATTC für EcoR1).

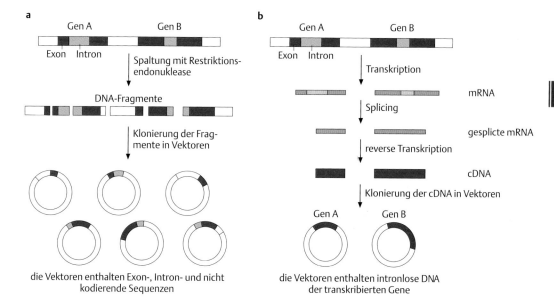

Abb. 3.19 **Herstellung von DNA-Bibliotheken. a** Genomische Bibliothek (Schrotschussklonierung).) **b** cDNA-Bibliothek.

- Ein geeigneter **Vektor** (z. B. ein Plasmid) muss ausgewählt werden. Dieses Plasmid sollte **zwei Antibiotikaresistenzgene** enthalten. Innerhalb eines dieser beiden Resistenzgene sollte sich die Schnittstelle für das Restriktionsenzym befinden. Dadurch wird gewährleistet, dass bei erfolgreichem Einbau des Insulingens dieses Antibiotikaresistenzgen inaktiviert wird und die Resistenz damit verloren geht. Dieser Resistenzverlust wird für die spätere Selektion der Bakterien benötigt.
- Über das ausgewählte **Restriktionsenzym** spaltet man sowohl die Plasmide als auch die Passagier-DNA. Die entstandenen komplementären Enden lässt man aneinander binden und verschweißt die DNA über eine **Ligase** (Abb. 3.17).
- Bei den meisten Plasmiden wird der Einbau des Insulingens nicht gelingen, sie werden wieder ihre ursprüngliche Forma annehmen, beide Antibiotikaresistenzgene bleiben dann aktiv. Bei **einigen wenigen Plasmiden** wird das Insulingen jedoch eingefügt und damit wird das eine der Antibiotikaresistenzgene inaktiviert.
- Nun erfolgt die **Transformation** (S. 118) der manipulierten Vektoren in Bakterienzellen durch Behandlung der Bakterien mit Agenzien, die die Zellwand durchlässig machen. Diese Transformation gelingt nur bei einem Bruchteil der eingesetzten Bakterien (einige wenige von 10^9).
- Die Bakterien mit geglückter Transformation werden durch Verdünnung (die Bakterien müssen bei Aufzucht separate Kolonien bilden) und Aufzucht auf antibiotikahaltigem Agar **selektiert**. Es wird zunächst das Antibiotikum verwendet, das

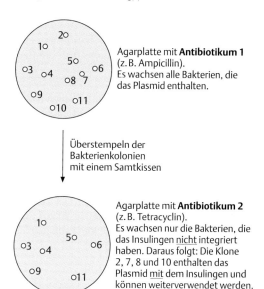

Agarplatte mit **Antibiotikum 1** (z. B. Ampicillin). Es wachsen alle Bakterien, die das Plasmid enthalten.

Überstempeln der Bakterienkolonien mit einem Samtkissen

Agarplatte mit **Antibiotikum 2** (z. B. Tetracyclin). Es wachsen nur die Bakterien, die das Insulingen nicht integriert haben. Daraus folgt: Die Klone 2, 7, 8 und 10 enthalten das Plasmid mit dem Insulingen und können weiterverwendet werden.

Abb. 3.20 **Selektion transformierter Bakterien auf Antibiotikaresistenz.**

nicht durch den Einbau des Insulingens inaktiviert wird. Damit werden alle Bakterien selektiert, bei denen die Transformation geglückt ist, unabhängig davon, ob die Plasmide das Insulingen enthalten oder nicht.
- Jetzt muss man unter diesen Bakterien diejenigen finden, die im Plasmid das Insulingen enthalten. Dazu wird mit Hilfe eines **Stempels** das Koloniemuster auf eine zweite, ebenfalls Antibiotika-haltige Agarplatte übertragen (Abb. 3.20). Dieses Mal wird das Antibiotikum gewählt, das bei erfolgrei-

chem Einbau des Insulingens inaktiviert wird. Diejenigen Kolonien, die jetzt auf der zweiten Platte im Vergleich zur ersten Platte fehlen (weil sie ihre Resistenz verloren haben und damit empfindlich gegenüber dem zweiten Antibiotikum sind), enthalten das Insulingen. Man kann diese Kolonien von der ersten Platte separieren und weiterzüchten.

- Einfacher ist es, wenn man ein Resistenzgen direkt an die Passagier-DNA (das Insulingen) fusioniert. Dann ist es möglich, die erfolgreich mit dem Insulingen transformierten Bakterien **direkt** mit dem entsprechenden Antibiotikum **auszuselektieren**.
- Verwendet man **Expressionsplasmide** (sie enthalten Promotorsequenzen) kann man jetzt die **Transkription** des eingeschleusten Gens induzieren und über die anschließende **Translation** das Genprodukt herstellen (zwischen 50 000 und 250 000 Moleküle/Bakterienzelle, 1–5 % des Gesamtzellproteins).

> **MERKE**
>
> Beachten Sie, dass man bei der **Produktion eukaryontischer Proteine** in **Bakterien** Gene aus einer **cDNA**-Bibliothek verwenden muss: Bakterien können nicht spleißen! Es dürfen also **keine Introns** mehr im Gen vorkommen.

Verwendet man Gene aus einer **genomischen Bibliothek**, muss man **eukaryontische Expressionssysteme** (z. B. Hefezellen) wählen. Diese sind in der Lage, die Introns nach der Transkription zu entfernen.

Als Vektoren für die Übertragung von genetischem Material in Bakterien werden neben Plasmiden auch Konstrukte aus Plasmiden und temperenten Phagen (**Cosmide**) benutzt. Cosmide erlauben den Transfer auch sehr großer Passagier-DNA (bis zu 50 kB). Zum Einbau von Genen in das Säugergenom kann man als Vektoren **Retroviren** verwenden.

> **Klinischer Bezug**
>
> **Insulin.** Beim Diabetes erfolgte früher die Behandlung mit **tierischem Insulin** (Schwein, Rind). Es wurde aus dem Pankreas von Schlachttieren isoliert. Trotz der geringen Unterschiede in der Aminosäuresequenz kam es zu Reaktionen des Immunsystems mit Antikörperbildung, sodass die Wirkung über die Zeit nachließ und es zur Unverträglichkeit kam.
>
> Seit 1982 steht **gentechnisch** industriell hergestelltes **humanes Insulin** in ausreichenden Mengen zur Verfügung. Es war das erste industriell gentechnisch produzierte Arzneimittel. Das Problem der immunologischen Unverträglichkeit gehörte damit der Vergangenheit an.

Somatotropin. Die Behandlung des **Zwergwuchses** (Mangel des Wachstumshormons Somatotropin) kann nur durch menschliches Somatotropin erfolgen, da dieses Hormon artspezifisch ist. Dazu isolierte man früher das Hormon aus den **Hypophysen menschlicher Leichen**, was sehr teuer und aufwändig war und die Gefahr der Übertragung von Infektionskrankheiten in sich barg (z. B. Creutzfeldt-Jakob-Syndrom). Die betroffenen Patienten konnten außerdem nicht flächendeckend versorgt werden. Erst die seit 1985 mögliche industrielle **gentechnische Produktion** von humanem Somatotropin stellte ausreichende Hormonmengen für eine flächendeckende Versorgung sicher.

Restriktionsfragmentlängenpolymorphismus (RFLP)

Zerschneidet man die DNA des Menschen mit einem **Restriktionsenzym** (S. 122), so entsteht eine Vielzahl unterschiedlich langer DNA-Bruchstücke. Diese Fragmente kann man im elektrischen Feld innerhalb einer Gelmatrix auftrennen – **Gelelektrophorese** (S. 122): große Fragmente wandern langsamer durch das Gel als kleine – und durch Markierung sichtbar machen. Man erhält ein bestimmtes **Muster von DNA-Fragmenten**, das sich durch Mutationen (Wegfall oder Neubildung von Erkennungsstellen für das Restriktionsenzym) ändern kann. Da jedes Individuum aufgrund des genetischen Polymorphismus der kodierenden, insbesondere aber auch der nichtkodierenden DNA-Abschnitte individuell ist, ist auch dieses Muster **individuell**; siehe auch VNTR-Loci (S. 128).

Von **Polymorphismus** spricht man, wenn eine Grundstruktur (Wildtyp-Allel) verändert wird (Mutanten-Allel) und diese Veränderung bei mehr als 1 % der Bevölkerung vorkommt. Kommt das veränderte Gen bei weniger als 1 % der Bevölkerung vor, spricht man von einer **Mutation**.

Mutationen, bei denen Schnittstellen innerhalb der Exonsequenz eines Gens verändert werden, lassen sich direkt durch die **Kopplung** des Merkmals mit den Restriktionsfragmentlängen des betroffenen DNA-Abschnittes identifizieren (z. B. Wegfall einer Schnittstelle im β-Globingen bei Sichelzellanämie). Da es sehr viele verschiedene Restriktionsendonukleasen gibt, ist diese Methode sehr variabel.

Man konnte viele Gene dadurch lokalisieren, dass man empirisch nach der **Kopplung von RFLPs mit Merkmalen** suchte und durch **Kopplungsanalyse** (S. 95) die Lokalisation der Gene auf den Chromosomen bestimmte.

Polymerase-Kettenreaktion (PCR)

Die Analyse von Genen erfordert, dass das genetische Material in handhabbaren Mengen zur Verfügung steht. Eines der größten Hindernisse in der molekularbiologischen Forschung war lange Zeit, dass es häufig **zu wenig spezifische DNA** gab, um damit arbeiten zu können. Es war auch nicht möglich, die komplexe zelluläre Replikationsmaschinerie zur Vervielfältigung der DNA im Reagenzglas nachzuahmen. Dieses Problem wurde von **Saiki** und **Mullis** 1985 gelöst. Sie entwickelten eine Methode, die die Molekularbiologie revolutionierte, die sogenannte Polymerase-Kettenreaktion (**Polymerase Chain Reaction**, PCR). Mit dieser Methode kann man DNA im Reagenzglas vervielfältigen. Vorrausetzung ist, dass man die **flankierenden Nukleotidsequenzen** an beiden Enden des zu vervielfältigenden DNA-Abschnitts kennt, damit man sich die passenden **Primer** synthetisieren kann.

Der **Ablauf** einer PCR (Abb. 3.21):

- Man mischt die zu replizierende **DNA**, **Primer**, **Desoxyribonukleosidtriphosphate** (dATP, dTTP, dGTP und dCTP) und eine bakterielle hitzestabile **DNA-Polymerase** in einem Reaktionsgefäß zusammen.
- Der Mix wird auf **90 °C** erhitzt, dadurch wird die DNA-Doppelhelix der Ausgangs-DNA **denaturiert** und liegt nun einzelsträngig vor.
- Nun lässt man den Mix auf **40–60 °C** abkühlen. Dadurch lagern sich die Primer an ihre komplementären DNA-Sequenzen (die 3′-Enden der zu synthetisierenden DNA) an. Diesen Vorgang nennt man „Annealing".
- Nun erfolgt die **Replikation** bei **72 °C**. Verwendet wird dazu eine hitzeresistente DNA-Polymerase (Taq-Polymerase) aus einem thermophilen Bakterium (Thermus aquaticus). Die Polymerisationszeit richtet sich nach der Länge des zu vervielfältigenden DNA-Fragments.
- Anschließend wird wieder auf **90 °C** erhitzt, die DNA **denaturiert** und der Zyklus kann wiederholt werden.

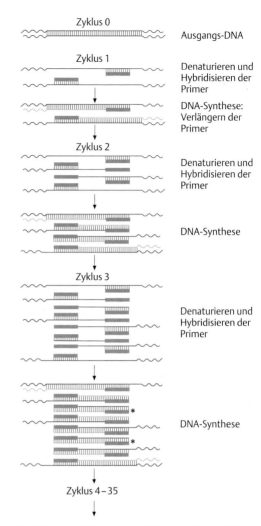

Zyklus 0 — Ausgangs-DNA

Zyklus 1 — Denaturieren und Hybridisieren der Primer — DNA-Synthese: Verlängern der Primer

Zyklus 2 — Denaturieren und Hybridisieren der Primer — DNA-Synthese

Zyklus 3 — Denaturieren und Hybridisieren der Primer — DNA-Synthese

Zyklus 4 – 35

Abb. 3.21 Amplifikation eines DNA-Abschnittes mithilfe der Polymerase-Kettenreaktion (PCR). Erläuterung des * im Text. (nach Königshoff, M, Brandenburger, T. Kurzlehrbuch Biochemie. Thieme 2012)

> **MERKE**
>
> Die **PCR** besteht aus **vielfacher Wiederholung** der folgenden Schritte:
> - Erhitzen der Proben-DNA auf 90 °C (Denaturierung zur Erzeugung von Einzelsträngen)
> - Abkühlen (Annealing der Primer an die DNA)
> - Polymerisation (DNA-Synthese)

Dieser Vorgang wird in Automaten (sog. **Thermocycler**) so oft wiederholt, bis man genügend DNA produziert hat. In der Praxis ist eine **10^6-fache Anreicherung** der DNA möglich (Abb. 3.21). Auf diese Art können selbst Spuren von DNA vervielfältigt und damit für Analysen zugänglich werden. Im Extremfall ist dazu die DNA einer Zelle ausreichend. Diese Empfindlichkeit der PCR erfordert natürlich auch äußerste Reinheit beim Arbeiten.

Der Nachteil der PCR ist, dass man die Sequenzen für die Primer kennen muss. Diesen Nachteil kann man umgehen, wenn man die 3′-Enden der Ursprungs-DNA synthetisch durch eine definierte Primersequenz verlängert (z. B. Poly-A) und dann als Primer den komplementären Oligonukleotidstrang (Poly-T) verwendet.

Folgende **Anwendungen** werden heute routinemäßig per PCR durchgeführt:

- Genisolierung und Genklonierung,
- Tumordiagnose,
- Virusnachweis,
- Verwandtschaftsanalyse,
- Evolutionsforschung,
- Identifizierung von Straftätern.

Klonierung von Genen mittels PCR

Die PCR ermöglicht es, ganze Gene aus einem DNA-Strang zu isolieren und zu vervielfältigen, man erzeugt also einen **genomischen Klon**. Auch hier muss man für die Primer-Synthese die unmittelbar dem Gen benachbarten DNA-Sequenzen kennen. Nach dem dritten Zyklus ist das entsprechende Gen isoliert (siehe * in Abb. 3.21), in den nachfolgenden Zyklen wird es nur noch vervielfältigt.

Nachweis von Viren mittels PCR

Zum Virusnachweis, z. B. von HIV (S. 135), muss man in einem ersten Schritt das RNA-Virusgenom aus dem Blut isolieren (Entfernen aller Zellen) und kann dann durch **reverse Transkription** die virale RNA in DNA umschreiben und durch PCR amplifizieren. Anschließend können verschiedene Analyseverfahren zur Identifikation eingesetzt werden. Man kann die amplifizierte DNA z. B. elektrophoretisch auftrennen und anschließend die HIV-Gene mit der Blotting-Technik (S. 129) nachweisen.

PCR in der Rechtsprechung

In den forensischen Wissenschaften und zur Ermittlung der Vaterschaft werden **VNTR-Loci** (variable numbers of tandem repeats) untersucht. VNTRs sind 5–50-fache Wiederholungseinheiten, die aus Sequenzen von 10–100 Basen bestehen (z. B. *GTCGAATCAA*GTCGAATCAA*GTCGAATCAA*). Sie sind in einer Population hoch variabel, werden aber stabil vererbt. Man erbt je 50 % dieser Wiederholungseinheiten von jedem Elternteil. Die „Allele" eines derartigen VNTR-Systems auf den homologen Chromosomen unterscheiden sich dabei in der Anzahl dieser Wiederholungseinheiten.

Je mehr verschiedene VNTR-Loci man in die Untersuchung einbezieht, umso sicherer wird die Aussage. Wenn man also ein Haar oder eine Spermaprobe hat, kann man mittels PCR diese VNTR-Sequenzen der DNA vervielfältigen und anschließend elektrophoretisch auftrennen. Die flankierenden Sequenzen der VNTR-Loci sind bekannt und werden zur Anlagerung des synthetischen Primers genutzt. Nur eine Person, bei der das **VNTR-Bandenmuster** mit dem Muster der Probe übereinstimmt, kann die gesuchte Person sein (Abb. 3.22). Untersucht werden 8–15 Abschnitte der DNA. Die Wahrscheinlichkeit, dass zwei nicht verwandte Personen das gleiche Bandenmuster haben, liegt bei 4×10^{-11}, bei Verwandten liegt sie immer noch unter 4×10^{-5}.

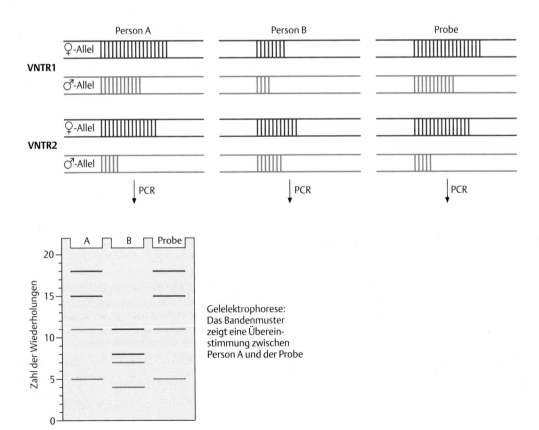

Abb. 3.22   Bestimmung eines Straftäters anhand des Vergleichs der Länge von VNTR-Sequenzen.

MERKE

Die Unterscheidung von **eineiigen Zwillingen** mit genetischen Methoden ist sehr schwierig, weil sie **identische Erbanlagen** haben. Möglich ist die Unterscheidung durch Analyse der **DNA der B-Lymphozyten**, da sich hier die DNA der V(D)J-Regionen in den proliferierenden Zellen nach dem Zufallsprinzip verändert (somatische Rekombination).

Bei der **Vaterschaftsbestimmung** müssen 50 % der Banden mit denen des Vaters übereinstimmen (die anderen 50 % stimmen mit dem Muster der Mutter überein). Gibt es diese Übereinstimmung nicht, kann die Vaterschaft ausgeschlossen werden.

Gensonden

Die DNA-Sequenz des menschlichen Genoms ist inzwischen bekannt, jedoch kennt man noch nicht alle Gene bzw. die Verteilung dieser Gene auf den 23 Chromosomen. Die Lokalisation von Genen, aber auch die Identifizierung mutierter Gene, ist mit der „In-situ-Hybridisierung" möglich. Das Prinzip dieser Methode basiert auf der **komplementären Basenpaarung** homologer Sequenzen.

Man erzeugt **kleine Gensonden** mit komplementären Sequenzen zur gesuchten Gensequenz und markiert diese Sonden mit einem **Detektionssystem** (z. B. Fluoreszenzfarbstoff, oder radioaktive Markierung). Die **DNA-Probe**, in der die gesuchte Sequenz detektiert werden soll, kann auf zwei verschiedene Arten vorliegen.

Fluoreszenz-in-situ-Hybridisierung (FISH)

Man testet direkt **Metaphasechromosomen** (S. 49), die auf einem Objektträger aufgebracht wurden. Durch Erhitzen wird die DNA-Doppelhelix der Chromosomen in Einzelstränge aufgespalten und mit der einzelsträngigen, markierten Gensonde versetzt. Beim Abkühlen beginnt die Doppelhelix sich bei 42 °C wieder zu paaren, dabei paart sich auch die einzelsträngige Sonde mit dem entsprechenden Gen **(Hybridisierung)**. Da die Sonde ein **(Fluoreszenz-)Signal** aussendet, kann die Lage des Gens auf den Chromosomen unter einem speziellen Mikroskop identifiziert werden. Diese Methode heißt FISH (Fluoreszenz-in-situ-Hybridisierung). Führt man diese Hybridisierung bei noch niedrigeren Temperaturen durch (35 °C), dann paart die Sonde nicht nur mit identischen, sondern auch mit ähnlichen Sequenzen. Dadurch kann man **Genfamilien** (z. B. die Globingene), die sich nur geringfügig in ihrer Sequenz unterscheiden, identifizieren.

Blotting-Technik

Man kann elektrophoretisch aufgetrennte DNA- (oder RNA-)Fragmente auf eine Trägermembran übertragen **(Blotten)**. Dies funktioniert analog dem Stempeln (S. 125). Eine Membran (z. B. aus Nitrozellulose) wird passend für das Gel zurechtgeschnitten und auf dem Gel platziert. Dann wird durch einfache Kapillarwirkung die aufgetrennte DNA vom Gel auf die Membran transferiert. Man erhält das gleiche Bandenmuster wie auf dem Gel. Nun wird die DNA (oder RNA) auf der Membran mit der **markierten DNA-Sonde**, die der gesuchten Sequenz entspricht, hybridisiert. Die Detektion der DNA- oder RNA-Bande, die durch die Sonde „erkannt" wurde, erfolgt über einen Film, der für Fluoreszenz- oder radioaktive Strahlung empfindlich ist.

MERKE

— Analysiert man **DNA**, spricht man von **Southern-Blotting**.
— Untersucht man **RNA**, spricht man von **Northern-Blotting**.

Analog kann man mit Antikörpern auch **Proteine**, die auf eine Membran aufgebracht wurden, nachweisen. Diese Methode heißt **Western-Blotting**.

Mit dem **Southern-Blotting** ist es möglich, defekte Gene direkt zu identifizieren und heterozygote Träger von rezessiven (oder kodominanten) Mutationen nachzuweisen. Dazu benötigt man zwei markierte Sonden, eine für die entsprechende normale (Wildtyp-)Nukleotidsequenz, eine zweite für die veränderte (mutierte) Nukleotidsequenz. Diese Methode ist sehr spezifisch und empfindlich, allerdings muss man den genetischen Defekt zur Herstellung der Sonden genau kennen.

Zur **Identifizierung heterozygoter Träger**, z. B. der Sichelzellanämie (S. 115), wird das Gen für die β-Kette des Hämoglobins mittels PCR-Technik amplifiziert, elektrophoretisch aufgetrennt und auf eine Membran „geblottet". Man hybridisiert einmal mit der Sonde für **normales Globin**, und einmal mit der Sonde für das **Sichelzellglobin**. Folgende Ergebnisse sind möglich:

— Hybridisieren **beide** Gensonden mit dem **β-Globingen**, ist die Testperson **heterozygot**.
— Hybridisiert nur die **Wildtyp-Gensonde**, ist die Testperson **homozygot** für das nicht mutierte Gen.
— Hybridisiert nur die Gensonde mit der **mutierten** Nukleotidsequenz, ist die Testperson **homozygot** für das mutierte Gen. Bei der Sichelzellanämie ist dies jedoch bereits im Phänotyp sichtbar.

3.4.5 Genetische Beratung

Die humangenetische Beratung ist ein Angebot für alle Personen, bei denen Hinweise auf eine mögliche genetische Belastung bestehen, und für alle, die für sich und ihre Familie besondere genetische Belastungen befürchten. Ziel der genetischen Beratung ist häufig zu ermitteln, wie hoch das **Risiko** ist, ein **Kind mit geschädigten Erbanlagen** zu zeugen.

Genetische Beratung erfolgt individuell, nicht-direktiv und verfolgt keine vorgegebenen gesellschaftlichen Ziele. Die Beratung vor und während der Schwangerschaft soll den Eltern eine unabhängige Entscheidung auf der Basis von Informationen und Risikokalkulationen über Krankheiten ermöglichen. Dabei sollen dem Patienten Lösungswege bei der Familienplanung aufgezeigt werden. Es ist dann Sache der Ratsuchenden, auf der Grundlage eigener Wünsche und Wertvorstellungen eine Entscheidung zwischen mehreren denkbaren Alternativen zu treffen. Selbstverständlich muss man auch über Konsequenzen möglicher ungünstiger Ergebnisse sprechen. Da genetische Störungen nicht kausal behandelt werden können, muss man, wenn die zu erwartenden Belastungen durch ein schwer geschädigtes Kind als zu groß eingeschätzt werden, gegebenenfalls über die Möglichkeit eines Schwangerschaftsabbruchs sprechen.

Vorgehen bei der genetischen Beratung

In einem ersten Schritt ist von dem Patienten und seiner Familie ein **Stammbaum** wenigstens über 3 Generationen zu erstellen. Damit kann man dem Ratsuchenden Ursache und Auswirkung vorhandener genetischer Erkrankungen erklären. Zur weiteren Abklärung können, falls z. B. eine Schwangerschaft bereits besteht, **diagnostische Untersuchungen** herangezogen werden. Dazu gehören

- **biochemische Tests** (z. B. „Triple-Test"),
- **Chromosomenanalysen** (nach Chorionzottenbiopsie oder Fruchtwasserpunktion),
- sowie, falls indiziert, **DNA-Diagnostik** mittels Gensonden (S. 129).

Wann ist eine genetische Beratung sinnvoll?

Eine genetische Beratung sollte nur unter bestimmten **Voraussetzungen** in Anspruch genommen werden:

- Wenn das Alter der Mutter über 34 Jahre oder/und das Alter des Vaters über 45 Jahre ist,
- wenn eine belastende Familienanamnese vorliegt (Erbkrankheiten, Verwandtenehen, vorgeschädigtes Geschwisterkind),
- bei vorliegender psychischer Belastung auf Grund einer ängstlichen Persönlichkeitsstruktur,
- bei einer vorausgegangenen Schwangerschaft mit einer Chromosomenveränderung,
- bei gehäuften Fehlgeburten,
- bei auffälligen Ultraschallbefunden während der Schwangerschaft,
- bei Medikamenteneinnahme und Infektionen während der Schwangerschaft (Röteln, akute Toxoplasmose),
- bei erhöhtem Strahlungsrisiko (diagnostische Röntgenuntersuchungen, berufliche Strahlenexposition),
- bei erhöhtem beruflichen Risiko (Kontakt mit mutagenen chemischen Substanzen, Tätigkeit in der nuklearen Industrie),
- bei Einnahme von Suchtmitteln.

3.4.6 Gefahren der Gentechnik

Man sollte neben allen Vorteilen, die die Gentechnik zukünftig für die Behandlung von genetischen Krankheiten haben kann, auch die Gefahr des Missbrauchs nicht übersehen. Bei **unsachgemäßer Vorgehensweise** können – auch unbeabsichtigt – **fatale Ergebnisse** die Folge sein:

- Genetisch veränderte Pflanzen oder Tiere können im Freiland unkontrollierbare Veränderungen in lange gewachsenen Ökosystemen auslösen.
- Der Einbau von Antibiotikaresistenzgenen in humanpathogene Bakterien kann zu nichttherapierbaren Infektionskrankheiten führen.
- Der Einbau der DNA tumorbildender Viren in Plasmide und die Einschleusung dieser Plasmide in Bakterien, die physiologischerweise auch den Menschen besiedeln, kann zur Tumorentwicklung führen.
- Die Freisetzung genetisch veränderter (auch primär harmloser) Bakterien oder Viren aus dem Labor kann durch Rekombination zu der Entstehung von neuen und gefährlichen Krankheitserregern führen.

Um den zufälligen „Ausbruch" gefährlicher Bakterienstämme oder Vektoren zu vermeiden, gibt es in der Bundesrepublik **strenge Gesetze** für das Arbeiten in Genlabors. In der Regel wird sowohl mit Vektoren als auch mit Zellen gearbeitet, die außerhalb spezieller Laborbedingungen nicht lebensfähig sind. Es liegt in der Verantwortung jedes einzelnen Wissenschaftlers, einen Missbrauch der Gentechnik zu verhindern.

 Check-up

✓ Wiederholen Sie die Unterschiede zwischen Transformation, Transduktion und Konjugation.

✓ Machen Sie sich den Unterschied zwischen genomischen und cDNA-Bibliotheken klar.

✓ Rekapitulieren Sie das prinzipielle Vorgehen bei der Expression artfremder Gene in Bakterien.

© fusebulb/fotolia.com

Kapitel 4

Mikrobiologie

4.1 Klinischer Fall

Ein Berufsrisiko

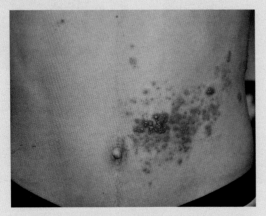

Bei der Gürtelrose bilden sich im Versorgungsbereich eines, selten mehrerer Rückenmarksnerven (hier Th 10 links) schmerzende und brennende Bläschen. (aus Sterry et al. Kurzlehrbuch Dermatologie. Thieme 2011)

Um uns herum wimmelt es nur so von Viren, Bakterien und Pilzen, jeder hat mit der einen oder anderen Art dieser kleinen Organismen schon zu tun gehabt: Sie sind für viele Krankheiten verantwortlich – von der „banalen" Erkältung über Kinderkrankheiten wie Masern, Mumps und Röteln bis hin zu schweren Infektionen wie AIDS oder Meningitis. Wie Viren, Bakterien & Co. aufgebaut sind, sich vermehren und bekämpft werden können, ist Thema des folgenden Kapitels.

Es ist die zweite Woche des Praktischen Jahrs. Magnus ist in der Inneren Ambulanz eingeteilt und untersucht gemeinsam mit dem Assistenzarzt die Patienten. Er hat schon einiges dazugelernt – und manchmal auch sein Wissen anbringen können. Am Vormittag ist beispielsweise eine 70-jährige Frau mit Rückenschmerzen in der Ambulanz erschienen. Der Arzt hat sie gebeten, sich freizumachen und dann zu Magnus gesagt: „Was meinen Sie, Herr Kollege?" Magnus hat in einem Hautnervensegment auf der rechten Körperseite in Schulterhöhe gruppiert stehende Bläschen auf rotem Grund gesehen. „Gürtelrose!" ist seine korrekte Diagnose gewesen. Und der Arzt hat anerkennend genickt.

Schlummernde Viren

Am Nachmittag spricht Magnus alle Patienten mit seinem Arzt nochmals durch. Auch die Patientin mit der Gürtelrose. Der Arzt erklärt ihm, dass die Erkrankung durch eine Reaktivierung des Varizella-zoster-Virus hervorgerufen wird. „Vermutlich hat sich die alte Dame in ihrer Kindheit mit dem Virus infiziert und Varizellen (Windpocken) bekommen", erläutert der Arzt. „Das Virus kann dann lebenslang in den Nervenzellen von Gehirn und Rückenmark schlummern – und schließlich tritt die Erkrankung als Gürtelrose, auch Zoster genannt, wieder auf. Die Erkrankung ist übrigens schmerzhaft – und diese Schmerzen können sehr hartnäckig sein."

Flecken, Pickel und Pusteln

Zwei Wochen später hat Magnus die Zosterpatientin längst vergessen. Inzwischen ist er auf der pneumologischen Station und versucht sich die verschiedenen Formen der Lungenentzündung einzuprägen: Bakterien wie Pneumokokken, Viren wie das Influenza- oder Adenovirus oder Pilze wie Candida albicans können für eine Pneumonie verantwortlich sein. Eines Morgens wacht Magnus mit schweren Gliedern und Kopfschmerzen auf. Das muss irgendein Infekt sein – die Lymphknoten sind auch geschwollen. Hoffentlich keine Lungenentzündung! Missmutig verbringt Magnus den Tag zwischen Bett und WG-Küche. Am Abend beginnt es ihn am Bauch zu jucken – und als er nachsieht, ob ihn ein Insekt gestochen hat, glaubt er, seinen Augen kaum trauen zu können: Er findet rote Flecken, kleine Pickel und flüssigkeitsgefüllte Bläschen nebeneinander. Die Patientin mit der Gürtelrose fällt ihm wieder ein: Offensichtlich hat er sich bei ihr angesteckt! Nun leidet er an Windpocken.

Juckreiz am ganzen Körper

Am nächsten Tag kommt der Assistenzarzt aus der Ambulanz bei ihm vorbei und bestätigt die Diagnose. Inzwischen ist Magnus' Körper übersät mit juckenden Flecken und Pusteln. Die ersten Bläschen sind aufgeplatzt und verkrustet. Der Arzt hat eine spezielle Lotion mitgebracht, die Magnus auf die befallenen Stellen auftragen soll. Außerdem rät er dem PJler, nicht aus dem Haus zu gehen: Windpocken sind sehr ansteckend. Aber auf Spaziergänge hat Magnus sowieso keine Lust. Denn während Kinder durch Windpocken meist wenig beeinträchtigt sind, kann es Erwachsene richtig übel erwischen. Magnus hat heftige Kopf- und Gliederschmerzen und bleibt die ersten drei Tage nur im Bett. Erst zwei Wochen später kann er sein PJ in der Klinik fortsetzen. Die Ärzte auf Station begrüßen ihn freundlich und trösten ihn: So eine Erkrankung sei nun mal ärztliches Berufsrisiko.

4.2 Viren

Lerncoach

Dieses Kapitel behandelt den Bau und Lebenszyklus von Viren sowie Infektionswege und die Bekämpfung viraler Infektionen. Es soll die Grundlage für die weiterführende spezielle Virologie in der späteren Ausbildung legen. Diese grundlegenden Kenntnisse sind für den angehenden Mediziner enorm wichtig und werden daher auch häufig im Physikum abgefragt.

4.2.1 Überblick und Funktion

Viren sind **obligate Zellparasiten**. Da sie weder über einen Replikationsapparat noch über einen Proteinsyntheseapparat verfügen, sind sie auf die entsprechenden Mechanismen ihrer Wirtszellen angewiesen. Sie besitzen also **keinen eigenen Stoffwechsel** und auch **keine Zellstruktur** im herkömmlichen Sinne.

Bakteriophagen nennt man Viren, die auf Bakterien als Wirtszellen spezialisiert sind. Sie dringen nicht komplett in die Wirtszellen ein, sondern injizieren lediglich ihr Genom in das Bakterium.

Viren und Bakteriophagen sorgen unter Ausnutzung des Wirtsstoffwechsels für die Replikation ihres eigenen Genoms und den Zusammenbau neuer Viruspartikel. Anschließend werden die neu synthetisierten Viren freigesetzt, sie können dann weitere Wirtszellen infizieren.

4.2.2 Struktur von Viren

Viren bestehen aus einer **Nukleinsäure** und einer **Proteinhülle (Capsid)**. Die Bausteine des Capsids sind die Capsomeren. In einigen Fällen ist eine zusätzliche **Hülle** aus Lipiden und Glykoproteinen vorhanden. Einige Viren sind mit **Enzymen** ausgestattet, z.B. mit reverser Transkriptase.

Die Größe von Viren liegt zwischen **25 und 300 nm**. Damit können Viren Bakterienfilter passieren! Ein reifes Viruspartikel wird als **Virion** bezeichnet. Inkomplette (unreife Partikel) sind Vorstufen des Virions und nicht infektiös.

Die Nukleinsäure von Viren kann entweder einzel- **(ss)** oder doppelsträngige **(ds)** DNA oder RNA sein.

> **MERKE**
>
> Bei **Viren** ist jeweils **nur ein Typ von Nukleinsäure** vorhanden, Viren enthalten also **entweder** DNA **oder** RNA!

Zur **Virusklassifizierung** werden folgende Merkmale herangezogen:
- RNA- oder DNA-Viren,
- einzelsträngiges **(ss)** oder doppelsträngiges **(ds)** Genom,
- **nackte** Viren (ohne Glykoproteine und Lipide) oder **umhüllte** Viren,

- **Capsidsymmetrie:** kubisch (ikosaedrisch = 20 gleichseitige Dreiecke), helikal (schraubenförmig) oder komplex (komplizierte Symmetrieverhältnisse),
- die **Wirtsspezifität**, die bei Viren sehr hoch ist (z.B. animalische Viren, pflanzliche Viren, Bakteriophagen),
- die **Empfindlichkeit** gegen chemische oder physikalische Einflüsse und
- **immunologische** Eigenschaften.

4.2.3 Zucht von Viren

Da Viren **obligate Zellparasiten** sind, kann man sie in normalen Nährmedien nicht züchten. Man benötigt also **lebende Zellen** als Kulturmedium. Für die Zucht von Viren sind geeignet:
- Zellkulturen,
- befruchtete Hühnereier (mit Embryo),
- Mäuseembryonen und
- adulte Tiere.

Bakteriophagen kann man nur in **Bakterien** züchten.

4.2.4 Bakteriophagen

Viren, die **Bakterienzellen befallen**, heißen Bakteriophagen (oder kurz Phagen). Sie sind **sehr komplex** aufgebaut:
- Im **Kopf** befindet sich das Phagengenom,
- durch einen Zylinder, den **Schwanz**, kann die Phagen-Nukleinsäure in das Bakterium injiziert werden.
- **Spikes** und **Schwanzfasern** sorgen für die Anheftung des Phagen an das Bakterium.

Nachdem ein Bakteriophage sein Genom in die Bakterienzelle injiziert hat, können **zwei verschiedene Wege** beschritten werden:
- Wird die Phagen-DNA abgelesen und werden direkt nach der Injektion neue Bakteriophagen produziert und freigesetzt, spricht man vom **lytischen Zyklus** (S. 134).
- Wird die Phagen-DNA nach der Injektion in das Bakteriengenom integriert und erst zu einem späteren Zeitpunkt zur Produktion neuer Phagen abgelesen, so spricht man vom **lysogenen Zyklus** (S. 134).

Die Zeitspanne von der Infektion einer Bakterienzelle mit Phagen bis zur Freisetzung der ersten Phagen nennt man **Latenzzeit**. Innerhalb der Latenzzeit gibt es eine Phase, bei der schon mit den ersten Schritten der Virenneubildung begonnen wird, jedoch noch keine fertigen (und damit infektiösen) Virionen vorliegen. Diese Zeitspanne wird als **Eclipse** bezeichnet (die damit immer etwas kürzer als die Latenzphase ist).

Die Zahl der freigesetzten Phagen im Verhältnis zur Anzahl, die bei der Infektion zum Einsatz kam, ist die **Wurfgröße.**

4

> **MERKE**
>
> – **Latenzzeit:** Zeitspanne zwischen Infektion und Freisetzung
> – **Eclipse:** Zeitspanne zwischen Beginn der Virusproduktion und dem ersten Auftreten von infektiösen Virionen

Lytischer Zyklus

Sogenannte **virulente** Phagen zeichnen sich dadurch aus, dass sie direkt nach Eindringen in das Bakterium in den **lytischen Zyklus** eintreten (Abb. 4.1) und mit ihrer eigenen Vermehrung beginnen. Die Infektion mit virulenten Phagen erfolgt nach folgendem Schema:

– **Adsorption:** Die Phagen werden durch in der Bakterienzellwand vorhandene Rezeptoren spezifisch gebunden, d. h. es gibt eine **Protein-Protein-Wechselwirkung** zwischen Bakterienzelle und Phagen.
– **Injektion:** Phagen werden nicht als Ganzes aufgenommen, sie injizieren durch den Schwanz nur ihre **Nukleinsäure** in das Bakterium. Die Proteinhülle bleibt draußen.
– **Reifungsphase I:** Der Stoffwechsel der infizierten Zelle wird umgestellt. Virusnukleinsäure wird unter Ausnutzung des Replikationsapparates der Zelle **repliziert**.
– **Reifungsphase II:** Hier erfolgt die Synthese von neuen **Hüllproteinen.** Diese werden mit der Phagen-Nukleinsäure zu reifen Phagen vereinigt.

– **Freisetzung:** Die Bakterienzellwand wird durch **Phagenlysozym** aufgelöst und die neu gebildeten Phagen werden freigesetzt.

> **MERKE**
>
> **Virulente Phagen** gehen **direkt** in den **lytischen** Zyklus.

Lysogener Zyklus

Bei sogenannten **temperenten** Phagen wird der lytische Zyklus vorerst umgangen. Das Virusgenom wird nach der Infektion in das **Bakteriengenom** integriert. Bei RNA-Phagen wird vorher die RNA mittels **reverser Transkriptase** in DNA umgeschrieben.

Bei jeder Teilung der Bakterienzelle wird nun das Virus an die Tochterzellen weitergegeben. Solche integrierten Phagen werden als **Prophagen** bezeichnet. Bakterien, die einen Prophagen tragen, nennt man **„lysogen"**. Erst durch **äußere Faktoren** (UV-Licht, Temperaturschock) tritt der Phage in seine **lytische Phase** (Abb. 4.1).

> **MERKE**
>
> **Temperente Phagen** bauen zuerst ihr Genom als **Prophage** in das Wirtsbakterium ein. Die Bakterienzelle ist dann **lysogen** und kann zu einem späteren Zeitpunkt lytisch werden.

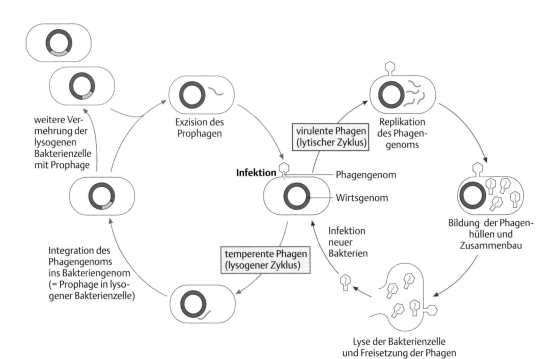

Abb. 4.1 Lytischer Zyklus (rechts) und lysogener Zyklus (links). Die Ursachen für den Übergang vom lysogenen in den lytischen Zyklus sind noch weitgehend unbekannt.

Lysogenie kann eine **Symbiose** (S.165) zwischen Bakterienzelle und Phagen mit sich bringen. So ist das **Diphteriebakterium** (*Corynebacterium diphteriae*) an sich harmlos. Nur wenn es einen Prophagen trägt, wird es pathogen und ermöglicht eine schnelle Vermehrung der Bakterien im Wirt. Verursacht wird dies durch das giftige **Diphterietoxin** (S.88), das im Virusgenom kodiert wird.

4.2.5 Eukaryontische Viren
Schritte einer Virusinfektion
Adsorption
Über ihre **spezifischen Capsidproteine** binden Viren an Rezeptoren der Wirtszelle. Dabei kann die Bindung
- an **zellspezifische** Rezeptoren erfolgen (dann können Viren nur bestimmte Gewebe befallen) oder
- an Rezeptoren erfolgen, die auf **verschiedenen Zelltypen** verbreitet sind (dann werden unterschiedliche Gewebe, oder sogar unterschiedliche Tierarten befallen).

Klinischer Bezug

HI-Viren (Humane Immundefienz-Viren, HIV) können nur Zellen befallen, die den **CD 4-Rezeptor** und je nach Zelltyp gleichzeitig als Korezeptor entweder den **CCR5-Rezeptor** oder den **CXCR4-Rezeptor** besitzen (T-Helferzellen, Monozyten, Makrophagen, dendritische Zellen). Ca. 1 % der europäischen Bevölkerung ist homozygot für eine definierte Mutation des CCR5-Korezeptors, sie können sich nur schwer mit dem HI-Virus infizieren.

Penetration
Bei **nackten** Viren (ohne Lipidhülle) erfolgt die Penetration über **Pinozytose** (S.30). **Umhüllte** Viren **fusionieren** ihre Lipidhülle mit der Zytoplasmamembran der Wirtszelle. In beiden Fällen gelangt das komplette Virus **inklusive des Capsids** in die Zelle.

 Lerntipp

In der Prüfung wird häufig nach den unterschiedlichen Penetrationsarten von eukaryontischen Viren und Bakteriophagen gefragt. Beachten Sie daher:
- Bakteriophagen injizieren nur die DNA!
- Eukaryonten-Viren penetrieren samt Capsid!

Uncoating
In der Zelle erfolgt das Uncoating (Abbau des Capsids durch Enzyme). Damit wird das **Virusgenom** innerhalb der Wirtszelle **freigesetzt**.

Reifungsphase
Während dieser Phase sind keine vollständigen Viruspartikel nachweisbar – man spricht auch von der Eclipse (S.133). Die **Virusbestandteile** werden pro-

duziert und das **Virusgenom** wird **repliziert**. Die dabei ablaufenden Prozesse sind sehr unterschiedlich und hängen vom Virustyp (z.B. DNA-/RNA-Virus) ab. Teils werden Enzyme der Wirtszelle verwendet, teils steckt die Information für wichtige Proteine (z.B. die Information für die RNA-Replikase zur Vermehrung einiger RNA-Viren) im Virusgenom und muss erst durch Translation realisiert werden. **Retroviren** können ihre genetische Information von RNA in doppelsträngige DNA umschreiben. Das dafür benötigte Enzym, die **reverse Transkriptase**, bringen sie entweder mit, oder lassen es in der Wirtszelle durch Translation ihrer RNA bilden. Diese DNA kann dann in das Wirtsgenom integriert werden.

Virusmontage und -freisetzung
Die **Montage der Viren** erfolgt zum Teil **spontan** (Self Assembling), zum Teil unter Zuhilfenahme **zellulärer Proteine**. Membranumhüllte Viren werden an Membranstrukturen (Zellkern, Zytoplasmamembran) zusammengesetzt.
Die **Ausschleusung** der fertigen Viruspartikel erfolgt durch verschiedene Strategien:
- Bei **nackten** Viren erfolgt die Freisetzung der Viren durch **Zerstörung der Zelle**.
- **Umhüllte** Viren werden durch Exozytose ausgeschleust. Dabei bildet sich aus den Bestandteilen der Wirtszellmembran die Virushülle. Die **Wirtszelle** bleibt bei diesem Prozess **intakt**.

MERKE

Nicht immer wird die Wirtszelle durch die Freisetzung von Viren zerstört. Bei der Virusausschleusung durch **Exozytose** bleibt die **Wirtszelle intakt**.

Lysogener Zyklus bei Eukaryonten
Auch in Eukaryonten ist ein lysogener Zyklus möglich. Einige Viren können ihr Genom ebenfalls in das Wirtszellgenom integrieren (z.B. das HI-Virus) und erst zu einem späteren Zeitpunkt in die Reifungsphase eintreten.

Transposons und Retrotransposons
Transposons und Retrotransposons (S.120) sind während der Evolution des Menschen entstandene **Überreste von viralen Infektionen**. Dabei haben bestimmte Viren ihre Fähigkeit zur Produktion von Hüllproteinen verloren und wurden damit in der Zelle „gefangen". So lassen sich im menschlichen Genom zahlreiche von Viren abgeleitete DNA-Sequenzen nachweisen.

Infektionswege humanpathogener Viren
Die Infektionswege mit Viren können sehr vielgestaltig sein.

- Viele Viren werden, wie bei Influenza, Masern, Mumps oder Röteln durch **Tröpfcheninfektion** übertragen.
- Andere Viren infizieren den Menschen über das **Blut**, z. B. bei Hepatitis B, C, D oder Aids (HIV). Daher sind, falls möglich, Eigenblutspenden vor größeren Operationen für eine Eigenbluttransfusion zu empfehlen. Das Infektionsrisiko durch die Bluttransfusion wird dadurch stark eingeschränkt.
- **Oral** kann man sich durch Kuss z. B. mit Zytomegalie-Viren (ZMV) und Herpes-Simplex-Viren (HSV) infizieren.
- Durch **Schmierinfektion** (Infektionsquelle Stuhl) können Hepatitis A, E oder Rotaviren (Diarrhoe) übertragen werden.
- Viele Viren werden durch **Lebensmittel, Trinkwasser** oder **Vektoren** (z. B. Mücken bei Gelbfieber) verbreitet. Das Tollwutvirus gelangt z. B. über den **Biss** von Hunden oder Fledermäusen in den menschlichen Organismus.
- Durch **indirekten Kontakt** (Geräte, Inhalatoren, Türklinken) ist eine Infektion mit Adenoviren des Respirationstraktes oder Papillomaviren möglich.
- Eine weitere Infektionsmöglichkeit sind **Transplantate**.

Die **endogene Reinfektionen** mit latent im Körper persistierenden (jedoch vom Immunsystem in Schach gehaltenen) Viren (z. B. HSV, ZMV) stellt zwar keine Neuinfektion dar, führt aber erneut zur Ausbildung der phänotypischen Krankheitsmerkmale.

Klinischer Bezug

Röteln. Virale Infektionen während der Schwangerschaft können zu **Missbildungen** des Fetus führen, bis hin zum **Spontanabort**.

Besonders gefährdet sind Schwangere, die sich eine Rötelinfektion zuziehen – selbst wenn diese Infektion latent verläuft, also von der Schwangeren gar nicht bemerkt wird. Aufgrund der Häufigkeit und Stärke der Missbildungen nach einer Rötelninfektion sollten Mädchen noch vor Erreichen der Pubertät gegen Röteln immunisiert werden.

Tumorviren. Eine weitere Gefahr ist die Entwicklung von **Tumoren** durch einige Virenstämme, zu denen sowohl **DNA-Viren** (Epstein-Barr-Virus) als auch **Retroviren** gehören. Die bei Retroviren durch die reverse Transkriptase aus der RNA dieser Viren gebildete DNA wird in das Wirtsgenom integriert. Beim Übergang in den lytischen Zyklus (Herausschneiden des Virusgenoms) werden häufig wirtszelleigene Gene mitgeschleppt, die u. U. **Protoonkogene** (S. 73) sind, d. h. wichtige Schritte des Zellzyklus kontrollieren (DNA-bindende Proteine, Hormonrezeptoren, Wachstumsfaktoren und Wachstumsfaktorrezeptoren, Proteinkinasen, G-Proteine). In den nachfolgenden Virusgenerationen werden diese Gene auf Grund der bei Viren auftretenden hohen Mutationsrate mutativ verändert und können so zu **Onkogenen** (S. 73) werden. Bei der Infektion neuer Wirte wird das Onkogen exprimiert und führt zur Transformation der infizierten Zellen.

Weitere Ursachen der **Transformation** von Wirtszellen können sein:

- **Überproduktion eines Genproduktes** aufgrund einer zusätzlichen (normalen) Genkopie,
- **Enthemmung blockierter Protoonkogene** in den Wirtszellen.

Latente Virusinfektion

Latente Virusinfektionen entstehen durch **persistierende** Viren (sehr langsame produktive Replikation, z. B. bei temperenten Viren) oder **nichtproduktive** Viren. Die Infektion bleibt erhalten, es gibt kaum Symptome, das Immunsystem hält die Viren im Schach (sie sind in ihren Zellen gefangen).

Auf bestimmte Reize hin, über die wenig bekannt ist, können die Viren wieder **aktiviert** werden (z. B. Herpes simplex). Die Ursache kann z. B. eine **Schwächung des Immunsystems** durch

- psychischen Stress,
- durch eine andere Krankheit (bei z. B. Tumorpatienten oder bei AIDS) oder
- durch medikamentöse Unterdrückung der Immunreaktion nach Transplantationen sein.

Als Folge kann dann z. B. eine generalisierte Herpesinfektion oder eine Pneumonie eintreten.

Befallen Viren unterschiedlicher, aber ähnlicher Virusstämme die gleiche Zelle, so ist ein **Gentransfer** zwischen diesen Virenstämmen möglich. Bei Viren mit segmentierten Genomen (das Genom besteht aus mehreren Nukleinsäurestücken) können Gensegmente ausgetauscht werden. Dadurch können z. B. tierische Viren die Fähigkeit erlangen, menschliche Zellen zu infizieren. Die Bedingungen dafür sind überall dort gut, wo Menschen in sehr engem Kontakt mit Tieren leben (Hühnerhaltung oder Schweinehaltung in Wohngebäuden). Solche Infektionen sind oft sehr aggressiv, da das menschliche Immunsystem sich noch nicht über einen längeren Zeitraum mit diesen Viren auseiandersetzen konnte. Es besteht die Gefahr einer **Epidemie** (zeitliche und örtliche Häufung einer Krankheit). Durch moderne Transportmittel (Flugzeug, Bahn, Schiff) kann die Infektion schnell auf andere Länder übergreifen und eine **Pandemie** (kontinentübergreifende Ausbreitung einer Infektionskrankheit) auslösen. Pandemien waren z. B. die Pest 1347–1352, die Spanische Grippe (1918–1920), die Hongkong-Grippe (1968) und die Schweinegrippe (2009). Ein Beispiel einer noch andauernden Pandemie ist die Infektion mit HI-Viren (AIDS).

4.2.6 Virusnachweis

Der Nachweis konkreter viraler Infektionen ist schwierig und erfolgt meist **indirekt**. Über serologische Methoden werden spezifische **Antikörper** im Serum von Patienten nachgewiesen, über molekularbiologische Methoden (S. 128) wird **Virus-RNA** oder **Virus-DNA** im Blut oder Gewebe nachgewiesen.

4.2.7 Bekämpfung viraler Infektionen
Therapiemöglichkeiten

Die **chemotherapeutische** Bekämpfung von Virusinfektionen ist sehr schwierig, da Viren sich innerhalb von Zellen befinden und auch den biochemischen Apparat der Zelle benutzen. Es gibt jedoch einige Ansätze, die bei einzelnen Virustypen in **virusspezifische Stoffwechselvorgänge** eingreifen. Dafür ist die Kenntnis des Erregervirus nötig. So kann man z. B.

- bei Influenzaviren durch Amantadine das „Uncoating" blockieren,
- bei Herpesviren die **Replikation** durch Antimetaboliten **hemmen**,
- bei RNA-Viren die **reverse Transkriptase hemmen**,
- durch Neuraminidase-Inhibitoren (z. B. Tamiflu, Relenza) bei Influenza-Viren die **Virusfreisetzung und -ausbreitung unterbinden**,
- Prozesse der **Virusmontage hemmen** oder
- die **Virusadsorption** an Zellen **blockieren**.
- Die Bekämpfung von HI-Viren (S. 135) erfolgt durch die **Kombination** verschiedener Wirkstoffe, welche die reverse Transkriptase, virusspezifische Protease und Integrase hemmen. Zusätzlich kann man die Fusion der Virushülle mit der Zytoplasmamembran hemmen.

Unspezifische Abwehr durch Interferon

Ein unspezifischer Abwehrmechanismus des menschlichen Organismus gegen Viren ist die Bildung von **Interferon**. Interferone sind **artspezifische zelluläre Abwehrproteine**, die nach einer Virusinfektion in der Zelle gebildet und auch freigesetzt werden. Seine Wirkung entfaltet es jedoch nur **innerhalb von Zellen** durch

- die Beeinflussung von **Virusrezeptorproteinen** der Zelloberfläche und
- die Bildung von **translationshemmenden Proteinen** (RNAse-Wirkung), was die Virusvermehrung unterdrückt.

Die multiplen Angriffspunkte auf Zellmembran und Translation sind **nicht selektiv**.

Interferon unterscheidet also nicht zwischen Prozessen der viralen oder der menschlichen Proteinbiosynthese. Das zeigt sich in den Nebenwirkungen einer hochdosierten Interferontherapie.

> **MERKE**
>
> **Interferone** sind streng **artspezifisch**, aber virus**un**spezifisch.

Immunisierung

Bei einer Virusinfektion bildet der Organismus **Antikörper**, die – manchmal auch ohne Ausbildung von Krankheitssymptomen – zur völligen Eliminierung des Virus führen können (z. B. bei Schnupfen). Die Antikörper binden an freie Viren und neutralisieren sie bzw. verhindern die Adsorption an die Wirtszellen.

Infizierte Zellen präsentieren **virusspezifische Proteine** (S. 65) auf ihrer Oberfläche und können so von der zellulären Abwehr erkannt und vernichtet werden. Diese Zellvernichtung kann jedoch selbst zur Ursache von Krankheitssymptomen werden, z. B. bei Hepatitis B: Das Immunsystem erkennt infizierte Hepatozyten und zerstört diese, wodurch es zu einer schleichenden Zerstörung der Leber kommt (chronischer Verlauf).

Der beste Schutz vor Virusinfektionen ist die vorbeugende **aktive Immunisierung**. Diese kann durch mehrere Verfahren erreicht werden:

- Immunisierung mit abgeschwächten (**attenuierten**) Viren: Selektion von Virusmutanten, die sich in Kultur noch vermehren, im Wirt aber keine Zellen mehr befallen können (**Lebendimpfstoff**)
- Immunisierung mit abgetöteten (**inaktivierten**) Viren (**Totimpfstoff**)
- Immunisierung mit **Kapselproteinen**, die **in vitro** hergestellt werden können (z. B. beim Impfstoff gegen Papillomaviren) oder als **Spaltimpfstoff** aus Viren durch Behandlung mit Detergenzien gewonnen werden (z. B. Influenzaviren).

Das Immunsystem reagiert mit der Aktivierung spezifischer B-Lymphozyten (S. 63), die sich zu Plasmazellen differenzieren und Antikörper gegen die Viren (bzw. Kapselproteine) bilden. Parallel dazu bilden sich Gedächtniszellen, die bei einer erneuten Infektion eine schnelle und effiziente Immunantwort ermöglichen. Bei einigen lebensgefährlichen Viren dauert diese Immunantwort jedoch zu lange (z. B. Tollwutviren), der Tod würde eintreten bevor ein Immunschutz wirksam wäre. In solchen Fällen kann man als Notfallmaßnahme direkt Antikörper gegen das Virus spritzen (**passive Immunisierung**).

Methoden der **genetischen Immunisierung** mit rekombinanten **Virusvektoren** oder rekombinanten **attenuierten Bakterien** werden zurzeit entwickelt. Ziel dabei ist die Bildung des immunisierend wirkenden viralen Antigens im Wirt selbst.

RNA-Viren sind in der Lage, sich in kurzer Zeit schnell zu verändern. Das macht es sehr schwierig, einen Impfstoff zu entwickeln (bestes Beispiel: HIV). Da das Virusgenom nicht durch DNA-Polymerasen (hier gibt es eine Fehlerkorrektur während der Replikation), sondern durch RNA-Polymerasen (keine Fehlerkorrektur!) vermehrt wird, entstehen während des Vermehrungszyklus unterschiedliche Varianten des Virus, eine sogenannte „Quasispezies". Dadurch können solche Viren den Angriffen des Immunsystems entgehen (Immunevasion).

> **MERKE**
>
> — **Aktive Immunisierung:** Stimulation des Immunsystems mit spezifischen Antigenen
> — **Passive Immunisierung:** Injektion von Antikörpern, um bereits im Organismus kreisende Erreger oder Toxine zu neutralisieren.
>
> Während die **passive** Immunisierung nur **wenige Wochen** (bis zum Abbau der Antikörper) wirksam ist, führt eine **aktive** Immunisierung zu einer **längeren** (manchmal **lebenslangen**) Immunität.

4.2.8 Viroide

Viroide sind **infektiöse kurze Nukleinsäuren** mit einem niedrigen Molekulargewicht (um 100 000 Dalton). Sie bestehen aus einer **ringförmigen RNA**, die stäbchenförmig verdrillt ist, und besitzen weder Hülle noch Capsid.

Viroide können bei Pflanzen Krankheiten auslösen. Der Mechanismus ihrer Vermehrung in den infizierten Zellen ist weitgehend unbekannt.

> **MERKE**
>
> Viroide sind kurze **Nukleinsäuren**, sie haben **kein Capsid** und befallen überwiegend **Pflanzen**.

 Check-up

✓ Wiederholen Sie den prinzipiellen Aufbau von Viren.

✓ Überlegen Sie sich die Unterschiede im Infektionszyklus von Phagen und eukaryontischen Viren.

✓ Rekapitulieren Sie die Bekämpfung viraler Infektionen.

4.3 Bakterien

 Lerncoach

— Bakterien sind immer ein Prüfungsschwerpunkt der 1. Ärztlichen Prüfung. Achten Sie beim Lernen vor allem auf die Unterschiede zwischen Bakterien und eukaryontischen Zellen und prägen Sie sich die Einteilung der Bakterien inklusive der angegebenen Beispiele gut ein.

— Die Bakteriengenetik ist ebenfalls sehr wichtig. Sie wird im gleichnamigen Kapitel (S. 118) abgehandelt.

4.3.1 Überblick und Funktion

Bakterien sind **Prokaryonten**. Sie besitzen 70S-Ribosomen, **keinen** Zellkern und **keine** Mitochondrien oder andere membranbegrenzten Zellorganellen (Abb. 1.1). Die Atmungskette ist bei Bakterien in der Zellmembran lokalisiert. Weitere Membranproteine dienen als Sensorproteine der Vermittlung von Umgebungsinformationen, dem Transport (Transferproteine) oder als Enzyme der Synthese der Zellwand. Das Genom ist ein **ringförmiges** doppelhelikales **DNA-Molekül**. Es wird oft auch als „Bakterienchromosom" oder „Kernäquivalent" bezeichnet, darf aber nicht mit den linearen Chromosomen der Eukaryonten verwechselt werden! Die bakterielle DNA ist nicht mit Histonen zu Nukleosomen verpackt. Da es bei Bakterien keine Introns gibt, wird die mRNA nach ihrer Synthese auch nicht gespleißt.

Zusätzlich zum Genom können weitere ringförmige DNA-Moleküle, sogenannte **Plasmide** (S. 118), vorhanden sein. Sie können unabhängig vom Bakteriengenom repliziert werden und tragen die Information für den **F-Faktor** (S. 118), also den Fertilitätsfaktor, der die Konjugation ermöglicht. Plasmide können zusätzlich noch einen oder mehrere **R-Faktoren** (S. 119) – d. h. Resistenzfaktoren – kodieren, deren Genprodukte eine Resistenz gegenüber Antibiotika vermitteln.

Mit Ausnahme der Mykoplasmen besitzen Bakterien eine **Zellwand**. Kurze Proteinstrukturen auf der Zellwand von Bakterien werden **Fimbrien** genannt, sie dienen der Anheftung an Zellen und Oberflächen und verbessern dadurch die Invasionsfähigkeit. Fimbrien sind daher Virulenzfaktoren. Sie ermöglichen Bakterien die Ausbildung von Biofilmen an Grenzflächen (z. B. Zahnplaques oder Besiedlung der Oberfläche von Gefäßkathetern). Bakterien können auch **Geißeln** besitzen.

4.3.2 Einteilungskriterien der Bakterien
Zellwand

Nimmt man die Zellwand der Bakterien als Einteilungskriterium, kann man **drei große Gruppen** unterscheiden:

— **zellwandlose** Bakterien (Mykoplasmen),
— **gram-positive** Bakterien (gram⁺),
— **gram-negative** Bakterien (gram⁻).

Die Zellwand besteht aus Murein und ist der Zytoplasmamembran aufgelagert. Sie ist verantwortlich für die antigenen Eigenschaften der Bakterien und hat folgende **Funktionen:**

— Sie verankert **Pili** und **Geißeln**,
— sie gibt den Bakterien ihre **Form** und **Stabilität**,
— sie bewahrt die Zelle vor dem **Zerplatzen** (hoher osmotischer Innendruck!) und
— schützt sie vor **chemischen Noxen**.

Aufgrund des charakteristischen Aufbaus der Zellwand und dem daraus resultierenden Färbeverhalten gegenüber der **Gram-Färbung** (Einlagerung eines blau-violetten Acridinfarbstoff-Jod-Komplexes in die Zellwand mit anschließender alkoholischen Extraktion sowie Anfärbung mit Carbolfuchsin) unterscheidet man:

- **gram⁺-Bakterien:** Der Acridinfarbstoff **verbleibt** in der Zellwand, die Zelle erscheint blau-violett, und
- **gram⁻-Bakterien:** Der Acridinfarbstoff wird durch Alkohol **extrahiert**, die Zelle erscheint durch Anfärbung mit Carbolfuchsin nur rötlich.

Murein

Murein ist ein **Peptidoglycan**, ein Polysaccharid, das aus den Kohlenhydraten **N-Acetylglucosamin** und **N-Acetylmuraminsäure** aufgebaut ist. Diese Kohlenhydratpolymere sind mit Tetrapeptiden verestert, welche widerum bei vielen gram⁻-Bakterien untereinander direkt miteinander vernetzt sind. Bei gram⁺-Bakterien sind die Tetrapeptiden überwiegend indirekt über **Glycinbrücken** miteinander verbunden (Abb. 4.2).

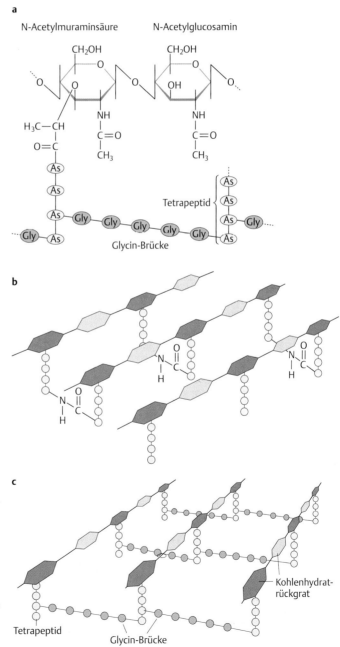

Abb. 4.2 Aufbau von Murein. a Chemische Struktur. **b** Direkte Vernetzung bei gram⁻-Zellen. **c** Indirekte Vernetzung bei gram⁺-Zellen. (nach Kayser, FH et al. Medizinische Mikrobiologie. Thieme 2001)

4

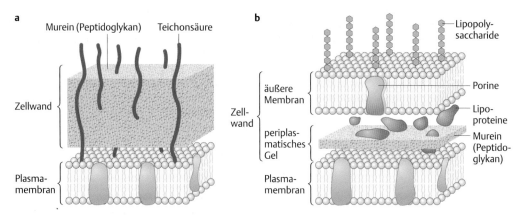

Abb. 4.3 Zellwandaufbau. a Gram⁺-Bakterien. **b** Gram⁻-Bakterien. (nach Hirsch-Kauffmann M, Schweiger M, Schweiger MR. Biologie und molekulare Medizin. Thieme 2009)

Gram⁺-Bakterien

Gram⁺-Bakterien besitzen aufgelagert auf ihrer Zytoplasmamembran einen dicken, **mehrschichtigen Mureinsacculus** (bis 40 Lagen). Aus ihm ragt kettenartig **Teichonsäure** heraus. Teichonsäure ist kovalent im Mureinsacculus verankert, besteht aus Ribitolphosphat- und Glycerolphosphatpolymeren (Abb. 4.3a) und wirkt als **exogenes Pyrogen** (fieberauslösende Substanz).

Gram⁻-Bakterien

Bei gram⁻-Bakterien wird die mechanische Stabilität durch einen wesentlich dünneren, **einschichtigen Mureinsacculus**, der in ein breites periplasmatisches Gel eingebettet ist, erreicht. Diesem Sacculus sind **Lipoproteine** aufgelagert, die von einer äußeren **Phospholipiddoppelschicht** umgeben sind In diese Lipiddoppelschicht sind **Lipopolysaccharide (LPS)** eingelagert, die die Membran sowohl nach innen mit der Mureinschicht der Zellwand verankern, aber auch nach außen weisen (Abb. 4.3b).

Diese Lipopolysaccharide lösen im Wirt beim Absterben der Bakterien toxische Reaktionen aus. Man nennt sie **Endotoxine**, da sie erst nach dem Tod der Bakterien freigesetzt werden. Sie sind **O-Antigene** und wirken darüber hinaus als **exogene Pyrogene** (S. 140). Die **äußere Phospholipidschicht** enthält Poren für den Stoffdurchtritt. Diese **Porine** schränken die Permeabilität für große Moleküle ein und sind selektiv für kleinere Moleküle. Die **innere Zytoplasmamembran** enthält (auch bei gram⁺-Bakterien) Transportproteine. Alle drei Lipidschichten (äußere Membran, Lipoproteinschicht und innere Membran) behindern das Eindringen von Substanzen, wie Farbstoffen oder auch Penicillin (S. 140), in die Zellwand oder durch diese hindurch.

Bei einigen Bakterien ist auf die Zellwand durch Sekretion noch eine **Kapsel** (S. 141) oder Schleimschicht aufgelagert. Diese Kapsel schützt die Zellen nach dem Eindringen in einen Organismus vor Phagozytose durch Makrophagen und erhöht damit die Virulenz.

Penicillin

Die **Mureinschicht** ist der Angriffspunkt des Antibiotikums Penicillins, daher wirkt es nur gegen **Prokaryonten**. Wenn Bakterien wachsen, müssen die Peptidbrücken zum Einfügen von Mureinbausteinen geöffnet werden. Penicillin verhindert danach die Ausbildung neuer Peptidbindungen, indem es die **Transpeptidase** hemmt. Die Zellwand wird dadurch zerstört und die Bakterienzelle platzt. Penicillin wirkt also nur auf **wachsende** Bakterienzellen, nicht auf Sporen oder andere Ruheformen.

Zellwandlose Bakterien **(Mykoplasmen)** werden von Penicillin ebenfalls **nicht** angegriffen und es wirkt auch **kaum** auf **gram⁻-Bakterien** (Ausnahmen Gono- und Meningokokken).

Bakterien, die einen Penicillinangriff überleben (z. B. nach zu niedriger Dosierung) haben Zellwanddefekte. Dadurch ist ihre Gestalt sehr unregelmäßig und sie sind osmotisch labil. Solche Zellen werden als **L-Formen** bezeichnet.

Lysozym

Eine weitere Substanz, die auf die bakterielle Zellwand wirkt, ist das Enzym Lysozym. Es wird von **Zellen der Schleimhäute** in extrazelluläre Flüssigkeiten (Nasenschleim, Tränenflüssigkeit, Darmschleim) abgegeben und baut das **Mureingerüst** von Bakterien ab, indem es die Bindung zwischen N-Acetylmuraminsäure und N-Acetylglucosamin spaltet. Ist die Zellwand abgebaut, zerplatzen die Bakterienzellen durch den hohen osmotischen Innendruck. Im Darm wird es von den Paneth-Körnerzellen sezerniert. Lysozym schützt also den Organismus an den bakteriellen Eintrittspforten vor gram⁺ Bakterien.

Lysozym wirkt **nicht** auf **gram⁻-Bakterien**, da sie durch ihre Lipoproteine und Lipopolysaccharide geschützt sind. **Mykoplasmen** werden ebenfalls **nicht** durch Lysozym angegriffen.

> **MERKE**
>
> **Penicillin** und **Lysozym** wirken nur auf Bakterien mit **Zellwand**. Mykoplasmen haben keine Zellwand, sie werden daher auch nicht angegriffen.

Kapselbildung

Einige Bakterien (stäbchenförmige **Mykobakterien** und **Pneumokokken**) sind in der Lage über ihre Zellwand eine Schleimkapsel zu sezernieren. Diese Schleimkapsel besteht aus **Zuckerpolymeren** und steigert die Virulenz solcher Bakterien, da die Schleimkapsel die unspezifische Abwehr durch Phagozytose behindert. Weitere Funktionen sind:
- Verbesserung der Haftfähigkeit auf Oberflächen,
- Schutz vor Austrocknung und
- Nährstoffreserve.

Mykobakterien sind zwar vom Zellwandaufbau prinzipiell gram⁺, jedoch ist ihre Zellwand so modifiziert, dass Farbstoffe sehr schwer (nur unter Einwirkung von Hitze und Phenol) eindringen können. Da sie anschließend mit dem üblichen Gemisch aus Säure und Alkohol nicht wieder entfärbt werden können, werden sie als „säurefest" bezeichnet. Der Nachweis ist mit der **Z.-N.-Färbung** möglich.

Geißeln

Bakterien können eine oder mehrere Geißeln ausbilden. Diese Geißeln unterscheiden sich von den Geißeln eukaryontischer Zellen (S. 37) sowohl im **Aufbau** als auch im **Funktionsprinzip**:
- bakterielle Geißeln **rotieren** und
- sie bestehen aus dem Protein **Flagellin**.

Das Geißelprotein ist hitzelabil und wird auch als **H-Antigen** bezeichnet. Dieses Antigen dient der serologischen Typisierung von Enterobakterien (z. B. Escherichia coli).

Nach der **Zahl** der Geißeln und ihrer **Verteilung** über die bakterielle Oberfläche unterscheidet man:
- **monotriche** Begeißelung (eine Geißel),
- **polytriche** Begeißelung (mehrere Geißeln), die entweder **lophotrich** (als „Büschel"), **peritrich** (über die ganze Oberfläche) oder **amphitrich** (an 2 Polen gegenüberliegend) verteilt sind.

Sporenbildung

Einige Bakterien (**Bazillen** und **Clostridien**) können unter ungünstigen äußeren Verhältnissen Dauerformen, sogenannte **Sporen** bilden. Diese Endosporen sind sehr resistent gegen chemische Noxen, Strahlung oder Erhitzen (Austrocknung).

Endosporen dienen **nicht**, wie die Sporen der Pilze und einiger Pflanzen, der **Vermehrung**. Es handelt sich um **Überdauerungssporen** und pro Bakterienzelle entwickelt sich nur eine Spore.

Bei der Sporenbildung wird das Zytoplasma bis auf einen kleinen „Core", der die DNA, RNA, Ribosomen und Enzyme enthält, abgebaut. Es bildet sich von innen nach außen:
- eine **Sporenwand** aus Murein,
- eine **Sporenrinde** aus atypischem Murein und
- ein **Sporenmantel** aus einem keratinähnlichen Protein.

Bakterien-Sporen haben einen extrem eingeschränkten Stoffwechsel. Erst wenn sich die Lebensumstände verbessern und bestimmte chemische Signale (z. B. Glucose, Adenosin, Aminosäuren) auf die Sporen einwirken, wird die Sporenrinde aus atypischem Murein durch Autolyse abgebaut und die Spore kann wieder auskeimen.

Sporen sind sehr resistent gegen Desinfektionsmaßnahmen. Daher sind sie von großer medizinischer Relevanz! Ihre **Tenazität**, d. h. ihr Vermögen in der Umwelt unter ungünstigen Umständen zu überleben, ist sehr hoch. Sie überstehen kochendes Wasser oder trockene Hitze bis 150 °C und können Jahrhunderte bis Jahrtausende überleben.

Empfindlichkeit gegenüber Sauerstoff

Nach ihrem Verhalten gegenüber Sauerstoff unterscheidet man **obligat aerobe** Bakterien, die **Sauerstoff** benötigen (atmen), von **obligat anaeroben** Bakterien, die ihre Energie durch anaerobe **Glykolyse** gewinnen und sich in Gegenwart von Sauerstoff nicht entwickeln können.

Bakterien, die unter beiden Bedingungen wachsen können, sind **fakultativ anaerob**. Bakterien, die nur bei einem verminderten Sauerstoffpartialdruck wachsen, werden als **mikroaerophil** bezeichnet (bis 5 % Sauerstoff).

Formen der Bakterienzellen

Nach der Form unterscheidet man:
- **gerade stäbchenförmige** Bakterien (z. B. Escherichia coli),
- **keulenförmige Stäbchen**,
- **Fusobakterien** (Stäbchen mit zugespitzten Enden),
- **Kokken** (runde Bakterien),
- **Spirochaeten** (spiralförmig gewundene Bakterien, flexibel, unbegeißelt, z. B. Treponemen)
- **Spirillen** (spiralförmig gewunden, starr und begeißelt, größer als Spirochäten) und
- **Vibrionen** (kommaförmige Bakterien, z. B. Vibrio cholerae).

4

Tab. 4.1

Einteilung und Eigenschaften einiger humanpathogener Bakterien*

Gruppe	Eigenschaften	Beispiel
Stäbchen +/–	Stäbchen, peritrich begeißelt, fakultativ anaerob	Enterobacteriaceae (z. B. *Escherichia coli*) –
	kommaförmig, falkultativ anaerob	Vibrionen (z. B. *Vibrio cholerae*) –
	Stäbchen, sporenbildend, aerob	Bazillen +
	Stäbchen, sporenbildend, anaerob, fast alle begeißelt	Clostridien (z. B. *Clostridium tetani*) +
	Stäbchen, unbeweglich, z. T. mit Kapsel (dann pathogen), aerob bzw. fakultativ anaerob	*Haemophilus influenzae* –
Spirochaeten –	spiralförmig, beweglich durch Rotation	Treponemen (z. B. *Treponema pallidum*), Borrelien, Leptospira
Spirillen –	spiralförmig, begeißelt, mikroaerophil	*Spirillum volutans* (apathogen) –
Staphylokokken +	kugelförmig, angehäufelt	z. B. *Staphylococcus aureus*
Streptokokken +	kugelförmig, in Ketten	z. B. *Streptococcus pyogenes*
Diplokokken +/–	kugelförmig, paarweise oder kurze Ketten, mit Kapsel	Pneumokokken +
	kugelförmig, paarweise, aerob	Neisserien –
Mykobakterien +	säurefeste Stäbchen mit Kapsel	z. B. *Mycobacterium tuberculosis*
Mykoplasmen –	ohne Zellwand	z. B. *Mycoplasma pneumoniae*

* mit + und – ist gekennzeichnet, ob es sich um gram⁺- oder gram⁻-Bakterien handelt.

Anordnung der Bakterien in Verbänden

Kokken können **einzeln** vorliegen oder nach den Teilungen verbunden bleiben und verschiedene **Kolonieformen** bilden:
- **Diplokokken** (Zweierpärchen),
- **Streptokokken** (kettenförmig),
- **Staphylokokken** (traubenförmig) und
- **Sarcinen** (paketförmig).

Auch **Stäbchen** können nach Teilungen mehr oder weniger lange **Ketten** bilden.

Sexpili

Sexpili sind Proteinrohre, die als Oberflächenstrukturen der **Kontaktaufnahme** zu anderen Bakterien dienen. Sie sind Voraussetzung für die danach erfolgende Ausbildung von Konjugationsbrücken (S. 118) zwischen den Bakterien. Die Fähigkeit, Sexpili ausbilden zu können, wird vom **F-Faktor** (Fertilitätsfaktor) kodiert, der meist als F-Plasmid vorliegt. Solche Bakterien werden als F⁺-Zellen bezeichnet (Donorzellen) und sind in der Lage, den F-Faktor über eine Zytoplasmabrücke auf F⁻-Zellen (Rezipienten) zu übertragen. Über Sequenzhomologien kann das F-Plasmid auch in das bakterielle Genom integriert werden, dann entstehen **Hfr-Zellen** (S. 119).

Morphologische Begutachtung der Bakterienkolonien

Bakterienkolonien unterscheiden sich im Durchmesser, ihrer Form, ihrer Farbe, ihrer Randstruktur, ihrer Oberflächenbeschaffenheit, ihrer Höhenentwicklung, ihrer Konsistenz und ihrer Transparenz.

Lerntipp

In der Prüfung werden regelmäßig die Einteilungskriterien von Bakterien anhand entsprechender Beispiele abgefragt. In Tab. 4.1 sind die „gefragtesten" humanpathogenen bakteriellen Erreger und ihre Eigenschaften aufgelistet und in Gruppen eingeteilt.

4.3.3 Kultur von Bakterien

Das Wachstum von Bakterien ist von der Temperatur, dem osmotischem Druck, dem Ionenmilieu, der Empfindlichkeit gegenüber Sauerstoff und dem pH-Wert abhängig. Viele Bakterien sind in der Lage, sich ihre Zellbestandteile aus einfachen, aus der Umgebung aufgenommenen Substanzen, selbst zu synthetisieren. Die Energie für solche Prozesse wird entweder aus dem Sonnenlicht (Cyanobakterien = Blaualgen) oder aus dem Abbau verschiedener organischer Substrate gewonnen. Spurenelemente, Ionen und Stickstoff (in Form von stickstoffhaltigen Verbindungen) werden direkt aus der Umgebung aufgenommen.

Minimalmedium

Ein Minimalmedium für die Kultur von Bakterien enthält eine **Energiequelle** (z. B. Glucose), eine **Stickstoffquelle** (z. B. Ammoniumionen), **Kofaktoren** und **Spurenelemente**. Unter diesen Bedingungen wachsen Bakterien jedoch relativ langsam, da sie alle anderen Bausteine selbst synthetisieren müssen.

Komplexes Nährmedium

Komplexe Nährmedien aus **Hefeextrakt**, **Pepton** oder **Fleischextrakt** beschleunigen das Wachstum erheblich. Einige Bakterien benötigen weitere Zusätze in Form von **Vitaminen**.

Nährböden können **selektiv** sein, dann wachsen nur bestimmte Bakterien darauf. Sie können aber auch **Indikatoren** enthalten, mit denen das Vorhandensein spezifischer Bakterien nachgewiesen werden kann. Gezüchtet werden Bakterien entweder in **Flüssigkulturen** (große Mengen möglich) oder auf **Agarplatten** (gelartiges Medium für kleinere Mengen, wird aus den Zellwänden von Algen gewonnen).

Wachstumskurve von Bakterien

Die Wachstumskurve von Bakterien ist charakteristisch und wird in **verschiedene Phasen** eingeteilt:

— die Lag-Phase,
— die exponenzielle Wachstumsphase (Log-Phase),
— die stationäre Phase,
— die Absterbephase.

Die **Lag-Phase** ist eine Anpassung der Bakterien an das Kulturmedium, es finden nur wenige Zellteilungen statt. Die Länge der Lag-Phase hängt vom Vormedium ab: Je ähnlicher es ist, umso kürzer ist die Anpassungszeit. Nach dieser Anpassung vermehren sich die Bakterien unter optimalen Bedingungen **exponenziell**. Trägt man den Logarithmus der Zellzahl gegen die Zeit auf, so erhält man eine Gerade, daher spricht man auch von **Log-Phase**. Diese Log-Phase dauert an, bis die Bakteriendichte zu hoch wird. Die Bakterienkultur tritt nun in die **stationäre Phase** ein, in der Wachstum und Zelltod im Gleichgewicht stehen, um anschließend, bei weiterer Verschlechterung der Lebensbedingungen (Abnahme der Nährstoffe, Zunahme toter Bakterien, Anhäufung von Bakterientoxinen) in die **Absterbephase** einzutreten.

Die **Wachstumsgeschwindigkeit** kann sehr unterschiedlich sein. So wachsen *E. coli* in Kultur mit einer Generationszeit von 20–30 Minuten, *Mycobacterium tuberculosis* je nach Stamm zwischen 1–4 Stunden und 6–24 Stunden.

Bestimmung der Bakteriendichte

Die Bakteriendichte lässt sich, je nach Kulturmethode, auf unterschiedliche Art und Weise bestimmen durch:

— Zählkammern,
— Trübungsmessung,
— Trockenmassebestimmung,
— Enzymmessungen und
— Plattenzähltechnik.

Bei der **Plattenzähltechnik** wird eine Bakteriensuspension so stark verdünnt auf Agarplatten aufgetragen, dass die neue Generation sich aus Einzelkeimen entwickelt. Aus der Zahl der Kolonien und dem Verdünnungsfaktor kann man die ursprüngliche Bakteriendichte berechnen.

4.3.4 Ursachen der pathogenen Wirkung von Bakterien

Die **Virulenz** (Stärke der Pathogenität) von Bakterien wird entscheidend durch die **Zahl** der eingedrungenen Bakterien, durch deren Besitz von **Adhäsinen** (Bindung an die Wirtszelle), durch **Invasionsfaktoren** (Eindringen in Gewebe und Zellen), durch die **Vermehrungsrate**, durch die Bildung von **Endo- oder Exotoxinen** und durch die Fähigkeit, sich dem **Zugriff des Immunsystems** zu **entziehen**, bestimmt.

Die **Inkubationszeit** ist die Zeit zwischen der Infektion mit einem Krankheitserreger und dem Auftreten der ersten Symptome. Erfolgt die Infektion in einem Krankenhaus, spricht man von einer **nosokomialen Infektion**.

Ein Teil der bakteriellen Erreger hat ein natürliches Reservoir in verschiedenen Haus- und Wildtierarten. Infektionen, die von solchen Bakterien verursacht werden, werden **Zoonosen** genannt und können direkt oder indirekt (über **Vektoren**) auf den Menschen übertragen werden.

Endotoxine

Endotoxine sind Bestandteil der **Zellwand** von Bakterien (Peptidoglycane, Lipopolysaccharide, Teichonsäure) und werden beim Absterben der Bakterien als Fragmente freigesetzt. Sie induzieren im Wirt die Freisetzung von Zytokinen (Botenstoffe des Immunsystems) und führen so zu immunpathologischen Effekten (Aktivierung der Komplementkaskade und Gerinnungskaskade). Diese können in Organversagen und septischem Schock resultieren.

Endotoxine verursachen keine krankheitsspezifischen, sondern **allgemeine Symptome** wie Fieber (pyrogene Wirkung), Schmerzen, Schock oder Unwohlsein.

> **MERKE**
>
> **Endotoxine** werden erst nach dem **Absterben** von Bakterien freigesetzt und verursachen allgemeine Krankheitssymptome.

Exotoxine

Einige Bakterien sind in der Lage, **Toxine zu produzieren** und **zu sezernieren**. Solche Toxine werden als Exotoxine bezeichnet und können z. B. gegen andere Bakterien gerichtet sein (*E. coli* – Colicin; Bacillusgattungen – Gramicidin).

Exotoxine die gegen einen **Wirt** gerichtet sind verursachen auf Grund ihrer spezifischen zellulären Angriffspunkte meist schwere, **sehr spezifische Krankheitssymptome**. Die Gene zur Produktion der Toxine können auch in **Prophagen** lokalisiert sein, z. B. Diphterietoxin (S. 88).

4

Beispiele für Exotoxine sind:

- **Diphterietoxin** von *Corynebacterium diphteriae*: Hemmung der Elongation bei der Translation,
- **Choleratoxin** von *Vibrio cholerae*: irreversible Aktivierung des stimulierenden G-Proteins der Adenylatzyklase, massive cAMP-Bildung, massiver Wasser- und Elektrolytverlust,
- **Tetanustoxin** von *Clostridium tetani*: proteolytische Spaltung von Synaptobrevin und dadurch Hemmung der Freisetzung inhibitorischer Transmitter wie Glycin und GABA, Starrkrampf,
- **Botulinustoxin** von *Clostridium botulinum*: proteolytische Spaltung von Synaptobrevin, Hemmung der Acetylcholinausschüttung, Lähmung.

Andere Exotoxine schädigen die Zellen durch **Porenbildung** in der Zytoplasmamembran. Dadurch können die Zellen dann ihren Ionenhaushalt nicht mehr regulieren.

> **MERKE**
>
> **Exotoxine** werden von **lebenden Bakterien** sezerniert, sie sind gegen den Wirt gerichtet und verursachen sehr spezifische Krankheitssymptome.

Exoenzyme

Einige Bakterien sind in der Lage Enzyme freizusetzen (Exoenzyme), die die bakterielle Infektion begünstigen. Solche Enzyme sind **Hyaluronidasen** und **Collagenasen**, die das Bindegewebe auflösen, oder **Lipasen** und **Proteasen**, die Lipide und Proteine abbauen und damit Zellmembranen zerstören.

Obligat parasitäre Bakterien

Bakterien, die **immer die Zellen ihres Wirtes infizieren** und sich auch **nur innerhalb ihrer Wirtszelle vermehren** können, nennt man obligat parasitär. Zu dieser Gruppe gehören auch **Chlamydien** und **Rickettsien**. Nachdem sie sich innerhalb der Zellen vermehrt haben zerstören sie diese und werden freigesetzt, was zu schwerwiegenden Krankheitserscheinungen führt (Fleckfieber, Q-Fieber, Psittakose). Die intrazelluläre Lokalisation dieser Bakterien ist eine Gemeinsamkeit mit Viren.

4.3.5 Sterilisation und Desinfektion

Mikroorganismen werden durch Sterilisation oder Desinfektion abgetötet. Bei der **Sterilisation** werden **sämtliche Zellen** abgetötet, sie kann daher nicht in einer biologischen Umgebung durchgeführt werden. Sollen nur die **pathogenen Keime** in einem biologischen Umfeld abgetötet werden, spricht man von **Desinfektion**. Mit Desinfektion erreicht man jedoch keine Keimfreiheit (Sterilität).

> **MERKE**
>
> - **Sterilisation:** Abtötung aller lebenden Zellen,
> - **Desinfektion:** Abtötung pathogener Keime in einer biologischen Umgebung.

Sterilisiert wird in der Regel durch **Hitzeeinwirkung**, insbesondere durch heiße Luft (bei 180 °C) oder im Autoklaven durch **„gespannte" Luft** (Überdruck, Wasserdampf, ab 120 °C).

Durch die Sterilisation können auch **Bakteriensporen** abgetötet werden. Das Ziel der Sterilisation ist die Reduktion der Anzahl der Keime auf dem sterilisierten Gegenstand auf 10^{-6}. Für die Inaktivierung infektiöser Proteine **(Prionen)** reichen 120 °C nicht aus, hier wird eine Sterilisation bei 134 °C über 60 Minuten durchgeführt.

Lösungen können auch durch **Filtration** mit Bakterienfiltern keimfrei gemacht werden, diese Methode hält aber keine Viren zurück.

> **Klinischer Bezug**
>
> **Gasbrand.** Die Sporen von *Clostridium perfringens*, einem obligat anaeroben, gram-positiven Stäbchen, sind ubiquitär verbreitet. Gelangen sie durch eine Weichteilverletzung (oder infiziertes OP-Besteck) in den Organismus, entwickeln und vermehren sich unter den hier vorherrschenden anaeroben Bedingungen aus den Sporen die pathogenen Bakterien. Diese lösen eine sich schnell ausbreitende schmerzhafte Wundinfektion (Gasbrand) aus, die unbehandelt tödlich endet. Die Behandlung schließt eine **operative Entfernung** des befallenen Gewebes, **hochdosierte Breitbandantibiotika** sowie **intensivmedizinische Betreuung** ein.

Weitere Methoden zur Reduktion der Keimzahl sind:

- Radioaktive Strahlung, UV-Strahlung oder Röntgenstrahlung.
- Chemische Verbindungen wie Detergenzien, Alkylanzien (Formaldehyd), Alkohole, Oxidationsmittel (Chlor, H_2O_2, Jod) und Schwermetallionen (Silber, Arsen).

In der medizinischen Praxis kommt der **Händedesinfektion** eine besondere Bedeutung zu, da die Übertragung von Keimen dadurch drastisch vermindert wird. Die **hygienische** Händedesinfektion umfasst die Desinfektion der Hände vor und nach Patientenkontakt, die **chirurgische** Händedesinfektion ist intensiver und wird nach einem bestimmten Schema vor Operationen durchgeführt. Typische Händedesinfektionsmittel enthalten Alkohole, Peressigsäure oder Phenole.

4.3.6 Bekämpfung von Infektionen
Antibakterielle Substanzen

Substanzen, die Bakterien **abtöten**, wirken **bakterizid**. Wird jedoch nur das **Wachstum** von Bakterien **gehemmt**, dann ist die Wirkung **bakteriostatisch**.

Bei der Behandlung von Infektionen ist die bakteriostatische Wirkung eines Arzneimittels oft ausreichend. Sie schützt vor einer stark und schnell anschwellenden bakteriellen Infektion, auf die der Organismus nicht mit gleicher Geschwindigkeit reagieren kann. Durch diese Verzögerung der Infektion gewinnt der Organismus Zeit, die Keime durch seine körpereigenen Abwehrmechanismen zu bekämpfen.

> **MERKE**
>
> – **Bakterizide** Wirkung: Abtötung der Bakterien.
> – **Bakteriostatische** Wirkung: Hemmung des Bakterienwachstums.

Die Einführung von Salvarsan durch Paul Ehrlich und die Entdeckung des Penicillins (S. 140) läuteten das Zeitalter der Chemotherapeutika und Antibiotika ein.

Antibiotika sind von Mikroorganismen (Pilze, Bakterien) produzierte, gegen andere Mikroorganismen wirkende Naturstoffe. **Chemotherapeutika** wurden eigens im Labor vom Menschen entwickelt. Eine scharfe Trennung zwischen beiden Definitionen ist heute jedoch schwierig, da viele Medikamente, deren Wirkstoffe auf der Struktur von natürlichen Antibiotika beruhen, inzwischen im Labor synthetisiert und modifiziert werden.

Chemotherapeutika und Antibiotika werden gegen pathogene Keime eingesetzt und **interferieren** mit bestimmten Schritten des Zellstoffwechsels (Tab. 4.2):

– Sie hemmen **Replikation, Transkription und Translation**,
– schädigen die **bakterielle Zellwand** oder die **bakterielle Zellmembran**,
– wirken als **kompetetive Enzymhemmstoffe**.

Tab. 4.2

Wirkungsmechanismen antibakterieller Substanzen (nach Hirsch-Kauffmann M, Schweiger M, Schweiger MR. Biologie und molekulare Medizin für Mediziner und Naturwissenschaftler. Thieme 2009)

Wirkstoff/-gruppe	Wirkmechanismus
Translationshemmer	
– Chloramphenicol (B)	bindet an 50S-Untereinheit der Prokaryonten-Ribosomen (Vorsicht! Mitochondrien-Ribosomen)
– Makrolide (B), wie z. B. Erythromycin, Clarithromycin, Acithromycin	binden an 50S-Untereinheit: Behinderung der Translokation von der A- zur P-Stelle
– Tetracycline (B), wie z. B. Oxytetracyclin, Doxycylin	binden an Ribosomen: Störung der Aminoacyl-tRNA-Anlagerung an die mRNA (30S-Untereinheit)
– Lincomycin (B)	bindet an Ribosomen: hemmt Peptidyltransferase
– Puromycin (B)	lagert sich statt der Tyrosyl-tRNA in die A-Stelle der Ribosomen ein, Kettenabbruch!
– Aminoglykoside (A): • Streptomycin • Neomycin • Kanamycin • Gentamycin	 hemmt 30S-Untereinheit der Prokaryonten-Ribosomen bindet an 30S-Untereinheit der Prokaryonten-Ribosomen lagert sich an 30S-Untereinheit membranassoziierter Ribosomen bei Prokaryonten behindert das Ablesen der RNA
Antimetabolite	
– Sulfonamide (B)	hemmen die Folsäuresynthese
Membran- und zellwandaktive Antibiotika	
– Penicilline (A), Cephalosporine (A)	hemmen die Mureinsynthese
– Bacitracin (A)	ändert die Permeabilität der Zellmembran
– Polymyxin B (A)	lagert sich an Phospholipide der Zellmembran: erhöht die Permeabilität der Membran
– Gramicidin (A)	lagert sich in die Zellmembran ein: ändert die Permeabilität der Membran
DNA-Stoffwechsel-Inhibitoren	
– Levofloxacin(A), Novobiocin (A), Moxifloxacin (A)	Gyrasehemmer, inhibieren die bakterielle DNA-Synthese
– Trimethoprim (B)	stört Nukleotidsynthese
– Mitomycin (A)	schädigt die DNA durch kovalente Verbindung der beiden Stränge
– Metronidazol (A)	wirksam ist ein Metabolit nach Verstoffwechselung der Nitrogruppe: schädigt DNA, Strangbrüche
RNA-Synthese-Hemmer	
– Rifampicin (A)	bindet an prokaryontische RNA-Polymerase: Transkriptionshemmung
– Actinomycin D (B)	bindet an DNA: Hemmung von Transkription (bei niedrigerer Konzentration) und Replikation (bei höherer Konzentration)
(A) bakterizid, (B) bakteriostatisch	

Einige dieser Substanzen wirken **sehr spezifisch**, da sie in Stoffwechselprozesse eingreifen, die es nur bei Bakterien gibt:

— **Sulfonamide** z. B. hemmen als Antimetabolite die Folsäuresynthese.
— **Penicilline** hemmen die Mureinsynthese.

Andere Substanzen wie **Puromycin** oder **Actinomycin** wirken **unspezifisch** (Abbruch der Translation, Hemmung der Transkription), da sie sowohl bei Pro- als auch bei Eukaryonten in zelluläre Prozesse eingreifen. Im Allgemeinen wirken **membran- und zellwandaktive** Antibiotika sowie Antibiotika, die in den **DNA-Stoffwechsel** eingreifen, **bakterizid**.

Antimetabolite und **Translationshemmer** wirken in der Regel **bakteriostatisch**. Die Übergänge können jedoch konzentrationsabhängig fließend sein.

Auch spezifisch gegen Prokaryonten wirkende Antibiotika haben **Nebenwirkungen**, da sie die Stoffwechselprozesse von Mitochondrien, die ursprünglich intrazelluläre „symbiontische Prokaryonten" (S. 39) waren, beeinflussen.

Der Antibiotikaeinsatz sollte so erfolgen, dass nach seiner Beendigung eine **Wiederbesiedlung der Biotope** (z. B. Darm, Schleimhäute) durch ihre natürlichen Keime erfolgen kann. Es darf also nicht das Ziel sein, alle Keime abzutöten.

Zerstörung der Darmflora durch Antibiotika. Eine Nebenwirkung des Antibiotikaeinsatzes (insbesondere der Einsatz von Breitbandantibiotika) kann die Zerstörung der normalen Bakterienflora im Darm und auf Schleimhäuten sein. Dadurch werden Symbionten, die Vitamin K im Darm produzieren, abgetötet (Vitaminmangel) und Lebensraum für Pilze geschaffen (z. B. Scheidenverpilzung, Darmverpilzung).

Durch häufigen Antibiotikaeinsatz können sich im Darm auch resistente *E. coli* anhäufen. Diese sind in der Lage, die Resistenzfaktoren auf andere, möglicherweise stark pathogene Keime weiterzugeben.

Kombination von antimikrobiellen Wirkstoffen. Die Kombination von antimikrobiellen Wirkstoffen kann sinnvoll sein, es sollte aber nicht frei kombiniert werden. Penicillin z. B. sollte nicht mit bakteriostatisch wirkenden Antibiotika kombiniert werden. Penicilline wirken auf wachsende Bakterien und hemmen die Neubildung (Erweiterung) des Mureinsacculus. Da Bakteriostatika das Wachstum von Bakterien hemmen, behindern sie die Penicillinwirkung.

Antibiotikaresistenzen

Bildung von Resistenzen

Die **schnelle Generationsfolge** und **hohe Mutationsraten** bei Prokaryonten führen (wenn auch selten) immer wieder zur Entstehung von Bakterien, die resistent gegen Antibiotika sind. Durch zufällige Mutationen bakterieller Gene verändern sich die kodierten Proteine so, dass Antibiotika über unterschiedliche Mechanismen wirkungslos werden.

Solche **Resistenzmechanismen** beruhen auf

— dem **Abbau** des Antibiotikums (z. B. Abbau des Penicillins durch Spaltung des β-Lactamringes),
— den **Umbau** des Antibiotikums (z. B. Acetylierung von Chloramphenicol und Kanamycin),
— der **aktiven Ausschleusung** des Antibiotikums (z. B. Tetracyklin),
— auf der **Veränderung der Zielstruktur** des Antibiotikums (z. B. Streptomycin).

Diese Resistenzen können im **Bakterienchromosom** selbst kodiert sein, aber auch auf sich unabhängig replizierenden **R-Plasmiden** (S. 119) liegen. Es gibt inzwischen sogar Plasmide mit Resistenzgenen gegen mehrere Antibiotika (**multiresistente Bakterien**), sodass einige Bakterien gegen fast alle gängigen Antibiotika resistent sind. Solche multiresistenten Stämme findet man z. B. in Krankenhäusern, da dort viel mit Antibiotika gearbeitet wird. Sie werden auch als **Krankenhaus- oder Hospitalkeime** bezeichnet, wie etwa multiresistente gram-negative Stäbchen (MRGN) und multiresistente Staphylococcus aureus (MRSA) Keime.

Beim Auftreten von Resistenzen ist eine **Resistenzdiagnostik** des Keimes nötig. Die Indikation der sich anschließenden Antibiotikatherapie sollte dann individuell erstellt werden (**Antibiotic Stewardship**). Bei extremen Fällen von Antibiotikaresistenz kann man auf sogenannte „Reserveantibiotika" zurückgreifen. Das sind Antibiotika, die aufgrund ihrer Nebenwirkungen normalerweise nicht eingesetzt werden sollen, aber nach Risikoabwägung dem Patienten helfen können, da Resistenzen bei ihnen weniger stark verbreitet sind.

Bakterien sind in der Lage, **R-Plasmide** durch Konjugation, Transformation und Transduktion auf andere, nicht resistente Bakterien zu **übertragen**. Diese Weitergabe kann auch auf Bakterien anderer Stämme erfolgen.

Auswirkungen der Resistenzbildung

Durch den Einsatz von Antibiotika werden die empfindlichen Bakterien vernichtet. Dadurch wird Lebensraum für eventuell vorhandene resistenten Bakterien frei, die sich jetzt ungehindert vermehren und ausbreiten können. Es findet ein **Selektionsprozess** auf diese resistenten Bakterien statt, der durch einen „unterschwelligen" Einsatz von Antibiotika verstärkt wird (zu niedrige Dosierung, Abbruch der Behandlung). Der häufige Einsatz von Antibiotika, nicht nur durch den Mediziner, sondern auch durch die unkontrollierte industrielle Nutzung in Landwirtschaft und Viehmast, führt zu einer immer stärkeren Zunahme von Antibiotikaresistenzen.

Die Antibiotikaresistenz ist jedoch keine „Alles-oder-Nichts"-Resistenz, sondern **konzentrationsabhängig**. Oft können selbst resistente Bakterien bei genügend hoher Konzentration des Antibiotikums abgetötet werden.

In einer Population resistenter Bakterien gibt es stärker und schwächer resistente. Die **Dosis** eines Antibiotikums sollte so gewählt werden, dass **alle** Bakterien davon erfasst werden. Bei zu geringer Konzentration oder vorzeitigem Abbruch der Behandlung überleben diejenigen Bakterien, deren Resistenz am stärksten ausgeprägt war und bilden jetzt den genetischen Grundstock für die nächste Population. Im Anschluss könnten sich Bakterien entwickeln, die selbst bei den höchst möglichen Konzentrationen einen Antibiotikaangriff überleben.

Was kann man gegen die Ausbreitung von Resistenzen tun?

Folgende Punkte sollten beachtet werden, um die Ausbreitung von Antibiotikaresistenzen zu minimieren:

- Kein Einsatz von Antibiotika im Pflanzenschutz, in der Tiernahrung und Tieraufzucht,
- möglichst geringer Einsatz von Breitbandantibiotika,
- auf ein richtige Dosierung achten: nicht zu wenig (keine Selektion auf Resistenzen) und nicht zu viel (harmlose Bakterien müssen überleben um den Lebensraum der pathogenen Bakterien nach dem Einsatz wieder zu besiedeln),
- keine Antibiotika bei viralen Infekten einsetzen (Ausnahme: bakterielle Superinfektion),
- sinnvolle Kombination von Wirkstoffen.

Check-up

✓ Überlegen Sie, nach welchen Kriterien Bakterien eingeteilt werden können.

✓ Rekapitulieren Sie den unterschiedlichen Wandaufbau bei gram⁺- und gram⁻-Bakterien.

✓ Vergegenwärtigen Sie sich die Angriffsorte von Penicillin und Lysozym.

✓ Machen Sie sich die Ursachen der Pathogenität von Bakterien klar.

✓ Wiederholen Sie die Entstehung und Ausbreitung von Antibiotikaresistenzen und die Rolle des Menschen in diesem Prozess.

4.4 Pilze

4.4.1 Überblick und Aufbau

Pilze (Fungi) sind **Eukaryonten**, sie besitzen einen Zellkern mit Chromosomen und sind ungefähr 10-mal größer als Bakterien.

Sie können **Saprophyten**, **Symbionten** oder **Parasiten** sein und ernähren sich ausschließlich **heterotroph**, d. h. sie bauen organische Substanzen ab (= destruentische Lebensweise). Die meisten Pilze leben **aereob**, Ausnahmen sind die **fakultativ anaeroben** Hefen (Gärung).

Pilze sind, wie die Pflanzen, unbeweglich und haben eine Zellwand, Vakuolen und eine Plasmaströmung. Sie können jedoch keine Photosynthese betreiben. Die **Zellwand** besteht aus Chitin, Glucanen und Zellulose.

Pilze bilden **Hyphen** (Fadenpilze, z. B. die Schimmelpilzgattungen Aspergillus = Gießkannenschimmel, Penicillium = Pinselschimmel) oder **Sprosszellen** (z. B. Hefen), die sich verzweigen können. Die Gesamtheit der Hyphen bildet das sogenannte **Myzel** (Abb. 4.4).

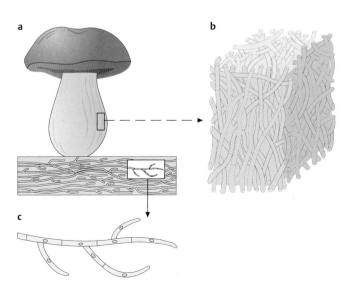

Abb. 4.4   Steinpilz. a Übersicht. **b** Myzel aus dem Fruchtkörper. **c** Hyphen des unterirdischen Myzels. (nach Nultsch W. Allgemeine Botanik. Thieme 2012)

Die **Hyphen** von Pilzen können bei niederen Pilzen **unseptiert** (keine Querwände), **leicht eingeschnürt** (stellenweise Verengung) oder bei höheren Pilzen durch Septen **zellig gegliedert** sein (über eine Pore im Septum haben die Zellen jedoch noch Verbindung untereinander).

4.4.2 Fortpflanzung der Pilze

Die Fortpflanzung der Pilze kann sowohl **geschlechtlich** (sexuell) als auch **ungeschlechtlich** (asexuell) erfolgen. Pilze, bei denen die ungeschlechtliche Vermehrungsphase bekannt und die geschlechtliche entweder nicht vorhanden oder noch unbekannt ist, heißen **„Fungi imperfecti"**. Zu ihnen gehören auch die meisten **humanpathogenen Pilze** (S. 150).

Ungeschlechtliche (asexuelle) Fortpflanzung

Asexuelle Fortpflanzung kann erfolgen durch:
- Zweiteilung,
- den Zerfall der Hyphen,
- Sprossung (bei Hefen),
- oder die Bildung von Konidien, die asexuelle, mitotisch gebildeten Sporen enthalten.

Die **Sporen** von Pilzen sind **besonders resistent** gegenüber chemischen und physikalischen Einflüssen. Sie überdauern auch ungünstige Umweltbedingungen.

Sexuelle Fortpflanzung

Pilze können in bestimmten Stadien der Fortpflanzung auch Konidien mit **sexuellen Sporen** bilden. Diese entstehen durch Verschmelzung zweier morphologisch nicht unterscheidbarer, physiologisch jedoch unterschiedlicher Zellen **(Isogamie)**. Die sexuelle Fortpflanzung schließt, wie bei anderen Eukaryonten, die **Plasmogamie** (Fusion des Zellplasmas beider Zellen) und eine teils zeitverzögerte **Karyogamie** (Fusion der beiden Zellkerne) ein. Nach der Verschmelzung ist die Spore **diploid** (Zygote). Sie kann auskeimen und nun diploide vegetative Zellen bilden. In diesem Fall entstehen die neuen **haploiden** Sporen durch spätere Reduktionsteilung.

Es ist jedoch auch möglich, dass die Reduktionsteilung bereits im Stadium der Zygote **(Zygotenmeiose)** stattfindet. Aus der Zygote entstehen dann zuerst haploide Sporen, die nach dem Auskeimen haploide vegetative Zellen bilden.

Es ist bei Pilzen also nicht nur ein Wechsel zwischen geschlechtlicher und ungeschlechtlicher Fortpflanzung möglich, sondern auch ein Wechsel zwischen haploiden und diploiden Organismen.

MERKE
- **Pilze** können sich sowohl **geschlechtlich** als auch **ungeschlechtlich fortpflanzen**.
- **Pilze** können von Generation zu Generation **im Wechsel haploid** und **diploid** sein.

4.4.3 Antibiotika

Einige Pilze sind in der Lage antibiotisch wirksame Stoffe zu synthetisieren. Zu ihnen gehört das von Flemming 1928 entdeckte **Penicillin** (S. 140) aus *Penicillium notatum*. **Cephalosporin** (Gattung *Acremonium*) und **Griseofulvin** (*Penicillium griseofulvum*) sind weitere Beispiele für Antibiotika, die in Pilzen gebildet werden, wobei das Griseofulvin als Antimykotikum gegen andere Pilze wirksam ist und bei Dermatomykosen (Pilzerkrankungen der Haut) eingesetzt wird.

Über 2000 solcher Antibiotika wurden bislang charakterisiert, ca. 50 davon werden chemotherapeutisch eingesetzt. Der Nachweis einer antibakteriellen Wirkung erfolgt über die Bildung von Hemmhöfen um ein Antibiotikum-getränktes Plättchen auf einem Indikatorbakterienrasen.

4.4.4 Toxische Syntheseprodukte von Pilzen

Lerntipp

Die Bildung von Pilztoxinen ist häufig Prüfungsthema. Lernen Sie daher, aus welchen Pilzen die Toxine stammen und wie sie ihre Wirkung entfalten.

Aflatoxine

Viele Pilze können **toxische Substanzen** produzieren, die für den Menschen gefährlich sind. Insbesondere die Aflatoxine einiger **Schimmelpilze** (= Fadenpilze, die Sporen bzw. Konidien bilden, wie z. B. *Aspergillus flavus* und *Aspergillus parasiticus*) sind sehr gefährliche Substanzen. Sie wirken bereits in Konzentrationen von 10^{-9} Mol toxisch.

Aflatoxine sind **Karzinogene**, die bereits in sehr geringen Konzentrationen schädlich sind (bereits < 10 µg/kg Körpergewicht wirken kanzerogen). Sie werden von Aspergillusarten produziert, die sich häufig auf Gewürzen, Nüssen und Nussprodukten sowie Getreide und Getreideprodukten befinden.

Zur Bildung der Giftstoffe sind Temperaturen von 25–40 °C nötig. Daher sind Aflatoxine vor allem in subtropischen und tropischen Gebieten von Bedeutung. **Aflatoxin B1** wird in der Leber zu einem Epoxid umgebaut, das im Zellkern der Hepatozyten kovalent an das Guanosin der DNA bindet. Dadurch wird die normale Replikation der DNA gestört und der genetische Code wird verändert.

Amanitine und Phalloidin

Zu den **lebensgefährlichen** Pilzgiften gehören die Amanitine und das Phalloidin der **Knollenblätterpilze**.

α-und β-Amanitin sind zyklische Oligopeptide, die die **RNA-Polymerase II** hemmen.

Zusätzlich bilden Knollenblätterpilze noch **Phalloidin**, ein Gift, welches die **Actinpolymerisation** beschleunigt und das polymere f-Actin stabilisiert. Phalloidin schädigt die Leberzellmembranen. Sie werden durchlässig für Ionen, sodass die Leberzellen nekrotisieren und zerstört werden.

Klinischer Bezug

Knollenblätterpilzvergiftung. Nach dem Pilzgenuss gibt es eine lange symptomfreie Phase. Nach 8–24 Stunden kommt es zu heftigen Brech-Durchfällen, die nach 1–2 Tagen wieder nachlassen, was eine Besserung vortäuscht, obwohl die Nekrosen zu diesem Zeitpunkt bereits sehr weit fortgeschritten sind. Am 3. Tag kehren die Symptome jedoch in Begleitung schwerer Organschäden (besonders der Leber) zurück. Der Tod tritt unbehandelt um den 5. Tag ein. Die **letale Dosis** an Amantotoxinen beträgt beim Menschen **0,1 mg/kg Körpergewicht**.

Therapeutisch verabreicht man Vergiftungsopfern

- **Aktivkohle**, um die enterohepatische Giftzirkulation zu verringern,
- **Elektrolyte** zum Ausgleich der Verluste,
- **Silibin** (ein Inhaltsstoff der Mariendistel) zur Verbesserung der Leberfunktion.

Bei schwerer Erkrankung wird eine **Lebertransplantation** erforderlich.

Muscarin und Muscimol

Muscarin und Muscimol sind Gifte des **ziegelroten Risspilzes**, **Pantherpilzes** und **Fliegenpilzes**.

Klinischer Bezug

Muscarin (Hauptgift des Risspilzes) ist ein **cholinerger Agonist**. Er führt zu einer konstanten Erregung der muscarinergen cholinergen Rezeptoren des Nervensystems. Die Wirkung tritt sehr schnell, innerhalb von 15–30 Minuten, ein. Symptome sind:

- Sehstörungen,
- starke Sekretion von Schweiß, Speichel- und Tränenflüssigkeit und
- Hypotonie.

Das Gegenmittel ist **Atropin**. Rechtzeitig verabreicht, verschwinden die Vergiftungserscheinungen in Minutenschnelle.

Muscimol (Hauptgift des Fliegenpilzes und Pantherpilzes) entfaltet seine starke Wirkung als **Agonist an GABA_A-Rezeptoren** des Gehirns. Symptome einer Vergiftung sind:

- Schwindel,
- Gehstörungen,
- Mattigkeit sowie
- psychische Symptome wie Sinnestäuschungen, Wutanfälle und Bewegungsdrang.

Muscimol ist für die halluzinogenen Zustände nach Fliegenpilzgenuss verantwortlich, das Gegenmittel (falls nötig) ist **Physostigmin** (hemmt die Acetylcholinesterase und verstärkt damit die cholinerge Signalübertragung).

Die Giftigkeit des Fliegenpilzes wird häufig überschätzt. Schamanen benutzten die halluzinogene Wirkung des Fliegenpilzgiftes, um sich in Trance-Zustände zu versetzen.

Ergotamin

Auf Getreide und Gräsern parasitiert der **Mutterkornpilz**, die Dauerform des Pilzes *Claviceps purpurea*. Das Gift dieses Pilzes ist Ergotamin.

Klinischer Bezug

Mutterkornvergiftung. Ergotamin bindet an **adrenerge α-Rezeptoren** der Zielorgane des Sympathikus. Durch diese Bindung wird eine Verengung der Blutgefäße (Durchblutungsstörung) ausgelöst. Weiterhin bindet Ergotamin an **Serotonin- und Dopaminrezeptoren**. Die klinischen Anzeichen einer Mutterkornvergiftung sind

- Übelkeit,
- Kopfschmerzen,
- Krämpfe,
- Gefühllosigkeit von Armen und Beinen,
- Gebärmutterkontraktionen und Fruchtabgänge.

Die Folgen einer **chronischen Mutterkornvergiftung** (im Mittelalter stark verbreitet) sind:

- starke Muskelkrämpfe und
- brennende Schmerzen von Armen und Beinen („Antoniusfeuer").

Die Gefäßverengung führt zu einer Minderdurchblutung, wodurch die Gliedmaßen erst gefühllos werden und später absterben.

Ergotamin wird auch heute noch in der Geburtshilfe als **wehenförderndes Mittel** eingesetzt. Im Mittelalter wurde es als Abtreibungsmittel benutzt.

Cyclosporin A

Cyclosporin A wird von Pilzen der Gattungen *Cylindrocarpon* und *Tolypocladium* produziert.

Klinischer Bezug

Cyclosporin A hat eine **immunsuppressive Wirkung**. Es wird klinisch z. B. bei Organtransplantationen zur Unterbindung der Abstoßungsreaktion eingesetzt.

4.4.5 Humanpathogene Pilzinfektionen

Von den ca. 120 000 bekannten Pilzarten können nur **ungefähr 100** beim Menschen Krankheiten hervorrufen. Die meisten dieser Infektionen sind nur bei **geschwächter Immunabwehr** des Wirtsorganismus möglich (**„opportunistische" Infektionen**). Viele dieser infektiösen Pilze gehören zu den „Fungi imperfecti" (S. 148).

Je nach **Infektionsort** unterscheidet man kutane Mykosen, subkutane Mykosen und Systemmykosen.

Kutane Mykosen

Die Pilze leben in den oberen Hautschichten, den Haaren oder in den Nägeln. Sie heißen deshalb auch **Dermatophyten**. Die Krankheiten werden als **Dermatomykosen** bezeichnet (z. B. **Fußpilz**, Tinea pedis).

Die Pilze sind in der Lage, das Keratin von Haaren und Nägeln abzubauen. Sie können den Menschen auch bei guter Immunabwehr infizieren, da die befallenen Strukturen schlecht oder gar nicht durchblutet werden. Zu den kutanen Mykosen zählen auch die Pilzinfektionen der Schleimhäute (z. B. **Candidiasis** durch *Candida albicans*).

Subkutane Mykosen

Die Pilze dringen durch die verletzte Haut oder Schleimhaut in den Körper ein und besiedeln die unteren Hautschichten, die Faszien, das Bindegewebe und den Knochen.

Systemmykosen (tiefe Mykosen)

Pilzsporen werden über die Atemluft aufgenommen und vermehren sich in der Lunge, z. B. **Lungenkryptokokkose** (Hefen) oder **Aspergillose** (*Aspergillus fumigatus*). Die Infektion breitet sich anschließend auf andere innere Organe aus.

Die Systemmykosen sind in der Regel **opportunistische Mykosen**. Die Pilze und deren Sporen kommen in der normalen Umwelt vor. Man hat täglichen Kontakt, sie sind jedoch normalerweise nicht gefährlich (apathogen). Treffen sie allerdings auf einen geschwächten Organismus, können sie pathogen werden.

Antimykotika und Fungizide

Die Bekämpfung von Pilzinfektionen, insbesondere von Systemmykosen, ist sehr schwierig, da es sich um eukaryontische Parasiten in einem eukaryontischen Wirt handelt. Viele Substanzen, die in den Stoffwechsel der Pilze eingreifen, greifen auch in den Stoffwechsel der menschlichen Zellen ein. Daraus resultieren die **Nebenwirkungen** der eingesetzten Medikamente.

Klinischer Bezug

Die beste **Prophylaxe** vor **Dermatomykosen** ist das Vermeiden direkter Kontakte mit Kranken und regelmäßige Desinfektion von öffentlichen Duschen und Garderoben.

Polyene. Polyene wie das **Nystatin** bilden irreversible Komplexe mit den Sterolen der Pilzzellmembranen.

Systemmykosen werden in der Regel mit dem Fungizid **Amphotericin B** behandelt, ebenfalls ein makrozyklisches Polyen-Antibiotikum von *Streptomyces nodosus*. Durch die Komplexbildung mit den Sterolen **(Ergosterol)** der Pilzzellmembran verändern sich die Membraneigenschaften der Pilze: Der Ionentransport wird gestört und der Ionenhaushalt der Zellen kann nicht mehr kontrolliert werden, sie gehen zugrunde. Amphotericin B wird bei oraler Gabe (Behandlung von Mundschleimhaut- und Darminfektionen) nicht resorbiert und muss deshalb bei systemischer Behandlung infundiert werden (ist dann jedoch extrem nephrotoxisch).

Ketoconazol. Ketoconazol hemmt die Synthese von **Ergosterol** (s. o.). Als Folge wird die Zellmembranbildung bei der Zellteilung gestört und die Vermehrung der Pilze gehemmt. Es kann auch systemisch verabreicht werden.

Griseofulvin. Dermatomykosen können mit Griseofulvin (von *Penicillium griseofulvum*) behandelt werden. Es wirkt ausschließlich gegen Dermatophyten. Griseofulvin bildet Komplexe mit **Purinen** und hat dadurch eine antimetabolische Wirkung im Nukleinsäurestoffwechsel. Die Folgen sind Störungen von Replikation (Mitosen) und Transkription. Zusätzlich bindet es **Tubulin** und wirkt dadurch als Mitosehemmer.

MERKE

Der Angriffspunkt vieler **Antimykotika** ist die **sterolreiche Zellmembran** der Pilze.

 Check-up

✓ Vergegenwärtigen Sie sich die Besonderheiten von Bau, Lebensweise und Fortpflanzung von Pilzen.

✓ Rekapitulieren Sie, warum die Therapie von Pilzinfektionen oft unerwünschte Nebenwirkungen zeigt.

✓ Wiederholen Sie, welche therapeutisch wirksamen Substanzen und welche gefährlichen Toxine von Pilzen produziert werden.

© iStockphoto.com/Christopher Badzioc

Kapitel 5

Evolution, Ökologie und Parasitismus

5.1 Klinischer Fall

Kein Marathon für Julia

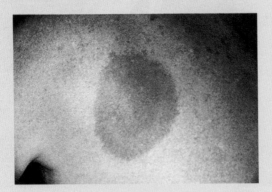

Das Erythema chronicum migrans breitet sich nach einer Borrelien-Infektion rund um die Einstichstelle aus. (aus Kayser FH et al. Taschenlehrbuch Medizinische Mikrobiologie. Thieme 2010)

Drei sehr verschiedene Themen werden im folgenden Kapitel dieses Lehrbuchs vorgestellt: Von der Entwicklung des Menschen über Wechselwirkungen zwischen Mensch und Umwelt bis hin zu Parasiten reicht die Palette. Ein Parasit ist es auch, der für Julias Beschwerden verantwortlich ist: eine Zecke. Diese kann – wenn sie sich ganz mit Blut vollgesaugt hat – bis zu einem Zentimeter groß werden und beim Saugen zwei Krankheiten auf den Menschen übertragen: die Borreliose und die Frühsommermeningoenzephalitis (FSME).

Drei Wochen vor dem Berlin-Marathon begannen die Schmerzen im Knie. Julia probierte alles aus: Gels, Salben und Verbände. Nichts half. Ein ganzes Jahr Training umsonst! Nun steht sie am entscheidenden Tag beim Zieleinlauf, jubelt ihrem Freund und den Bekannten vom Lauftreff zu und tröstet sich mit der Vorfreude auf das nächste Jahr. Doch auch in den folgenden Wochen hören die Schmerzen nicht auf. Ihr Orthopäde, der zunächst an eine Überlastung des Knies durch intensives Training gedacht hat, wird immer ratloser.

Rötung und Sommergrippe nach Zeckenstich

„Hatten Sie eigentlich einmal einen Zeckenstich", fragt er bei einem von Julias Besuchen schließlich. „Ja, letztes Jahr", erwidert diese überrascht. „Aber gegen Zecken bin ich geimpft. Das hat mir mein Hausarzt empfohlen, weil ich so viel im Wald joggen gehe." „Geimpft sind Sie gegen Frühsommermeningoenzephalitis", erläutert der Orthopäde. „Aber Zecken können noch eine weitere Erkrankung übertragen." Und er fragt, ob Julia nach dem Zeckenstich im vergangenen Jahr eine Rötung um die Einstichstelle bemerkt habe und ob sie dann, einige Tage oder Wochen später an Kopf- und Gliederschmerzen gelitten habe. Beides bejaht Julia überrascht. Über die merkwürdige, immer weiter nach außen wandernde Rötung (Erythema chronicum migrans) um die Einstichstelle an der rechten Wade hat sie sich im letzten Jahr sehr gewundert und auch an die „Sommergrippe" kann sie sich noch gut erinnern.

Knoten am Ohrläppchen

Noch erstaunter ist Julia allerdings über die nächste Bitte des Arztes: „Kann ich mal ihre Ohrläppchen sehen?" Denn natürlich weiß Julia, dass sie seit einem halben Jahr ein entzündetes Ohrläppchen hat – aber dass das auch mit dem Zeckenstich und den Knieschmerzen zusammenhängt, überrascht sie sehr. Der Orthopäde nennt das rötlich-bläuliche Knötchen am Ohr „Lymphadenosis cutis benigna" und erklärt Julia, dass alle diese Symptomme im frühen Stadium einer Infektion mit dem Bakterium Borrelia burgdorferi auftreten. Weitere Symptome – an denen Julia glücklicherweise nicht leidet seien beispielsweise eine Herzmuskelentzündung (Myokarditis) oder neurologische Erkrankungen.

Dank Antibiotika zum Marathon

Um ganz sicher zu gehen, nimmt der Arzt bei Julia Blut ab und untersucht dieses auf Antikörper gegen den Erreger. Wie erwartet lassen sich diese Antikörper gegen Borrelien nachweisen. Zur Therapie erhält Julia über drei Wochen ein Antibiotikum. Die Knieschmerzen und auch der Knoten am Ohrläppchen verschwinden während der Behandlung. Julia kann ihr Lauftraining bald wieder aufnehmen. Sobald die Zeckensaison wieder beginnt, sucht sie ihre Haut jeden Abend auf die kleinen gefährlichen Blutsauger ab. Und im Herbst läuft sie in New York beim Marathon mit. Mit ihrer persönlichen Bestzeit.

5.2 Evolution

Lerncoach

Die Evolution ist zwar nicht im Gegenstandskatalog der Biologie für Mediziner enthalten.
Grundlegende Kenntnisse zur Entstehung des
Lebens und der Evolution gehören aber dennoch
zur Allgemeinbildung eines jeden Mediziners.

5.2.1 Überblick und Funktion

Nachdem wir mit der Genetik etwas über die Vererbung und Veränderung von Merkmalen gelernt
haben, wollen wir uns jetzt mit Prozessen beschäfti-
gen, die lange Zeiträume in Anspruch nehmen und
die Ursache für die Entwicklung des Lebens und der
Entstehung der Arten sind. Gegenwärtig leben etwa
1 500 000 Tier- und ca. **400 000 Pflanzenarten** auf
der Erde. Dieser heutige Bestand macht aber nur **ein
Zehntel** aller seit der Entstehung des Lebens hervor-
gebrachten Arten aus. Alle heute lebenden Organismen haben sich über lange Zeiträume aus anders ge-
arteten Organismen in einer aufeinander folgenden
Generationenlinie entwickelt.

Die **Evolutionsidee** erwuchs aus der Systematik der
Organismen, nachdem bereits vor 200 Jahren versucht wurde, die Vielzahl der damals bekannten Arten in ein System zu ordnen.

Es gibt eine Vielzahl von Definitionen für „Evolution", hier die **Definition von Zimmermann:**

„Evolution ist der Naturvorgang, der dem Verlauf der
Stammesgeschichte von den Vorstufen des Lebens
bis zu den heutigen Arten zu Grunde liegt, durch den
auch gegenwärtig neue Arten entstehen und sich
entwickeln. Die Stammesgeschichte ist als eine Folge
der Evolution zu betrachten. Evolution ist **Zunahme
an Information**, ist eine **Evolution der Arten**."

5.2.2 Belege für Evolution

Da die **biologische Evolution** als ein **historischer Prozess** verstanden werden muss, der bis zur Gegenwart
einige Milliarden Jahre umfasst, gibt es **keine exak-
ten Beweise** im mathematischen Sinne. Evolution ist
nicht zu beobachten und kaum experimentell nach-
vollziehbar. Man kann sie allerdings mit zahlreichen
Indizien belegen, ähnlich wie beispielsweise die Exis-
tenz Caesars aus Berichten und Urkunden hervor-
geht. Die folgenden Indizien entstammen verschiedenen Forschungsgebieten.

Vergleichende Anatomie

Vergleicht man die Anatomie unterschiedlicher Arten, findet man einerseits ähnliche **(analoge)** Merkmale, die sich bei verschiedenen Arten im Laufe der
Evolution **parallel** entwickelt haben. Andererseits
gibt es **homologe** Merkmale, die einen **gemeinsamen
phylogenetischen** (= evolutiven) **Ursprung** haben. Im

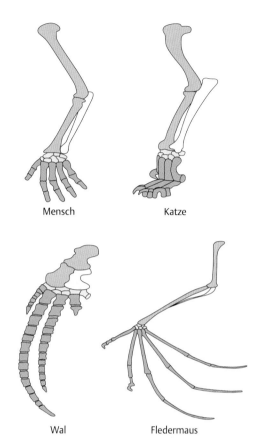

Mensch   Katze

Wal   Fledermaus

Abb. 5.1   Homologe Merkmale. Vergleich der Vorderextremitäten von Säugern.

Vergleich der Vorderextremitäten von Säugetieren
(Abb. 5.1) belegen **Qualität** (Knochensubstanz), **Lage**
im Gefüge und **Stetigkeit** (in der Ahnenreihe) ihre
Homologie. Sie haben sich zwar im Laufe der Evolution zur Ausübung unterschiedlicher Funktionen **spezialisiert**, jedoch haben sie nur einen phylogenetischen Ursprung.

Paläontologische Forschung

Fossilien können als direkte Zeugen des Lebens frü-
herer Erdepochen angesehen werden. Sie dokumen-
tieren somit die Evolution. Aufgrund ihres Vorkom-
mens in aufeinanderfolgenden Gesteinsschichten
kann eine **relative Zeitbestimmung** erfolgen (Leitfos-
silien in geologischen Stufen).

Mit Hilfe der Messung radioaktiver Nuklide entsprechender Elemente ist zudem eine **absolute Alters-
bestimmung** dieser Fossilien möglich (z. B. ^{14}C-Me-
thode, Halbwertszeit von ^{14}C = 5730 Jahre).

Embryologische Forschung (Ontogenese)

Nach **Haeckel** ist die phylogenetische Entwicklung in
der **ontogenetischen Entwicklung** (= Embryonalentwicklung) ablesbar, d. h. die Ontogenese spiegelt die

5

Phylogenese verkürzt wider. Diese biogenetische Grundregel trifft jedoch nur zu ca. 60–70 % bei den Tieren und zu 80 % bei den Pflanzen zu, weil es unterschiedliche Typen der Ontogenese gibt und der Ablauf der Ontogenese selbst Evolutionsdrücken unterlag.

Lebende Fossilien
Auch heute noch leben Arten auf der Erde, die bereits **vor vielen Millionen Jahren** wichtige Schritte in der Evolution markiert haben:
- **Quastenflosser** z. B. bilden eine Verbindung zwischen Fischen und Amphibien.
- Schnabeltier und Ameisenigel sind als **Kloakentiere** ein Verbindungsglied zwischen Reptilien und Säugern.

Tiergeographie
Auch aus der **geographischen Verbreitung** von Arten kann Evolution rekonstruiert werden. **Beuteltiere** z. B. haben sich in Nordamerika entwickelt und besiedelten den gesamten amerikanischen Kontinent, der bis vor 60 Mio. Jahren noch mit Australien verbunden war. Zu dieser Zeit gab es in Amerika keine Säuger, die wanderten erst später ein. Vor ca. 60 Mio. Jahren spaltete sich Südamerika/Australien durch Kontinentaldrift von Nordamerika ab, später (vor ca. 50 Mio. Jahren) kam es auch zur Trennung von Südamerika und Australien. Dadurch bildete sich mit Australien eine riesige Arche Noah mit Beuteltieren, die durch adaptive Radiation alle Lebensräume eroberten. In Südamerika wurden nach der Wiedervereinigung mit Nordamerika die Beuteltiere durch die modernen Säugetiere fast völlig verdrängt (heute gibt es dort nur noch Beutelratten und das Mausopossum).

Haustierforschung
Man hat lange geglaubt, dass die **Domestikation** von Tieren durch den Menschen die Entwicklung von neuen Tierarten förderte. Heute weiß man jedoch, dass durch Domestikation keine neuen Arten entstanden sind. Die Mannigfaltigkeit aller Haustiere hat sich nur innerhalb der entsprechenden Art der Wildform herausgebildet. Damit ist die Domestikation ein bedeutender Modellfall für die **innerartliche Evolution**, nicht jedoch für die Herausbildung neuer Arten.

Rudimentäre Merkmale
Es gibt Merkmale, die während der Evolution ihre **funktionelle Bedeutung verloren** haben und daher **rückgebildet** wurden. Zum Beispiel führte die völlige Reduktion der Hinterextremitäten der Wale auch zur Reduktion des Beckengürtels. Die Ableitung von den Stammformen ist jedoch auch von diesem reduzierten Beckengürtel aus noch möglich.

Atavismen
Atavismen sind **Fehlentwicklungen** während der Embryonalentwicklung. Es bilden sich Merkmale aus, die denen **stammesgeschichtlicher Ahnen** entsprechen (z. B. Ganzkörperbehaarung, überzählige Brustwarzen entlang der Milchleiste, überzähliger Huf beim Pferdebein).

Verhaltensforschung
Genetisch fixierte Verhaltensmuster, die z. B. bei Affen und Menschen gleich sind (wenn sie auch beim Menschen teilweise ihre Bedeutung verloren haben, wie der Handgreifreflex), können als Hinweis für stammesgeschichtliche Verwandtschaft dienen. Genetisch bedingte Verhaltensweisen müssen aber von erlerntem Verhalten abgrenzbar sein!

Molekularbiologische Forschungsmethoden
In den letzten Jahren sind die molekularbiologischen Methoden in der Forschung stark in den Vordergrund gerückt. Durch den **Vergleich von DNA, RNA und Proteinen** können stammesgeschichtliche Verwandtschaftsverhältnisse ebenfalls belegt werden.

> **MERKE**
>
> Es gibt **keine Beweise** für die **Evolution**, nur **Belege und Indizien** aus vielen Forschungsfeldern, die zusammengesetzt ein Bild ergeben.

5.2.3 Triebfedern der Evolution
Der Ablauf der Stammesgeschichte ist über weite Strecken rekonstruierbar. In der Gegenwart ist es keine Frage mehr, ob Evolution stattgefunden hat, aber **warum** findet Evolution überhaupt statt?

Begriffsklärung
- **Arten** sind Gruppen von sich wirklich oder potenziell fortpflanzenden Populationen, die reproduktiv von anderen Gruppen isoliert sind. Die genetische Mindestdifferenz zwischen Arten wird auf ca. 500–600 Gene geschätzt.
- **Rassen** sind hinsichtlich des genetischen Materials weitgehend identisch und entstanden, nachdem alle wesentlichen Artmerkmale ausgeprägt waren.
- **Population** nennt man eine Anzahl artgleicher Individuen, die in ihrem Vorkommen räumlich begrenzt sind (topographisch oder ökologisch) und zu einer Fortpflanzungsgemeinschaft zusammengeschlossen sind. Dadurch wird über mehrere Generationen genetische Kontinuität realisiert.
- Als **Genpool** bezeichnet man die Gesamtheit aller Allele, die zu einer bestimmten Zeit innerhalb einer Population vertreten sind.

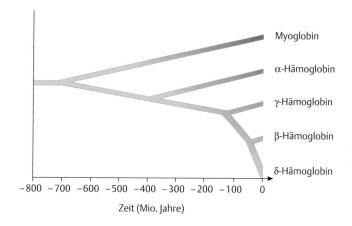

Abb. 5.2   Phylogenie der Globingene.

- **Panmixie** beschreibt die gleiche Paarungswahrscheinlichkeit aller Individuen einer Population untereinander als theoretischen Idealfall.
- **Homologe Systeme** haben unabhängig von ihrer Funktion einen gemeinsamen phylogenetischen Ursprung. So haben die Flügel der Vögel zwar eine andere Funktion als die Vorderextremitäten der Säuger, es lässt sich jedoch auf Grund der Homologiekriterien auf einen gemeinsamen Ursprung schließen.
- **Analoge Systeme** sind parallel und unabhängig voneinander in der Evolution entstanden, auch wenn sie die gleiche Funktion erfüllen. Das Tintenfischauge und das Säugerauge haben die gleiche Funktion („Sehen"), sind ähnlich im Bau, haben aber keinen gemeinsamen phylogenetischen Ursprung.

Mutationen und Rekombinationen

Mutationen (S. 107) vergrößern den Genpool und schaffen damit **Heterogenität**. Sie sind der einzige Mechanismus, der wirklich „Neues" schafft, denn es entstehen **neue Allele**.

> **MERKE**
>
> **Mutationen** führen zur Entstehung **neuer Allele**.

Außerdem kann es durch **Duplikationen** (S. 112) zu einer **Erhöhung der Genzahl** kommen: Gene, die innerhalb einer Art im Genom mehrfach dupliziert wurden, können dann im Laufe der Evolution unterschiedlich mutiert werden und **Genfamilien** bilden.
So sind nicht nur die **Globingene** (Abb. 5.2), sondern auch die Isoenzyme entstanden. **Isoenzyme** sind Enzyme, die einen gemeinsamen phylogenetischen Ursprung haben, die gleiche chemische Reaktion katalysieren und oft in unterschiedlichen Geweben vorkommen. Sie unterscheiden sich in ihrer Aminosäuresequenz, dadurch kann man sie im elektrischen Feld auftrennen.

Inversionen (S. 112) großer Chromosomenabschnitte führen in die genetische Isolation. Die betroffenen Individuen können mit der Ausgangsform nur noch schwer gekreuzt werden, da es Schwierigkeiten bei der Paarung der homologen Chromosomen während der Meiose gibt.

Translokationen (S. 112) führen zu neuen Kopplungsgruppen (S. 95), die betroffenen Merkmale werden dann immer gemeinsam (gekoppelt) vererbt.

Aus den Mutationsraten, die man für jedes Gen berechnen kann, lässt sich jedoch ableiten, dass allein durch Mutationen die Evolution nicht erklärbar ist. Bedeutende Rollen kommen auch den meiotischen **Rekombinations- und Segregationsmechanismen** (S. 56) zu. Durch Rekombination und Segregation wird eine **um Potenzen höhere Vielfalt** erzeugt als nur durch Mutationen.

Diese Vorgänge sind jedoch **richtungslos**, d. h., durch Rekombination und Segregation werden Allele rein **zufällig kombiniert**. Es gibt weder bei den Mutationen, noch bei der Kombination der Allele ein „Ziel", jedoch eine Beschränkung dahin gehend, dass sich nur die Gene benachbarter Individuen kombinieren können.

Selektion

Jedes Einzelindividuum unterliegt mit seinem Phänotyp der Selektion, d. h. es muss sich mit seinem ihm eigenen **Selektions-** oder **Fitnesswert** mit der Umwelt auseinandersetzen. Die Fitness eines Lebewesens drückt sich in seiner **Vitalität**, **Konkurrenz-** und **Fortpflanzungsfähigkeit** aus. In einer ganz bestimmten Umwelt sind die Individuen einer Population hinsichtlich dieser Merkmale unterschiedlich fit, d. h., nicht alle Varianten sind gleich gut an die herrschende Umwelt angepasst, sie haben unterschiedliche Überlebens- und Fortpflanzungschancen.

5

Die **natürliche Auslese** als Ursache für die Entstehung von Arten wurde in **Darwins** Selektionstheorie als „Kampf ums Dasein" beschrieben. Diese Selektionstheorie wurde von Darwin 1859 zeitgleich mit **Wallace** begründet. Danach ist Selektion nicht mit Elimination gleichzusetzen. Selektion ist ein statistisches Problem, sie bewertet einen Organismus hinsichtlich seiner Fähigkeit, den Genpool seiner Population zu beeinflussen. Selektion zensiert dabei die Summe **aller** phänotypischen Merkmale, wobei die Angepasstheit von einzelnen Merkmalen durchaus nicht optimal sein wird.

Selektion ist also ein **richtunggebender Faktor**, wobei die Richtung nicht „bewusst" gewählt, sondern von den jeweiligen **biotischen** und **abiotischen Umweltfaktoren** bestimmt wird:

— Klimatische Faktoren,
— Feinde oder Parasiten,
— Faktoren, die zum unmittelbaren Lebensbedarf gehören, wie Nahrung oder Brutplätze und
— Faktoren, die mit der Fortpflanzung zusammenhängen.

MERKE

Innerhalb ihrer **spezifischen Umwelt** zeugen die Individuen mit den **durchschnittlich besten genetischen Veranlagungen** die **meisten** Nachkommen. Dadurch reichern sich die Allele dieser Individuen im Genpool an. Diesen Vorgang nennt man **Selektion**.

Industriemelanismus des Birkenspanners

Ändern sich die Umweltfaktoren, dann können die bisher benachteiligten Phänotypen bevorzugt in die Reproduktion eingehen und umgekehrt. Dies ist z. B. beim Industriemelanismus des Birkenspanners der Fall:

In gesunder Umwelt kann man den weißen Birkenspanner auf der Rinde einer Birke kaum erkennen, alle dunkel gefärbten Exemplare sieht man sofort. Durch die bessere Tarnung haben die hellen Exemplare einen Selektionsvorteil. Mit der Industrialisierung färbten sich in Regionen mit hohem Schadstoffausstoß die Rinden der Birken dunkler. Jetzt kehrten sich die Verhältnisse um: Die hellen Exemplare waren auf dunklerem Untergrund für Fressfeinde gut zu erkennen, während die dunkleren Exemplare nun einen Evolutionsvorteil hatten, weil sie schlechter sichtbar waren (Industriemelanismus).

Isolation

Durch unterschiedliche Mechanismen wird der **freie Genaustausch** innerhalb einer Population **unterbunden**. Es gibt verschiedene **Schranken** innerhalb eines Genpools.

Geographische Isolation

Geomorphologische Veränderungen, wie Kontinenttrennungen, Insel-, Wüsten- oder Gebirgsbildungen, aber auch **klimatische** Umwälzungen (z. B. Eiszeiten) und in jüngerer Zeit der **zivilisatorische** Einfluss des Menschen (Städte- und Straßenbau etc.) können Teile einer Population abtrennen, die dann ab diesem Ereignis eine **eigenständige evolutive Entwicklung** durchlaufen.

Annidation

Selbst in eng beieinander liegenden Lebensräumen kommt es durch die Besetzung **unterschiedlicher ökologischer Nischen** (z. B. fließende/stehende Gewässer) zur Isolation. Dies nennt man Annidation.

Ethologische Barrieren

Unterschiedliche **Verhaltensmuster** (z. B. Balzverhalten) können zu einer Isolation führen. Dies kann man z. B. bei Drosophila beobachten. Das Paarungsverhalten von Drosophila lässt sich in fünf definierte Phasen einteilen. Läuft eine dieser Verhaltensweisen nicht befriedigend ab, unterbleibt die Paarung (= **Verhaltensisolation**, resultiert aus geringer oder keiner sexuellen Anziehung zwischen Männchen und Weibchen).

Gametische (genetische) Isolation

Auf unterschiedlichen Stufen der Entwicklung wird eine Gendurchmischung verhindert (**gametische Mortalität, zygotische Mortalität**). Das kann z. B. dadurch geschehen, dass die molekularen Erkennungsmechanismen von Ei- und Samenzelle nicht funktionieren oder dass die Hybridzygote sich nicht entwickeln kann bzw. das Tier nicht geschlechtsreif wird. Im Fall von Pferd und Esel sind die Nachkommen (Maultiere) steril, da ihre Gameten nicht funktionell sind.

Zufall

Der Zufall ist ein Ereignis, das nicht mit innerer Notwendigkeit in ein System gehört (Überschneidung zweier Systeme). Er wirkt zerstörend. Zufällige Ereignisse können die Variabilität innerhalb einer Population erheblich einschränken ohne selektiv auf den entsprechenden Genotyp zu wirken. Es werden also rein zufällig auch Individuen mit einem hohen Selektionswert, die sehr gut an ihre Umwelt angepasst sind, von der Fortpflanzung ausgeschlossen und gehen damit dem Genpool verloren. Solche zufälligen Ereignisse sind allerdings meist nur bei kleinen Populationen von entscheidender Bedeutung.

Genetische Drift: Sie tritt dort auf, wo es im Jahres- (oder Mehrjahres-)zyklus zu einer **starken Schwankung der Individuenzahl** kommt. Bei Heuschrecken bestimmen wenige Überlebende mit ihren genetischen Eigenschaften die Zusammensetzung der Allele der nächsten Population.

Ein weiteres Beispiel sind **sehr kleine Populationen** (ca. 10^2–10^3 Individuen), die oft auf Inseln oder Berghängen leben. Hier kann sich ein Allel mit einem niedrigen adaptiven Wert zufällig durchsetzen. Dies geschieht durch eine starke Vermehrung von Individuen, die bezüglich dieses Merkmals homozygot sind. Ab einer Populationsgröße von 10^6 Individuen funktioniert dies nicht mehr.

Gründerprinzip: Wenn einige Gene durch ein zufälliges Ereignis isoliert werden, ist ihnen damit der Weg in die Eigenständigkeit gegeben. Durch **adaptive Radiation** wird dann der neue Lebensraum erobert (Galapagosfinken oder die Honigbienen auf Neuseeland).

> **MERKE**
>
> **Triebfedern der Evolution** sind:
> - Mutation (mit Rekombination und Segregation),
> - Selektion,
> - Isolation,
> - Zufall.

5.2.4 Entstehung des Lebens

Woher weiß man, wie vor 4 Mrd. Jahren das Leben entstand? Dieser Teil der Evolution, die **präbiotische Evolution**, ist recht gut aufgeklärt. Die Grundlage dafür sind chemo-synthetische und chemo-physikalische Laborexperimente und mathematische Modelle.

Der zweite Teil der Evolution des Lebens, die **biotische Stufe**, ist weniger gut geklärt und es gibt viele offene Fragen.

Rolle der Erdatmosphäre

Um die Entstehung des Lebens verstehen zu können, muss man sich mit der damaligen Situation auf der Erde vertraut machen. Dabei spielt die Atmosphäre der Erde eine bedeutende Rolle.

Die **1. Atmosphäre** (vor 4,5 Mrd. Jahren) bestand aus **Wasserstoff** und **Helium**. Sie ist in den Weltraum entwichen. Die sich danach bildende **2. Atmosphäre** (Uratmosphäre, vor 3,5–4 Mrd. Jahren) entstand durch regen Vulkanismus und bestand aus einer Vielzahl **organischer** und **anorganischer Verbindungen** (Methan, Wasserstoff, Ammoniak, Wasser, Formaldehyd und Cyanwasserstoffsäure). Sie war reduzierend und enthielt keinen freien Sauerstoff.

Diese Atmosphäre wurde durch die **3. Uratmosphäre** (reduzierend, vor 1,9–3,4 Mrd. Jahren) abgelöst. Sie war durch einen weiteren Wasserstoffverlust und die Anreicherung von **Stickstoff**, **Kohlendioxid** und **Wasser** gekennzeichnet. Mit der Entstehung des

Chlorophylls und der Photosynthese vor 3,4 Mrd. Jahren entstand **Sauerstoff**, der anfangs durch zweiwertiges Eisen vollständig im Wasser gebunden vorlag, später dann in die Atmosphäre entwich.

Dadurch entstand vor 1,8 Mrd. Jahren eine **4. Atmosphäre**, die durch eine Sauerstoff-Anreicherung gekennzeichnet war. Diese Atmosphäre unterschied sich von den vorangegangenen dadurch, dass sie **oxidierend** war.

Entstehung der kleinen Biomoleküle

Bedingt durch die chemische Zusammensetzung der 2. Atmosphäre, die auf der Erde ablaufenden geophysikalischen Prozesse (heftiger Vulkanismus, starke Gewitter mit elektrischen Entladungen) und von außen einwirkende Energien (UV-Strahlung, kosmische ionisierende Strahlung), kam es zur Bildung von **biologisch wichtigen Molekülen**, wie Aminosäuren, Purinen, Pyrimidinen, Zuckern, Ethylen, Ethan, Harnstoff und Cyanwasserstoffsäure. Diese Moleküle waren gut wasserlöslich und reicherten sich in Pfützen und Tümpeln von Urozeanen an. Es entstand eine sogenannte **Urbouillon (Ursuppe)** aus Biomolekülen, die einen Anteil von bis zu 10 % ausmachten. Dieser Prozess wurde von **Miller** und **Urey** im Jahre 1953 künstlich nachvollzogen. Sie konstruierten einen Apparat, mit dem sie die damalige Situation auf der Erde simulieren konnten, und waren in der Lage, die Entstehung der oben aufgeführten Substanzen nachzuweisen (Abb. 5.3).

> **MERKE**
>
> Vor 3,5–4 Mrd. Jahren (in der **2. Uratmosphäre**) entstanden die **ersten kleinen Biomoleküle**.

Entstehung der Biomakromoleküle

Entstehung von Zufallsproteinen: Erhitzt man Gemische aus Aminosäuren, entstehen spontan Proteinoide, eiweißähnliche Substanzen, mit Kettenlängen bis zu 200 Aminosäuren. In Anwesenheit von Polyphosphaten, die wie ein Katalysator wirken, läuft dieser Prozess schon bei 60 °C ab. So entstanden in der Ursuppe aus den Aminosäuren **Zufallsproteine**, die aber noch nicht genetisch determiniert waren. Sie enthielten viel Aspartat und Glutamat. Zufällig können dabei auch Proteine entstanden sein, die **enzymatische Aktivität** aufwiesen (Hydrolasen, Transaminasen, Oxidasen, Decarboxylasen, Replikasen) oder **hüllenbildend** waren.

Entstehung von Nukleinsäuren: Die in der Ursuppe gelösten Purine, Pyrimidine und Polyphosphate reagierten zu **Nukleinsäuren**. Dabei entstanden in einer ersten Phase alle möglichen sterischen Formen dieser Makromoleküle.

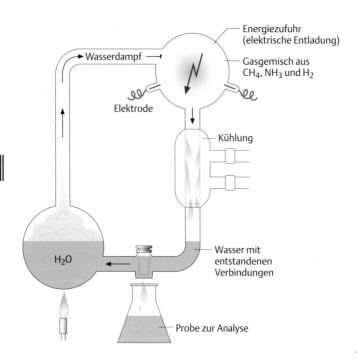

Abb. 5.3   **Apparatur von Miller und Urey.**

MERKE

Aus den kleinen Biomolekülen entstanden spontan und zufällig größere Moleküle: **Proteinoide** und **Nukleinsäuren**.

Selbstorganisation der Makromoleküle

Aus der Wechselwirkung der Biopolymere entwickelte sich eine **neue Ordnungsstufe**: Die Selbstorganisation der Materie zu **lebenden** Strukturen.

Proteine ermöglichen durch ihr Bauprinzip eine riesige Vielfalt an strukturellen Möglichkeiten und können durch ihre **katalytische Aktivität** andere Moleküle beeinflussen. Sie sind aber nicht in der Lage sich selbst zu reproduzieren.

Nukleinsäuren hingegen, die als Strukturmoleküle kaum eine Rolle spielen und fast keine katalytische Funktion besitzen, haben die Fähigkeit zum **molekularen Gedächtnis** und zur **Selbstverdoppelung.**

Erst die **Kombination** dieser beiden Biopolymere durch Aggregation ermöglichte **makromolekulare, sich selbst reproduzierende Systeme**. Diese Aggregatbildung ist sowohl der schwierigste und bedeutendste Schritt bei der Lebensentstehung als auch der am wenigsten verstandene.

Der ursprüngliche „genetische" Code war dabei ein **RNA-Code**. Die DNA und die semikonservative Replikation, die eine um Potenzen höhere Stabilität der Information brachte, wurden erst später erfunden.

Nach dem **Vielschritt-Modell von Kuhn** könnte Folgendes passiert sein:

— **Freie Nukleotide** polymerisierten in einem abgeschlossenen, wässrigen System zu **kurzkettigen Nukleinsäuren**.

— Durch einen ständigen Wechsel zwischen Bildungs- und Zerfallsphase (Austrocknen und Neubildung der Tümpel) entstanden **viele RNA-Varianten** (divergente Phase).

— Der Selektionsdruck lag dabei auf RNA-Molekülen, die durch Anlagerung von Nukleotiden die Fähigkeit zur **Selbstreplikation** aufweisen.

— In einem weiteren Schritt dienten sie als **Sammelstrang** für aktivierte (RNA-gekoppelte) Aminosäuren.

— Diese Aminosäuren konnten in Gegenwart von Silikaten spontan zu Polypeptiden (**Proteinoiden, Zufallsproteinen**) polymerisieren.

— Wiesen diese Proteine zufällig **Replikaseeigenschaften** auf, bedeutete dies wiederum einen ungeheuren Selektionsvorteil, weil damit die **autokatalytische RNA-Replikation** (unter dem sich immer stärker ausprägenden Mangel an freien Nukleotiden) verbessert und durch die **enzymatische Replikation** abgelöst wurde (Abb. 5.4).

— Solche Polynukleotid-Proteidkomplexe akquirierten Fettsäuremolekülen aus der Umgebung. Dies führte zur Hüllenbildung, wodurch **Mikrosphären** entstanden. Damit sind wir schon auf der Stufe der **Eobionten**, der Vorstufe des Lebens.

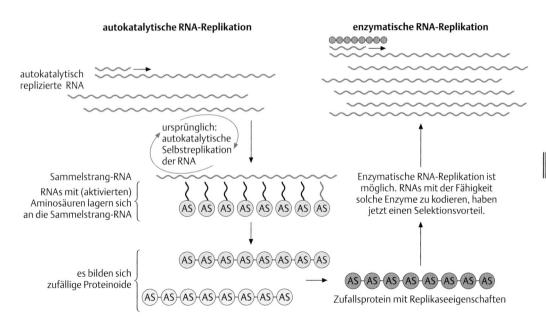

Abb. 5.4   Entstehung von Zufallsproteinen. Falls das Zufallsprotein Replikaseeigenschaften hat, wird aus der autokatalytischen Replikation eine enzymatische Replikation.

Protobionten

Die ersten **Urorganismen** (Protobionten) gehorchten einer **Minimaldefinition des Lebens**:

— Sie besaßen einen **Strukturplan** in Form einer Protein-Nukleinsäuren-Aggregation.

— Proteine bzw. auch schon spontan entstandene Doppelmembranschichten sorgten für eine **Abgrenzung** des Individuums.

Diese Minimalorganismen waren zu **Wachstum** und **Selbstreproduktion** fähig. Der Reproduktionsapparat war allerdings sehr einfach gebaut. Es existierte noch keine Differenzierung in Replikation, Transkription und Translation. Es ist denkbar, dass eine einzige Nukleinsäure als Genom und „Messenger" diente. Dieses **Urgen** war wahrscheinlich RNA, bestehend aus ca. 50–200 Nukleotiden.

Die Replikation – zunächst wahrscheinlich als thermodynamische Einstrangverdopplung – verlief mit einer hohen Fehlerrate, was zu **Mutationen** führte. Ebenso hoch waren sicherlich die Fehler im protobiontischen Übersetzungsapparat, da ursprünglich die Ribosomen noch fehlten und die wenigen Typen von t-RNA zu einer Mehrdeutigkeit bei der Kopplung an aktivierte Aminosäuren führten. Der sehr einfache Stoffwechsel war primär **heterotroph**, da alle Bausteine noch auf abiotischem Weg im umgebenden Milieu der Protobionten gebildet wurden.

Die Urorganismen begannen zu wachsen und sich beim Erreichen einer bestimmten Größe durch **einfaches Durchschnüren** zu teilen. In einer Anfangsphase sind wahrscheinlich **viele unterschiedliche Ty**pen von Protobionten entstanden, die miteinander in einen evolutiven Wettbewerb traten.

Biotische Evolution

Unter den vielen verschiedenen Protobionten hat sich schließlich ein Typ durchgesetzt. Er wurde zur **Stammform** des rezenten Organismenreiches. Damit beginnt die biotische Evolution: Aus den Protobionten entwickelten sich die **Prokaryonten** mit komplettem Intermediärstoffwechsel und Phospholipidmembran. Über die Herausbildung eines intrazellulären Membransystems und Symbiosen (S. 165) entwickelten sich die ersten **Eukaryonten** (Abb. 5.5).

Einzelzellen bildeten Kolonien und spezialisierten sich innerhalb dieser, was schließlich zur Entstehung von **Vielzellern** führte.

5.2.5 Anthropogenese

Die **Evolution des Menschen** (Anthropogenese) unterlag, zumindest bis zur Herausbildung seiner Selbsterkennung, genau den gleichen Gesetzen wie die anderer Organismen.

Auf der Suche nach den **Gliedern der Hominidenlinie** werden in erster Linie **Fossilien** ausgewertet. Eine zeitliche Einordnung erfolgt durch **geologische Bestimmung des Umfeldes** und Untersuchungen **fossiler Begleitfunde** (Nahrungsreste, Kulturreste) und der bereits erwähnten „biologischen Uhren" (Zerfall radioaktiver Nuklide). Aufgrund fehlender Fossildokumente ergaben sich zunächst große Lücken bei der Erstellung des menschlichen Stammbaums. Man-

5

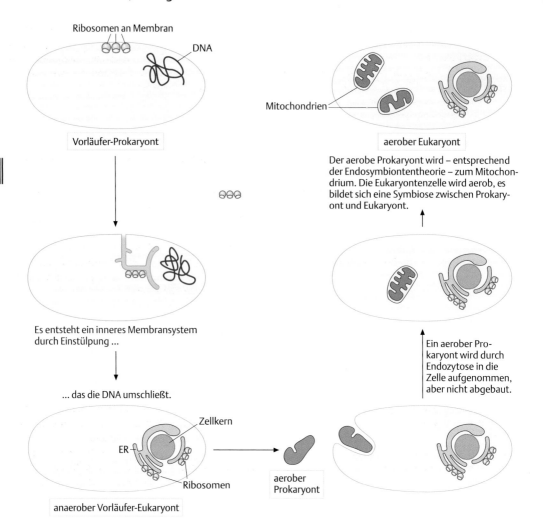

Abb. 5.5   Die Entstehung von Zellkern, endoplasmatischem Retikulum (ER) und Mitochondrien während der Evolution.

che Erkenntnislücken konnten durch **vergleichende Betrachtungen** an rezenten Verwandten des Menschen (Menschenaffen) geschlossen werden. Solche Vergleiche finden auf molekularer, biochemischer, physiologischer und ethologischer Ebene statt.

Was hat den Menschen geboren?

Für die Herausbildung des Menschen waren bestimmte **Präadaptationen** nötig, die in der Auseinandersetzung mit der Umwelt einen **Selektionsvorteil** boten.

Raumsehen

Primaten, zu denen auch der Mensch gehört, sind **Augentiere**. Durch ihre ursprüngliche Lebensweise auf Bäumen (Baumphase) haben sie ein gutes Sehvermögen, eine scharfe Auflösung, eine gute Tiefenwahrnehmung sowie ein gutes Farbunterscheidungsvermögen entwickelt.

Im Verlaufe der Entwicklung des räumlichen Sehens wurden andere Sinne zurückgebildet.

Greifhand

Die **5-fingrige Vorderextremität** blieb bei den Primaten recht ursprünglich, allerdings erlaubte die Tendenz zum **opponierbaren Daumen** immer mehr Präzisionsgriffe bis hin zur Werkzeugherstellung. Auch für diese Entwicklung ist die Baumphase verantwortlich.

Bipedie

Das **Aufrichten auf die Hinterextremitäten** und ein meist kurzzeitiger **aufrechter Gang** ist ein Merkmal vieler Primaten. Ansätze zur Bipedie konnten sich für verschiedene Verhaltensweisen als nützlich erweisen, z. B. als Imponiergehabe, in der Mutter-Kind-Beziehung, beim Nahrungserwerb und beim Sichtkontakt innerhalb der Gruppe. Beim Übergang zum

Steppenleben wurde die Aufrichtung wichtig für eine bessere Raumorientierung und frühzeitige Erkennung von Gefahren.

Mit der vollständigen Bipedie wurden die **Hände** von der Fortbewegung unabhängig. Sie waren damit frei für **andere Funktionen**, z. B. für den Nahrungserwerb, zur Kommunikation und zum Schutz.

Zerebralisation

In der Hominidenevolution zeigte sich eine allgemeine Tendenz zur Erhöhung der **Kapazität**, **Differenzierung** und **Plastizität des Zentralnervensystems**. Von enormer Bedeutung für die Entwicklung des Menschen war die **Spezifität** der Hirnentwicklung:

- Die Herausbildung der Zentren für **Sprachmotorik**,
- die Herausbildung der **übergeordneten Zentren** im lateralen Cortex für Sprechen, Lesen, Schreiben, verbalisierte Vorstellung und das Erinnern.

Ernährungsweise

Die **Zahnformel** der Primaten ist derjenigen von ursprünglichen Säugetieren noch recht ähnlich, was auf eine unspezialisierte Ernährung hinweist. Dadurch ist es möglich ein **heterogenes Nahrungsspektrum** zu nutzen. Im Allgemeinen sind Primaten **Pflanzenfresser**. Etliche sind jedoch in der Lage, sich gelegentlich auch von Fleisch zu ernähren, was in der Hominidenlinie an Bedeutung gewann. Diese Entwicklung kann man an verschiedenen Veränderungen der **Kiefermorphologie** ablesen:

- Parabolischer Kieferbogen,
- Schließen der sogenannten Affenlücke zwischen Eck- und Schneidezahn,
- kleine Eckzähne.

Jugendentwicklung

In der Primatenlinie bildete sich eine **Brutpflege** heraus, die zu den höchstentwickelten im Tierreich gehört. Durch einen sehr engen Kontakt zur Mutter (Jungtiere als Traglinge), durch eine niedrige Geburtenrate und eine stark verlängerte Juvenilphase wurde ausgeprägtes **Soziallernen** möglich. Eine gute Schule bringt den besten Schutz vor dem Zufallstod.

Lebensweise

Höhere Primaten sind **soziale Tiere**, die in Gruppen mit einer oftmals **komplizierten mehrschichtigen Sozialstruktur** leben. Jedes Einzelindividuum muss sich also mit komplexen Wechselwirkungen innerhalb seiner Familie oder Horde auseinander setzen. Im Verlauf der Hominidenevolution wurden die Modelle sozialer Organisation immer komplexer (Nahrungs- und Arbeitsteilung, Familienbildung, kollektives Handeln bei Jagd, Schutz etc.). Diese hoch entwickelte Sozialstruktur ist eng gekoppelt mit der **Zerebralisation** und Verbesserung der **Kommunikation** (Sprache). Dadurch wird soziales **Lernen** und **Tradition** möglich, was wiederum wichtige Voranpassungen für die Menschwerdung sind und in **Arbeit**, **Kultur** und **Gesellschaft** mündet.

Sprache

Die immer komplexer gewordenen Handlungsabläufe im Leben der Hominiden verstärkten den **Selektionsdruck auf Sprache** (verbale Verständigung, Warnung).

Die Entwicklung des hoch spezialisierten **Kommunikationssystems** des Menschen mit verbaler Verständigung basierte auf Voraussetzungen wie Kehlkopf, Zunge, Lippen und einem entsprechenden Sprachzentrum im Gehirn. Schon beim Homo erectus ist eine Kehlentwicklung – und damit auch Sprache – nachgewiesen. Die Sprache war die Voraussetzung für das „Denken in Worten".

Wie ist der Mensch innerhalb der Primaten einzuordnen?

Der Mensch gehört zur Ordnung der **Primaten**, die sich vor ca. 70 Millionen Jahren von ursprünglichen Insektenfressern ableiteten. Innerhalb der Affen gehört er zu den **Altweltaffen** (Catarrhinae), die sich in die rezenten Linien der **Cercopithecoidea** (z. B. Meerkatzen, Makaken, Paviane) und der **Hominoidea** (Menschenaffen, Mensch) aufteilen.

Nach moderner Ansicht erfolgte die **Trennung von Schimpanse und Mensch** vor ca. 6 Millionen Jahren. Der Schimpanse ist mit dem Menschen enger verwandt als mit Gorillas.

Die **subhumane Phase** der Menschwerdung begann vor ca. 30 Millionen Jahren und dauerte ca. 20 Millionen Jahre an. Vor ungefähr 8–10 Millionen Jahren (Miozän) begann das **Tier-Mensch-Übergangsfeld**, der Qualitätsumschlag vom Tier zum Menschen. Der typische Vertreter dieses Zeitraumes ist der **Australopithecus**.

Australopithecus (Vormensch)

Fossiles Material aus Afrika beweist, dass dort vor ca. **4 Millionen Jahren** ein neuer Typ lebte, der höher entwickelt war als der Menschenaffe. Dieser *Australopithecus* ist der Vertreter des kritischen Evolutionsraumes zwischen Tier und Mensch (TMÜ = Tier-Mensch-Übergang).

Die jüngsten fossilen Funde datiert man auf etwa 700 000 Jahre. Alle sicheren Funde beschränken sich auf Afrika. Australopithecinen stellten typische Mosaikformen dar, weil sie progressive, typisch menschliche und phylogenetisch ältere Merkmale in sich vereinigten. Extremitäten, Becken und Wirbelsäule lassen die Schlussfolgerung eines dauerhaften aufrechten (gebückten) Ganges zu. Der Schädel war weniger menschenähnlich gebaut als der übrige Körper. Eine Stirn war kaum entwickelt, der Gesichtsschädel mit Schnauzenbildung dominierte gegenüber dem Hirnschädel. Das Hirnvolumen betrug ca. 500 cm^3.

Australopithecinen waren an das Leben in offenen Waldgebieten und Steppen angepasst. Sie ernährten sich von verschiedenen Früchten und Pflanzen sowie gelegentlich von Fleisch (Aas), wobei einige Arten immer mehr zum Fleischverzehr übergingen. Die jüngeren Australopithecinen spalteten sich in zwei Linien auf, eine grazilere Art (*A. africanus*), die zum Allesfresser wurde, und eine robuste Form (*A. robustus*), deren Gebiss ganz auf vegetarische Kost spezialisiert war. Beide Typen scheiden aber als direkte Vorfahren des Menschen aus. Sie sind blind endende Seitenlinien der Hominidenevolution. Möglicherweise kann dem ursprünglicheren *A. afarensis* eine Mittlerrolle zugesprochen werden.

Homo habilis (Urmensch)

Der *Homo habilis* ist als erster Vertreter der humanen Phase in Süd- und Ostafrika vor **1–2 Millionen Jahren** nachweisbar. Sein Hirnvolumen betrug ca. 700–800 cm^3, Schädel und Kiefer waren bereits progressiver als bei den Australopithecinen gestaltet. Bipedie, die typische Adaptation des Menschen, ist voll ausgeprägt. Die Habilinen-Gruppe lebte parallel mit den letzten Australopithecinen in den offenen Savannenlandschaften, war diesen aber evolutiv überlegen. Die Habilinen waren zur zweckorientierten Werkzeugherstellung befähigt, wie die einfachen Steingeräte belegen. Vermutlich ernährten sie sich als erste Jäger und Sammler von kleineren Beutetieren, Pflanzen und Insekten. Man nimmt an, dass sich bereits stabile Sozialstrukturen herausgebildet hatten. Der weitere Verlauf der Entwicklung des Menschen war von nun an neben den weiterhin bestehenden biologischen Faktoren auch von sozial bestimmten Faktoren geprägt.

Homo erectus (Frühmensch)

Der *Homo erectus* war bereits in Unterarten bzw. Rassen über die gesamte alte Welt verstreut (ostafrikanischer Graben und Rhodesien, Java und Peking, Heidelberg, Bilzingsleben, Petralona), möglicherweise gab es sogar schon verschiedene Arten dieser Entwicklungsstufe des Menschen. Die ältesten Funde werden mit **fast 2 Millionen Jahren** angegeben, die jüngsten auf ca. 150 000 Jahre datiert. Damit lebten die ältesten *H. erectus* parallel mit *H. habilis* und den letzten Australopithecinen, jüngere Formen dagegen zusammen mit den ersten *H. sapiens*. Das Hirnvolumen dieser Art schwankte zwischen 800 und 1200 cm^3. Der Schädelbau erwies sich als sehr robust, mit flacher Wölbung, fliehender Stirn, mächtigen Überaugenwülsten und massigen, nach vorn gewölbten Kiefern. Das postkraniale Skelett war nahezu vollständig menschenähnlich gestaltet. Diese Frühmenschen lebten innerhalb von Sippen in Höhlen und Lagern. Sie waren eindeutig zur planvollen Herstellung von relativ komplexen Stein- und Knochenwerkzeugen befähigt. Es bildete sich Arbeitsteilung und in diesem Zusammenhang auch die kollektive Großwildjagd heraus. Für die notwendige Kommunikation musste eine differenziertere Sprache vorhanden sein. Revolutionär war der erstmalige Gebrauch von Feuer vor etwa 500 000 Jahren.

Homo sapiens (Altmensch)

Mitte des Pleistozäns (vor 150 000 Jahren) starben die Frühmenschen aus, es setzte sich vor ca. **70 000–400 000 Jahren** eine Form durch, die als *Homo sapiens* (Altmensch) bezeichnet wird und sich in zwei Richtungen aufspaltet: die **Neandertaler** (*Homo sapiens neanderthalensis*) und die **Gegenwartsrichtung** (*Homo sapiens praesapiens*).

Neben zahlreichen paläontologischen Befunden werden heute verstärkt Analysen von Zellkern- und Mitochondrien-DNA heute lebender Menschen sowie Sprachvergleiche an abgrenzbaren menschlichen Populationen herangezogen. Die umfangreichen Daten führten zu verschiedenen Interpretationen:

- Auf der einen Seite wird davon ausgegangen, dass alle heutigen Menschen genetisch von einer afrikanischen Frau, die vor etwa 200 000 Jahren lebte, abstammen (**Monogenese-Modell, „Eva-Theorie"**).
- Andererseits besteht die Meinung, dass sich der moderne Mensch an vielen Stellen der Erde parallel aus ursprünglicheren Homo-erectus-Formen entwickelt hat (**multiregionales Modell**).

Der **Neandertaler** lebte parallel zum frühen *Homo sapiens sapiens* (Neumensch). Er hatte bereits eine hohe Kulturstufe erreicht. Davon zeugen Bestattungen, Tieropfer, einfache Malereien, Werkzeuge und Waffen. Diese Menschen entwickelten Rituale und Religion, sie waren hervorragend an die Bedingungen der Eiszeit angepasst, lebten räumlich begrenzt in Europa und Vorderasien. Dieser klassische Neandertaler, benannt nach dem Tal bei Düsseldorf, in dem 1856 erstmals einige fossile Reste gefunden wurden, starb etwa mit dem Ende der letzten Eiszeit (vor 40 000 Jahren) aus. Sein relativ plötzliches Verschwinden ist immer noch ein Rätsel. Möglicherweise war er zu stark auf eine Lebensweise in der eiszeitlichen Tundra spezialisiert.

Als Vorfahre des Menschen kann der Neandertaler ausgeschlossen werden, er wird von einigen Wissenschaftlern sogar als eigene Art (*Homo neanderthalensis*) betrachtet.

Homo sapiens sapiens (Neumensch)

Mit dem Verschwinden des Neandertalers setzte sich der Neumensch *Homo sapiens sapiens* durch. Seit **35 000 Jahren** ist der Neumensch die einzige Menschenform. Er besiedelt seit ca. 30 000 Jahren die gesamte Erde.

Der späteiszeitliche Neumensch unterscheidet sich in Körperbau und Intelligenz nicht vom **Jetztmenschen**. Er ist graziler gebaut als der Altmensch und zeigt einige Veränderungen im Schädelbau (z. B. eine höhere und steilere Stirn, Verschwinden der Überaugenwülste, Ausbildung des knöchernen Kinns). Die markanteste Entwicklung auf dem Weg zum Menschen war die Evolution seines Gehirns.

Ansonsten ist der Mensch eigentlich ein Mängelwesen: Er kann zwar laufen, aber nicht sehr schnell, er kann zwar sehen, aber nicht so gut wie andere Tiere, er kann zwar hören, aber auch nicht so gut wie andere. Das heißt, der Mensch ist nicht hochspezialisiert, was auch sein breites Nahrungsspektrum widerspiegelt.

Phylogenese der Herz-Kreislauf-Entwicklung

Wir wissen bereits, dass sich die phylogenetische Entwicklung in der ontogenetischen Entwicklung verkürzt wiederfindet. Dann müssten aber auch in der Embryonalentwicklung des Menschen (zumindest teilweise) Spuren seiner Urahnen auftreten. Das kann man besonders schön an der Entwicklung des Herz-Kreislauf-Systems erkennen. In einem frühen embryonalen Entwicklungsstadium (ca. 4 Wochen) lassen sich im menschlichen Embryo die **Anlagen der Kiemenbögen**, ein **Schwanz** und auch die **ursegmentale Gliederung** nachweisen. In diesen frühen Entwicklungsstadien ähneln sich alle Wirbeltiere.

Wie verlief die Evolution des Herz-Kreislauf-Systems und wie kann das menschliche Kreislaufsystem hier homologisiert werden? Bei ursprünglichen Chordatieren, den **Schädellosen**, z. B. Lanzettfischchen, entwickelte sich ein geschlossenes Blutkreislaufsystem, aber noch ohne zentrales Herz. Die Blutbewegung erfolgte durch sogenannte Kiemenherzen in den Kiemenarterien. Die Zahl der Kiemenbögen und Kiemenbogenarterien wurde in der weiteren Evolution zu den **Kieferlosen**, z. B. Neunauge, auf 6 reduziert. Diese 6 Kiemenbögen bilden die Grundlage bei der Nummerierung der Wirbeltierkiemenbögen und lassen sich in der Anlage eines menschlichen Embryos während der 4. Embryonalwoche wiederfinden. Während der Entwicklung zu den **Fischen** gingen erst ein Kiemenbogen (Knorpelfische) und dann der zweite Kiemenbogen (Knochenfische) in die Kieferbildung ein, die dazugehörigen Kiemenbogenarterien wurden reduziert. Parallel dazu entstand in der Aorta ventralis (bei Fischen rein venös!) ein vier-

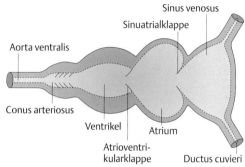

Abb. 5.6   Das primitive Wirbeltierherz (entspricht dem Fischherz und der embryonalen Anlage des menschlichen Herzens).

kammriges Herz (Abb. 5.6), welches der frühen menschlichen embryonalen Herzanlage entspricht.

Bei den Lungenfischen entstanden durch eine Abspaltung von den 6. Kiemenbogenarterien die Lungenarterien. Mit dem Schritt zu den **Amphibien** wurden auch die 5. Kiemenbogenarterien und die dorsale Verbindung der Aortenwurzeln zwischen den 3. und 4. Kiemenbogenarterien reduziert. Der Kopf der Amphibien wurde damit (wie auch beim Menschen) über das 3. Kiemenbogengefäßpaar (beim Menschen die beiden Aa. carotides communes), der Körper über das 4. Kiemenbogengefäßpaar (die Aortenbögen) versorgt. Bei aquatischen Lurchen und Amphibienlarven (Kaulquappen) blieb die Verbindung zwischen Lungenarterien und Aortenbögen (der dorsale Teil der 6. Kiemenbogenarterien) als Ductus arteriosus zur Umgehung des Lungenkreislaufes zunächst erhalten. Mit dem Schritt auf dass Land (z. B. auch bei der Metamorphose der Kaulquappe) verschwand diese Verbindung, sodass der Körper über das 4. Kiemenbogengefäßpaar versorgt und der Lungenkreislauf separiert wurde. Parallel dazu fand im Herz eine Septierung des Atriums statt, die sich zu den Reptilien hin in den Ventrikel hinein fortsetzte und bei **Vögeln** und **Säugern** abgeschlossen war (vierkammriges Herz mit zwei Vorhöfen und zwei Ventrikeln). Auch diese fortschreitende Septierung ist in der menschlichen embryonalen Herzentwicklung wiederzufinden.

Der Sinus venosus ging in die rechte Vorkammer ein und wurde zu einem autonomen Reizbildungszentrum. Mit der Entwicklung zu Vögeln und Säugern wurde jeweils ein Aortenbogen (4. Kiemenbogengefäß) reduziert: bei Vögeln der linke, bei Säugern der rechte Aortenbogen (Abb. 5.7). Beim Menschen ist die Arteria subclavia dextra zumindest anteilig auf den 4. (reduzierten) rechten Aortenbogen zurückzuführen, die Aa. pulmonales gehen auf den ventralen Anteil des 6. Kiemenbogengefäßpaars zurück.

Der Ductus arteriosus (Botalli), die Verbindung zwischen Lungenarterie und Aorta, der z. B. bei Kaul-

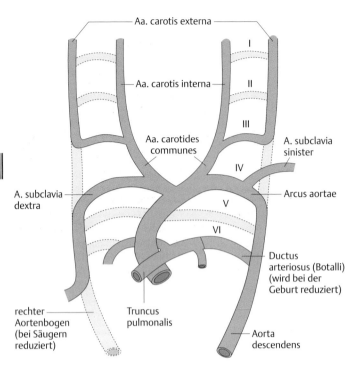

Abb. 5.7 **Die Entstehung des Kreislauf-systems aus den Kiemenbogenarterien beim Menschen.**

quappen den Lungenkreislauf umgeht, ist auch beim embryonalen Menschen vorhanden und erfüllt die gleiche Funktion (gemeinsam mit einem Foramen zwischen den Vorhöfen). Mit der Geburt wird der Ductus arteriosus reduziert und das Foramen geschlossen.

Check-up

✓ Rekapitulieren Sie die Entstehung des ersten Lebens aus der Ursuppe.
✓ Wiederholen Sie die Triebfedern der Evolution.
✓ Erarbeiten Sie sich die phylogenetische Entwicklung des Herz-Kreislauf-Systems und identifizieren Sie Parallelen in der ontogenetischen Entwicklung des Menschen.

5.3 Ökologie

Lerncoach

Die in diesem Kapitel abgehandelten Themen wurden in den letzten Jahren selten abgefragt. Wichtig sind die Wechselbeziehungen von Organismen, Stoff- und Energiekreisläufe, Nahrungsketten, Selbstreinigung von Gewässern, sowie das Prinzip der Kläranlage.

5.3.1 Überblick und Funktion

Die Ökologie beschäftigt sich mit den Wechselbeziehungen zwischen **Lebewesen** und ihrer **Umwelt** und den Wechselwirkungen der **Lebewesen untereinander.**

Dieses Kapitel wird in drei Abschnitte unterteilt:
— Die **Autökologie**, welche die Beziehungen zwischen einzelnen Individuen und abiotischen Umweltfaktoren untersucht,
— die **Synökologie**, welche den Einfluss biotischer Faktoren auf die Populationen in einem Lebensraum (Biotop) untersucht,
— die **Populationsökologie**, welche die Reaktionen von Populationen als Folge der Wechselwirkung mit Individuen der eigenen Art oder anderen Populationen (Populationsprobleme, Populationsdynamik) untersucht.

5.3.2 Autökologie

Die Autökologie stellt das **Individuum in den Mittelpunkt** der Betrachtung. Es gibt eine Vielzahl von Faktoren, die die Lebensfähigkeit einer Art beeinflussen. Man unterteilt sie in abiotische und biotische Faktoren. In der Regel ist der ungünstigste dieser Faktoren der **limitierende Faktor** für die Entwicklung eines Individuums. Für jeden dieser Faktoren gibt es einen **Optimalbereich**, der beidseitig durch einen **Präferenzbereich** flankiert wird. Innerhalb dieser Bereiche sind die Lebensbedingungen gut. Bei einer weiteren Verschlechterung gibt es den sogenannten **Toleranzbereich**, in dem Leben noch möglich ist, aber zunehmend erschwert wird. Außerhalb bestimmter Grenzen tritt dann der **Tod** ein (Abb. 5.8).

Organismen, die an sehr enge Bedingungen gebunden sind, z. B. nur in einem bestimmten engen Tem-

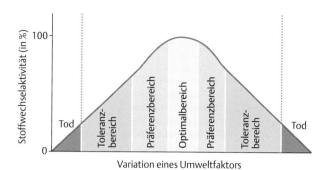

Abb. 5.8   Reaktion eines Organismus auf einen Umweltfaktor.

peraturbereich lebensfähig sind, nennt man **stenopotente** Organismen, während solche mit großer Anpassungsfähigkeit **eurypotent** sind.

Abiotische Umweltfaktoren

Licht

Alles tierische Leben hängt mindestens indirekt (über die Pflanzen, s. u.) vom Licht ab. Manche Tiere kommen selbst ohne Licht aus (Höhlenbewohner, Tiefseefische), bzw. werden durch Licht getötet (Regenwurm).

Die meisten Arten müssen sich vor dem **UV-Anteil** des Lichts schützen. Sie tun dies durch **Pigmentierung** und mithilfe von **Reparaturmechanismen** für lichtinduzierte Schädigungen.

Das Licht dient außerdem der Anpassung an verschiedene **zeitliche Rhythmen**, wie dem zirkadianen (Tages-)Rhythmus oder dem jahreszeitlichen Rhythmus. Der Tageszyklus wird über eine innere Uhr reguliert. Diese innere Uhr wird durch Hemmung der Proteinsynthese gestört. Daher nimmt man an, dass die Regulation der inneren Uhr über Proteine erfolgt. Da die Taktgeber für die innere Uhr äußere Faktoren (z. B. das Licht) sind, kann die innere Uhr umtrainiert werden (z. B. Wechsel des Tag-/Nachtrhythmus nach Fernreisen). Neben dem Tagesrhythmus gibt es eine Reihe weiterer Rhythmen, die genetisch bedingt sind und unterschiedliche Periodenlängen besitzen (Brutzyklen, Jahresrhythmus).

Durch den UV-Anteil des Lichts wird außerdem das Provitamin D in Vitamin D umgewandelt. Licht ist also auch bei Tieren direkt an **Stoffwechselwegen** beteiligt.

Temperatur

Man unterscheidet zwischen Tieren, die nicht in der Lage sind ihre Körpertemperatur zu regeln (**poikilotherme Organismen**), und solchen, die ihre Körpertemperatur konstant auf einen optimalen Bereich einstellen können (**homoiotherme Organismen**). Da die Stoffwechselprozesse als chemische Reaktionen temperaturabhängig sind, ist die Unabhängigkeit von der Umwelt bei Homoiothermen größer als bei Poikilothermen. Vögel und Säugetiere sind homoi-

otherm. Sie haben verschiedene Mechanismen zur **Temperaturregelung** entwickelt, wie z. B. Fellwechsel, Änderung der Durchblutung, Schwitzen, Hecheln, Bewegung und Winterschlaf.

Weitere abiotische Umweltfaktoren

Weiter abiotische Umweltfaktoren, die das Leben beeinflussen, sind:
— Mineralien (Spurenelemente, Bodenbeschaffenheit),
— die Luftfeuchtigkeit,
— das Wasser.

5.3.3 Wechselbeziehungen zwischen Organismen (Synökologie)

Die Wechselwirkung von Organismen findet in einem **ökologischen System** statt. Bakterien, Pilze, Tiere und Pflanzen bilden Lebensgemeinschaften **(Biozönosen)** in einem bestimmten Lebensraum **(Biotop)**. Das Biotop stellt die **ökologischen Nischen** für eine bestimmte Zahl von Lebensgemeinschaften, die in einem Gleichgewicht stehen. Die Regulation des Gleichgewichts erfolgt durch **biotische Faktoren**.

Zwischen den Arten gibt es eine Reihe von Beziehungen, die aus der **Konkurrenz** um Nahrung und Brutplätze entstehen. Diese Konkurrenz wird durch **Einnischung** verringert, indem verschiedene Arten unterschiedliche ökologische Nischen bzw. **Biotope** belegen (Boden, Busch, Baum, fließende Gewässer, stehende Gewässer usw.). Weiterhin verringern unterschiedliche Nahrungsbedürfnisse, Schlafplätze und zeitlich verschobene Aktivitätsphasen – Tagesrhythmik (S. 165) – die Konkurrenz zwischen den Arten innerhalb eines Biotops.

> **MERKE**
>
> Das **Gleichgewicht** innerhalb eines **Ökosystems** wird durch **biotische Faktoren** reguliert.

Symbiose

Bei einer Symbiose handelt es sich um das **Zusammenleben zweier Arten** zum **beiderseitigen Nutzen**. Es gibt eine Vielzahl von unterschiedlichen Beispielen für Symbiosen, z. B. zwischen **Algen und Pilzen (Flechten)**. Symbiosen gibt es jedoch auch zwischen Bakterien und Viren (S. 135) und im Tierreich.

Der **Putzerfisch** z. B. ist quasi eine lebende Zahnbürste. Er ernährt sich von Verunreinigungen der Haut und Speiseresten zwischen den Zähnen **räuberischer Fische**, für die der Putzerfisch eine ideale Beute wäre. Die Raubfische verschonen jedoch ihren Mitbewohner. Hier handelt es sich um eine „lockere" Symbiose, da beide Beteiligten auch unabhängig voneinander lebensfähig sind.

Es gibt eine Vielzahl von **Mikroorganismen**, die zum beiderseitigen Nutzen mit dem **Menschen** ein **Ökosystem** bilden. Der Mensch bildet das Biotop mit verschiedenen ökologischen Nischen (Haut, Darm, Mundhöhle usw.), die von Mikroorganismen besiedelt werden. Diese Mikroorganismen schützen durch ihre Besiedlung nicht nur den Menschen vor pathogenen Keimen und helfen ihm bei der Verdauung, sie liefern teilweise sogar lebensnotwendige Vitamine (z. B. Vitamin B_{12}).

Klinischer Bezug

Störungen dieses Systems durch **übertriebene Hygiene** oder **Antibiotikaeinsatz** können schwerwiegende Folgen haben. Die symbiontisch mit dem Menschen lebenden Mikroorganismen werden abgetötet und deren frei gewordener Lebensraum kann durch andere, humanpathogene Keime besetzt werden.

Beispiel: Laktobazillen der Vagina produzieren Milchsäure und stellen in der Vagina einen pH-Wert von 4–4,5 ein. Dieser saure pH-Wert bildet einen Schutz vor der Besiedlung dieses Biotops durch pathogene Keime. Werden durch übertriebene Hygiene mit antibakteriellen Seifen oder durch Antibiotikaeinsatz die Laktobazillen abgetötet, steigt der pH-Wert und es kann eine **Besiedlung durch Fremdkeime**, z. B. Pilze, erfolgen.

Kommensalismus (Mitessertum)

Im Unterschied zur Symbiose liegt der **Vorteil** beim Kommensalismus nur bei **einem der Beteiligten**. Der andere Partner wird jedoch **nicht geschädigt**. Ein Beispiel ist die räumliche Nähe von Geiern und Schakalen zu Löwen. Der Löwe überlässt die Reste seiner Mahlzeit diesen Kommensalen. Die Haarbalgmilbe ist ein Kommensale beim Menschen.

Räuber-Beute-Verhältnis

Die Tierarten sind über **Nahrungsketten** miteinander verbunden. Nahezu alle Tierarten kommen als Beute in Frage, Ausnahmen sind nur sehr wehrhafte Tiere wie Großkatzen oder durch ihre Größe geschützte Tiere wie Elefanten und Nashörner. Räuber und Beute stehen in einem sehr engen Verhältnis zueinander. Die Anzahl der Beutetiere bildet die Lebensgrundlage

für eine bestimmte Zahl von Räubern. Sinkt die Zahl der Beutetiere, sinkt zeitlich versetzt auch die Zahl der Räuber. Steigt die Zahl der Beutetiere, steigt auch die Zahl der Räuber.

Parasitismus

Lerntipp

An dieser Stelle wird Ihnen das Prinzip des Parasitismus kurz vorgestellt. Im Kapitel Parasitismus und seine Humanrelevanz (S. 170) erhalten Sie ausführliche Informationen zu einzelnen Vertretern der Humanparasiten.

Parasitismus ist eine Beziehung, die sich auf **einen Partner nachteilig** auswirkt, was nicht bedeutet, dass alle Parasiten Krankheitserreger sind.

Von den ca. 1,5 Mio. Tierarten der Erde sind **ca. 20 %** Parasiten. Nahezu alle Tiere werden von Parasiten befallen, auch Parasiten selbst. Der Wirt eines Parasiten gehört jedoch immer einer **anderen Art** an.

MERKE

Parasiten sind evolutiv angepasste Organismen, die ständig oder zeitweise, in oder auf einem **anderen Organismus** leben und sich **auf dessen Kosten ernähren**, jedoch ohne ihn notwendigerweise zu töten.

Parasiten haben sich über Millionen von Jahren an das Leben in speziellen ökologischen Nischen **morphologisch** und **physiologisch angepasst**. Viele Parasiten verfügen über spezielle **Haftorgane** und **Schutzschichten** (Haken, Saugnäpfe usw.), haben bestimmte **Organe und Organsysteme reduziert** (Lichtsinnesorgane bei endogenen Parasiten, das Verdauungssystem bei Darmparasiten), dafür sind die **Geschlechtsorgane** sehr gut entwickelt und oft sehr komplex.

Parasitische Lebensweisen können sehr unterschiedlich sein:

— Parasiten können ihr **ganzes Leben** innerhalb ihres Wirts verbringen (**permanente** Parasiten, z. B. der Spulwurm Ascaris lumbricoides) oder einen Wirt benötigen.

— Manche Parasiten befallen nur in **bestimmten Entwicklungsstadien** einen Wirt (z. B. Flöhe).

— **Obligatorische** Parasiten sind **nur zur parasitischen** Lebensweise fähig (Viren).

— **Fakultative** Parasiten können **auch nichtparasitisch** leben (einige Bakterien können sowohl saprophytisch als auch parasitisch leben).

— Parasiten, die die **Oberfläche** eines Wirtes besiedeln, werden als **Ektoparasiten** bezeichnet (z. B. Flöhe).

— Parasiten, die **innerhalb** eines Organismus leben, sind **Endoparasiten** (z. B. Bandwürmer).

Im Unterschied zu Saprobionten, die totes organisches Material abbauen, benötigen Parasiten immer ein **lebendes System**.

5.3.4 Stoff- und Energiekreisläufe

Innerhalb eines **Ökosystems** sind die Organismen durch **Stoff- und Energiekreisläufe** (Abb. 5.9) **miteinander verbunden**:

- Durch autotrophe Pflanzen wird **Sonnenenergie** in chemische Energie (in Form organischer Verbindungen) umgewandelt. Diese Pflanzen werden daher als **Produzenten** bezeichnet.
- Die Pflanzen selbst und deren Produkte werden durch **heterotroph** lebende Organismen als Energiequelle genutzt. Man nennt sie damit Konsumenten (**Primärkonsumenten, Pflanzenfresser**).
- Herbivora dienen dann wieder Konsumenten 2. Ordnung als **Nahrungsquelle (Sekundärkonsumenten, Fleischfresser)**.
- Die **Abfallprodukte** aller Produzenten und Konsumenten sowie deren Leichen dienen **Destruenten** (Bakterien, Pilzen) als Energiequelle. Dadurch werden organische Substanzen abgebaut, und Mineralstoffe, Stickstoff, Schwefel und Kohlendioxid in den Kreislauf zurückgeführt.

So entstehen **Kreisläufe für verschiedene Elemente** wie Kohlenstoff, Stickstoff oder Schwefel. Hier wird noch einmal deutlich, dass das gesamte Leben von **Licht** abhängig ist, da die autotrophen Pflanzen auf der ersten Stufe des Stoff- und Energiekreislaufs stehen.

MERKE

- Pflanzen: **Produzenten**
- Pflanzenfresser: **Konsumenten 1. Ordnung**
- Fleischfresser: **Konsumenten 2. Ordnung**
- „Abfallfresser": **Destruenten**

Energiefluss

Innerhalb der Nahrungsketten geht von einer **Trophiestufe** zur nächsten jeweils **90 %** der aufgenommenen Energie **verloren**. Je höher die Zahl der Trophiestufen (Glieder der Nahrungskette), desto weniger wird die von den Produzenten gebildete chemische Energie genutzt.

Das bedeutet, dass bereits unter natürlichen Bedingungen die Energiebilanz bei landwirtschaftlicher Produktion besser ist als bei der Fischerei, da die Zahl der Trophiestufen deutlich geringer ist.

Stickstoffkreislauf

Im Mittelpunkt des Stickstoffkreislaufes steht **Ammonium**, das Produkt des Eiweißabbaus. Pflanzen können nur Ammoniumionen (NH_4^+) und Nitrationen (NO_3^-) als Stickstoffquelle nutzen.

Ausnahmen sind **Knöllchenbakterien** (Acetobacter), die in Symbiose mit Leguminosen (Schmetterlingsblütlern) leben, und einige Blaualgen. Sie sind in der Lage, den molekularen Stickstoff der Luft (N_2; 78 % der Luft ist Stickstoff!) zu oxidieren und damit den Pflanzen zur Verfügung zu stellen. Diesen Vorgang nennt man **N_2-Fixierung**.

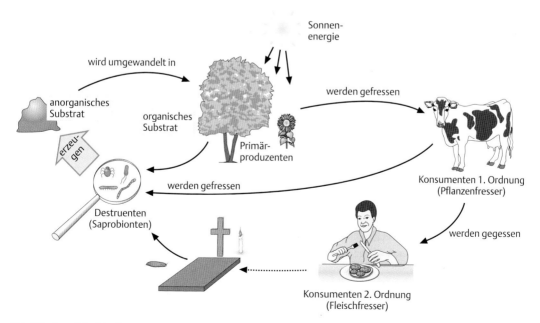

Abb. 5.9   Energiekreislauf.

Andere Bakterien (**Nitrosomonas, Nitrobacter**) oxidieren Ammonium (aus dem Eiweißabbau) zu Nitrit (NO_2^-) und Nitrat. Dieser Prozess wird als **Nitrifikation** bezeichnet, kann aber nur stattfinden, wenn der Boden gut durchlüftet ist. Unter Sauerstoffmangel machen sie genau das Gegenteil: sie benutzen NO_3^- als Sauerstoffquelle und geben molekularen Stickstoff an die Luft ab (**Denitrifikation**), was zu Stickstoffverlusten im Boden führt. Nach einer Überdüngung mit Stickstoff kann unter Sauerstoffmangel der Stickstoffgehalt wieder normalisiert werden.

Kohlenstoff-/Sauerstoffkreislauf

Kohlenstoff und Sauerstoff sind im Stoffkreislauf durch **Photosynthese** und **Atmung** eng aneinander gekoppelt. Durch **Photosynthese** wird CO_2 in organische Verbindungen fixiert und Sauerstoff wird freigesetzt. Durch **Atmung** und durch den Abbau organischer Substanzen durch Destruenten werden die energiereichen organischen Kohlenstoffverbindungen unter Sauerstoffverbrauch wieder zu CO_2 oxidiert.

MERKE

Photosynthese und **Atmung** sind einander **gegenläufige Prozesse**: Bei der Photosynthese wird unter CO_2^- Verbrauch organische Substanz aufgebaut und es entsteht O_2. Bei der Atmung wird unter O_2-Verbrauch organische Substanz abgebaut und es entsteht CO_2.

5.3.5 Populationsökologie

Eine Population wird durch ihre **Größe** und ihre **Dichte** charakterisiert. Durch Zu- und Abwanderung kann sich sowohl die Größe einer Population (Zahl der Individuen), als auch ihre Dichte ändern (Individuen/Fläche). **Populationspyramiden** geben Auskunft über die innere Struktur einer Population, den Sexualindex, Geburtenindex und Sterberaten.

Die **Populationsgrößen** werden durch verschiedene **Faktoren** bestimmt:

– Sie liegen zum einen in den natürlichen **Umweltbedingungen** (Wasser, Nahrung, Klima usw.).
– Andererseits werden sie durch die **Beziehungen innerhalb der Population** bestimmt (sozialer Stress durch Konkurrenz um Nahrung oder Geschlechtspartner und Gedrängefaktor bei zu hoher Populationsdichte).
– Außerdem spielen die **Wechselwirkungen mit anderen Arten** (Parasitenbefall, Konkurrenz, Räuber/Beute) eine große Rolle.

Die **Populationsdynamik** beschreibt die Veränderungen von Größe und Dichte einer Population über die Zeit. Normalerweise wird die **maximale Größe** einer Population durch Umweltfaktoren vorgegeben und pendelt sich um die **Kapazitätsgrenze eines Biotops**

ein. Eingriffe in das ökologische Gleichgewicht eines Biotops haben daher verheerende Folgen. So wurden z. B. durch die Jagd auf Pumas, Kojoten und Wölfe in Arizona die natürlichen Jäger von Hirschen stark dezimiert. Das führte zu einem Anstieg der Hirschpopulation von 5000 (1905) auf 100 000 (1925). Die Folge war eine starke Zerstörung des Lebensraumes, die fast zur Selbstvernichtung der Hirschpopulation führte.

5.3.6 Der Mensch greift in ökologische Systeme ein

In das Gleichgewicht der Populationen greift der Mensch immer stärker ein. Die Steigerung seiner Lebenserwartung auf über das Doppelte, die Senkung der Säuglingssterberate, der medizinische Fortschritt und das Fehlen von natürlichen Feinden führten zu einem **exponenziellen Wachstum** der Erdbevölkerung. Für die Sicherung der Nahrungsgrundlage einer solchen Überbevölkerung (und aus Profitsucht!) greift der Mensch mit verheerenden Folgen in die **natürlichen Kreisläufe** ein.

O_2/CO_2-Bilanz

Der Mensch greift gleich zweimal in die O_2/CO_2-Bilanz ein. Erstens durch die **massenhafte Verbrennung fossiler Energieträger**, wodurch es zu einem starken Anstieg der CO_2-Konzentration in der Luft kommt, was verheerende Folgen für die Klimasituation hat (Treibhauseffekt, Schmelzen der Polkappen, Anstieg des Meeresspiegels). Zweitens durch die **massenhafte Rodung der O_2-Produzenten**, heute insbesondere der tropischen Regenwälder. Der Boden eines gerodeten Regenwaldes erschöpft sich durch landwirtschaftliche Nutzung (Weide) sehr schnell. Seines natürlichen Stoffkreislaufes beraubt, verödet er (Erosion der Humusschicht) und ist damit sowohl für die O_2/CO_2-Bilanz als auch für die Nahrungsproduktion verloren.

Ein Glied der Kette greift ins nächste
Die Rolle der Wälder

Vernichtet man Wälder (oder in unseren Breiten z. B. auch Feldraine), so vernichtet man den **Lebensraum vieler Tiere** und greift in die **natürlichen Wechselwirkungen** innerhalb der Nahrungsketten ein. Gibt es keine Bäume und Büsche als natürliche Nistgelegenheiten für Vögel mehr, dann können sich **Schädlinge** (insbesondere in Monokulturen) stark ausbreiten. Um diese zu dezimieren setzt der Mensch dann **Insektizide** ein, die sich als Gifte innerhalb einer Nahrungspyramide in deren **Endgliedern** ansammeln. Über diese Endglieder der Nahrungskette (z. B. Fische) wird das Gift angereichert wieder an den Menschen zurückgegeben.

Ein Beispiel für die Ausbreitung von spezialisierten Schädlingen in Monokulturen finden wir bei uns in Deutschland mit dem **Borkenkäfer**, der in der Lage ist, in kurzer Zeit ganze Wälder zu vernichten (Bayerischer Wald). Da ein ökologisch intakter Wald aber auch ein Wirtschaftsfaktor ist, muss man über **alternative Möglichkeiten** bei der Schädlingsbekämpfung nachdenken, z. B. die Schaffung natürlicher Biotope (Mischwald), die Stützung ökologischer Gleichgewichte in noch funktionsfähigen Biotopen und den Einsatz biologischer Schädlingsbekämpfungsmittel (Pheromone, Bakterien, bakterielle Gifte).

Neben seiner Rolle als **Sauerstofflieferant** ist der Wald ein Regulator des **Wasserhaushaltes** und wirkt als großer Filter, der die **Luft reinigt**.

Luftverschmutzung

Die zunehmende Verschmutzung der Luft mit Stickoxiden und Schwefeldioxid ist die Ursache für **sauren Regen** und führt zur Schädigung von Bäumen und ganzen Wäldern (Erzgebirge). Die Luftverschmutzung führt außerdem zu **Dunstglocken**, die bestimmte für den Menschen notwendige UV-Strahlung zurückhalten (Umwandlung des Provitamins D in das Vitamin D, Anregung der Pigmentbildung der Haut). Die Verschmutzung der Luft mit Fluorkohlenwasserstoffen ist eine Ursache des Schwundes der **Ozonschicht**. Die Folge ist ein zunehmender Anstieg schädlicher, Tumor induzierender UV-Strahlung (Melanombildung).

Verschmutzung der Gewässer

Eine weitere unrühmliche Rolle spielt der Mensch bei der immer stärkeren Verschmutzung der Gewässer.

Gewässer werden auf natürliche Weise ständig mit **organischem Material verschmutzt** (Blätter und Holz, die in Flüsse oder Seen fallen, Tiere, die darin verenden, usw.). In den Gewässern lebende Destruenten ernähren sich von diesem organischen Material, zersetzen es und bringen die Grundbausteine in den natürlichen Kreislauf zurück. Die Gewässer sind also zur **Selbstreinigung** befähigt, haben jedoch nur eine bestimmte Selbstreinigungskapazität. Der Mensch bringt diese natürlichen Kreisläufe durch übermäßige Verschmutzung aus dem Gleichgewicht und zerstört die Selbstreinigungsfähigkeit der Gewässer durch das Einbringen von Haushalts- und Industrieabfällen. Die Veränderung des **pH-Wertes** von Gewässern führt bei Überschreiten von Grenzwerten zu **Fischsterben**. Durch die Einleitung von Haushaltabwässern entsteht eine starke **Überdüngung** der Gewässer. Dadurch kommt es zu einem starken Wachstum von Produzenten **(Eutrophierung)**. Die Folge ist eine Zunahme von Konsumenten und Destruenten, die unter Sauerstoffverbrauch die vermehrt anfallende organische Substanz wieder abbauen. Durch den **Sauerstoffmangel** vermehren sich verstärkt **Anaerobier**. Die übermäßige Vermehrung von Anaerobiern am Gewässergrund als Folge starker Eutrophierung führt zur Ansammlung von Faulschlamm und Produktion giftiger Gase (Methan, Schwefelwasserstoff). Das Gewässer verliert seine Selbstreinigungskraft, „**kippt um**" und ist biologisch tot. Durch die Einbringung von **Sauerstoff** kann man ein solches umgekipptes System langsam wieder regenerieren.

Das Prinzip der Selbstreinigung von Gewässern wird in **Kläranlagen** zur biologischen Reinigung von Abwässern durch den Abbau organischer Verbindungen mit Hilfe von **Mikroorganismen** genutzt. Dabei treten jedoch natürliche Beschränkungen auf. **Chemisch synthetisierte Makromoleküle**, die in natürlichen Systemen nicht vorkommen, wie z. B. chlorierte Kohlenwasserstoffe, sind nur **sehr schwer abbaubar**. **Schwermetalle** können **gar nicht abgebaut** werden und müssen durch andere Verfahren aus den Abwässern entfernt werden.

> **MERKE**
>
> In **Kläranlagen** wird das Prinzip der **Selbstreinigung von Gewässern** „industriell" genutzt.

Ein Paradebeispiel für die Anreicherung von nicht abbaubaren Schwermetallen in einer Nahrungskette ist **Methylquecksilber**. Ein großer Teil der Quecksilberabfälle aus der chemischen Industrie gelangt in unsere Flüsse und wird dort durch Mikroorganismen in das giftige Methylquecksilber umgewandelt. Über die Nahrungskette, die im Wasser aus sehr vielen Gliedern besteht (Bakterien, Protozoa, Kleinkrebse, Friedfische, mehrere Stufen von Raubfischen, Endglieder: Fischadler und Mensch), reichert sich das nicht abbaubare Methylquecksilber in den Endgliedern der Nahrungskette an. Dabei wird es gegenüber der Konzentration im Wasser auf das mehr als Tausendfache konzentriert. Am Ende der Nahrungskette kann es dann beim Menschen zur Schädigung des Nervensystems kommen.

Check-up

✓ Rekapitulieren Sie die Wechselbeziehungen von Organismen.

✓ Wiederholen Sie den Energiefluss innerhalb des Ökosystems.

✓ Überlegen Sie sich, wie der Mensch in Ökosysteme eingreift und welche Folgen dies haben kann.

5.4 Parasitismus und seine Humanrelevanz

 Lerncoach

Der Inhalt des folgenden Kapitels ist nicht prüfungsrelevant. Aufgrund der großen medizinischen Bedeutung der Humanparasiten wird Ihnen in diesem Lehrbuch dennoch ein eigenes Kapitel gewidmet.

5.4.1 Überblick

Parasiten **schädigen ihre Wirte** auf **unterschiedliche Art und Weise.** Hakenwürmer können z. B. beträchtliche Mengen an Blut aufnehmen. Fischbandwürmer nehmen im Darm große Mengen des von Darmbakterien produzierten Vitamin B_{12} auf, die Folgen sind in beiden Fällen Anämien. Durch Spulwürmer, Bandwürmer, Pärchenegel oder Trichinen kommt es zu Verletzungen des Gewebes (Schädigungen der Haut, der Darmschleimhaut, der Blasenschleimhaut und des Muskelgewebes). Choleraerreger, Tetanuserreger oder Botulinuserreger geben toxische Substanzen in den Wirt ab, was über Fieber, Durchfälle und Krämpfe bis zum Tod führt. Viele Parasiten sind Auslöser von Allergien und bösartigen Geschwülsten. Spulwürmer und Filarien schädigen ihre Wirte durch die massive Invasion, die zu Organverstopfungen (Darmverstopfung, Verstopfung der Lymphgefäße) führt, während die Finne des Hundebandwurms den Wirt durch massive Gewebeverdrängung schädigt.

5.4.2 Reaktion des Menschen auf Parasiten

Der Wirt reagiert auf den Parasitenbefall. Die Differenz zwischen Angriffskraft des Parasiten und der Resistenz des Wirtes entscheidet über die **Virulenz** (Grad der Fähigkeit der Parasiten der Abwehr des Wirtes standzuhalten). Diese Abwehr ist von der **Umwelt** beeinflusst, Stresssituationen führen z. B. zur Schwächung des Wirtes.

Zu den **Schutzmechanismen** gehören:
- Das **Epithel** der Körperbedeckung, die **Schleimhäute,** der **Säuremantel** der Haut, die **Tränenflüssigkeit, Schleim** und **Speichel.**
- Anlockung von Leukozyten und Histiozyten, die durch **Phagozytose** Fremdstoffe aufnehmen und kleine Parasiten phagozytieren können.
- Größere Parasiten können **abgekapselt** und anschließend **getötet** oder zumindest **isoliert** werden.
- Ein **unspezifischer** Abwehrmechanismus gegen Viren ist das **Interferon** (S. 137).

Parallel setzt der Wirt auch seine **spezifische** (erworbene) Abwehr ein. Er bildet **Antikörper** gegen Parasiten und deren Toxine und kann damit Gifte neutralisieren. Er **lysiert** und **agglutiniert** Bakterien und Protozoen, **immobilisiert** die Parasiten und **inhibiert** deren Vermehrung. In Zusammenarbeit mit der Phagozytose können die Parasiten dann **vernichtet** werden (Ausbildung einer ständigen oder zeitweisen Immunität; Einzelheiten dazu im Kap. Immunsystem (S. 61).

Auf diese Weise hat sich über Millionen von Jahren eine **Wechselwirkung** zwischen **Parasiten** einerseits und dem **Immunsystem** des Menschen andererseits herausgebildet, die nach langer Koevolution zu einer Art **Gleichgewicht** geführt hat: Der Mensch bietet Lebensraum für Parasiten, diese werden jedoch (bis auf einige Ausnahmen) durch sein hochentwickeltes komplexes Immunsystem relativ gut in Schach gehalten. Mit der **Entwicklung der Medizin** und dem **Bestreben, alle Parasiten im Menschen zu eliminieren,** einen möglichst „keimfreien" Menschen zu schaffen, wird jetzt in dieses Gleichgewicht einseitig eingegriffen. Die Verbesserung des Lebensstandards, der medizinische Fortschritt und übertriebene Hygiene, wie z. B. der Einsatz antibakterieller Mittel an völlig unkritischen Stellen im Haushalt oder bei der Körperpflege usw. können zwar die Belastung des Menschen mit Parasiten stark reduzieren (z. B. Madenwurm-, Bandwurm-, Spulwurminfektionen), greifen aber auch in die Wechselbeziehung Immunsystem-Parasit ein. Das Immunsystem wird nicht mehr ausgelastet und beschäftigt sich jetzt mit anderen, früher unwesentlichen Dingen. Man vermutet, dass der Anstieg von **Autoimmunerkrankungen** und **Allergien** (die in Naturvölkern nicht vorkommen) bei vielleicht genetisch vorbelasteten Menschen im unmittelbaren Zusammenhang mit der nachlassenden Auseinandersetzung des Immunsystems mit Parasiten steht. Pilotexperimente, bei denen zur Milderung der Autoimmunerkrankung Morbus Crohn eine Therapie mit Schweinepeitschenwurmlarven (Trichuris suis) durchgeführt wurde, bestätigten diese Vermutung und werden zuzeit in einer großen Studie überprüft.

5.4.3 Protozoa

Einzeller werden als Protozoa bezeichnet. Im Folgenden sollen einige als Parasiten des Menschen bedeutsame Vertreter der Protozoa vorgestellt werden.

Leishmania spec.

Die Leishmanien gehören zu den **Euglenozoa** (früher Flagellata). Sie haben eine **Geißel,** die in einem **Basalkörper** (S. 36) verankert ist.

Leishmania donovani

Leishmania donovani ist der Erreger der **Eingeweide-Leishmaniose** (Kala Azar). Die Krankheit wird in Asien, Südeuropa, Nordafrika, im tropischen Afrika, Brasilien und Paraguay von **Schmetterlingsmücken** (Phlebotomus, engl.: sand flies) auf den Menschen übertragen. Das parasitische Erregerreservoir sind Kleinnager und Hunde. Ist der Mensch infiziert, dann ist auch die Übertragung von Mensch zu Mensch möglich.

Durch den Stich gelangen die Erreger in Gewebsspalten und werden von phagozytierenden Zellen (Makrophagen, Retikulumzellen) gefressen. Die Erreger werden jedoch von diesen Zellen nicht vernichtet. Sie vermehren sich in ihnen, bringen die Zellen zum Platzen und werden erneut von phagozytierenden Zellen gefressen.

Klinischer Bezug

Eingeweide-Leishmaniose. Der Befall mit *Leishmania donovani* führt zu einer generalisierten Infektion des **retikuloendothelialen Systems** (lymphatische Organe, Milz, Leber, Knochenmark). Es resultieren schwere Entzündungen dieser Organe und es kommt zu Anämie und Leukopenie (Sinken der Erythrozyten- und Leukozytenzahl). Milz und Leber werden erheblich vergrößert, im Endstadium treten Ulzerationen im Dickdarm auf. Die Krankheit kann sich über drei Jahre erstrecken, unbehandelt verläuft die Krankheit häufig tödlich.

Die Diagnose ist schwierig, da die Erreger intrazellulär leben und kaum im Blut nachweisbar sind. Erst eine Milz- oder Leberpunktion bringt Sicherheit.

Leishmania tropica

Eine zweite, weniger gefährliche Leishmaniose ist die **Orientbeule**, deren Erreger *Leishmania tropica* ist. Sie wird ebenfalls durch **Schmetterlingsmücken** übertragen.

Klinischer Bezug

Orientbeule. Die Parasiten leben in den **Endothelzellen von Hautkapillaren** und erzeugen Wucherungen lokaler Blutgefäße. Sie wachsen am Rand, während sie in der Mitte ulzerieren und verschorfen. Betroffen sind Haut und Unterhaut. Die Wucherungen bleiben lokal beschränkt und heilen nach ½–1½ Jahren spontan unter Narbenbildung wieder ab. Betroffen sind meist Körperteile, die nachts unbedeckt bleiben, wie Handrücken, Unterarme, Nase und Jochbein. Ohne chemotherapeutischen Eingriff bildet sich eine lebenslange Immunität. Die Orientalen haben schon vor Jahrhunderten erkannt, dass eine einmalige Infektion vor weiteren Infektionen schützt und haben daher eine Vaccination bei Mädchen durchgeführt. Auf eine normalerweise von Kleidung bedeckte Stelle wurden Keime einer Orientbeule übertragen und damit eine Infektion ausgelöst. Durch die sich bildende Immunität wurde dadurch eine narbige Entstellung des Gesichts bei einer zufälligen natürlichen Infektion verhindert.

Die Behandlung erfolgt mit **Antimonpräparaten** und ist auf Grund der Nebenwirkungen sehr sorgfältig zu beobachten. Die Bekämpfung der Schmetterlingsmücken ist als **prophylaktische Maßnahme** zu empfehlen.

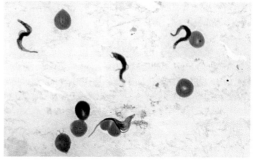

Abb. 5.10   Trypanosomen.

Trypanosoma spec.

Trypanosomen gehören ebenfalls zu den **Euglenozoa**. Sie besitzen eine sogenannte **undulierende Membran** (eine membranöse Verbindung zwischen Geißel und Soma), die der Fortbewegung dient (Abb. 5.10). Die Infektion erfolgt über blutsaugende **Stechfliegen**.

Trypanosoma brucei gambiense und Trypanosoma brucei rhodesiense

Trypanosoma brucei gambiense und *Trypanosoma brucei rhodesiense* sind zwei Erreger der **Schlafkrankheit**, die durch Stechfliegen der Gattung Glossina (**Tsetsefliege**) auf den Menschen übertragen werden.

Klinischer Bezug

Schlafkrankheit. An der Stichstelle entwickelt sich durch Vermehrung der Erreger im **1. Stadium** binnen 1–3 Wochen eine **mesenchymale Entzündung** (schmerzhafte Knoten). Mit dem Abklingen dieser lokalen Reaktion nach 2–4 Wochen erfolgt im **2. Stadium** der Einbruch der Trypanosomen in die **Blutbahn**, begleitet von unregelmäßigen Fieberschüben, die durch Endotoxine aus zerfallenden Trypanosomen ausgelöst werden. Nach einigen Monaten verschwinden die Trypanosomen aus dem Blut und befallen im **3. Stadium** die **Lymphdrüsen**, begleitet von Lymphknotenschwellungen. Nach einem Vierteljahr befallen die Erreger allmählich den **Liquor cerebrospinalis**, was zu zunehmendem schweren körperlichen und geistigen Verfall führt. In der zweiten Hälfte der 3. Phase kann der Patient nicht mehr aufstehen und keine Nahrung mehr zu sich nehmen. Unbehandelt führt die Infektion zum **Tod**. Der Patient stirbt an den Folgen der Freisetzung von Endotoxinen absterbender Trypanosomen. Dieser Prozess kann sehr schnell gehen (*T. rhodesiense*, Wochen bis Monate) oder sich bis zu 4 Jahren erstrecken (*T. gambiense*).

Es wird nie eine Immunität erzielt, da Trypanosomen zu einer ständigen Veränderung der Glykoproteine auf ihrer Oberfläche in der Lage sind. Der menschliche Körper produziert zwar Antikörper und kann pro Generation auch viele Trypanosomen eliminieren, aber das Immunsystem läuft durch die ständige Veränderung der Oberflächenantigene ins Leere.

Solange die Erreger noch nicht im ZNS sind, ist eine Bekämpfung mit **Suramin** effektiv (auch zur Prophylaxe, da sich Suramin ca. 1 Monat lang an die Serumproteine bindet). Haben die Erreger das ZNS bereits befallen, ist eine Therapie mit **Melarsoprol**, einem giftigen arsenhaltigen Medikament mit starken Nebenwirkungen, möglich. Die Behandlung muss daher unter ärztlicher Kontrolle erfolgen, trotzdem sterben viele Behandelte durch die Nebenwirkungen des Medikaments.

Trypanosoma cruzi

In Südamerika, Mittelamerika und südlichen Teilen Nordamerikas ist eine weitere Art von Trypanosomen, *Trypanosoma cruzi*, verbreitet. Es handelt sich um den Erreger der **Chagas-Krankheit**, woran in Südamerika etwa 15 Millionen Menschen erkrankt sind.

| **Klinischer Bezug** |

Der Erreger der **Chagas-Krankheit** wird aus dem Kot von **Raubwanzen** (*Triatoma infestans*) über das Kratzen der heftig juckenden Stichstelle auf den Menschen übertragen und befällt das **retikuloendotheliale System** (Milz- und Lebervergrößerung), die **Muskulatur** und **Neurone**. Die Zerstörung der vegetativen peripheren Neurone führt zur Erweiterung der Hohlorgane (Ösophagus, Darm, Herz). Insbesondere der Befall der Herzmuskulatur hat schwerwiegende Folgen (intrazelluläre Vermehrung und Zerstörung der Zellen) und führt letztlich durch Herzversagen zum Tod. Tierisches Erregerreservoir sind Nager, Hunde und Katzen. Der beste Schutz ist eine **Expositionsprophylaxe** (Schutz vor Kontakt mit Wanzen, Dezimierung der Wanzenpopulation, keine Haustiere in Wohnräumen). Nach einer Infektion wird mit Nifurtimox oder Benznidazol chemotherapeutisch behandelt.

Entamoeba histolytica

Entamoeben gehören zu den **Amoebozoa** (Wechseltierchen) und weisen keine feste Gestalt auf. Sie haben ein granuläres Endoplasma und ein agranuläres Ektoplasma. Entamoeben fressen und bewegen sich durch die Ausbildung von Pseudopodien. Es gibt eine Vielzahl unterschiedlicher Arten, die oft als Kommensalen im Darm von Wirbeltieren leben (z. B. *Entamoeba coli* im Dickdarm).

Als Parasit ist *Entamoeba histolytica*, der Erreger der **Amöbenruhr**, von Bedeutung. Das Verbreitungsgebiet sind wärmere Länder um das Mittelmeer herum sowie Afrika und Indien. Der Parasit lebt im Dickdarm normalerweise in einer latenten ungefährlichen **Minuta-Form** (10–20 µm) und ernährt sich von Bakterien und unverdauten Nahrungsresten. Diese Minuta-Form kann vierkernige **Dauerformen** (Cysten, 10–15 µm) bilden, die unbeweglich sind, und mit dem Kot ausgeschieden werden. Durch Fliegen können

diese Dauerformen auf Lebensmittel übertragen werden.

Die Minuta-Form kann sich in die pathogene **Magna-Form** (20–30 µm) umwandeln, die die Darmschleimhaut schädigt und Erythrozyten frisst.

| **Klinischer Bezug** |

Amöbenruhr. Die Infektion des Menschen mit *Entamoeba histolytica* erfolgt bei der Nahrungsaufnahme meist durch Aufnahme der sehr resistenten vierkernigen Zysten oder (selten) durch „frische" Magna-Formen aus dem Kot bei mangelnder Hygiene.

Die Auslöser für die Umwandlung von der ungefährlichen zur gefährlichen Form sind weitgehend unbekannt. Man vermutet jedoch, dass bakteriell ausgelöste **Darminfektionen** eine Rolle spielen und dass der „gestresste, physiologisch belastete Darm" hellhäutiger Europäer in den Tropen begünstigend wirkt. Es kommt zu Fieber, Koliken und zu bis zu 10 Stuhlentleerungen täglich. Der Erreger kann nach 6–7 Monaten über die Pfortader auch in **andere Organe** (Leber, Lunge, Gehirn) eindringen und dort schwere makroskopisch sichtbare Schäden verursachen.

Die Behandlung erfolgt chemotherapeutisch mit **Nitroimidazolen**.

Plasmodium spec.

Plasmodien gehören zu den **Apicomplexa** (ehemals Sporozoa), die ausschließlich parasitisch leben. Sie machen in ihrer Entwicklung einen **Generationswechsel** durch (**Gametogonie**: geschlechtlich; **Sporogonie**: ungeschlechtlich). Neben der Sporenbildung gibt es häufig noch ungeschlechtliche Vielteilungen (**Schizogonie**).

Malaria

Plasmodien sind die Erreger der **Malaria**, eine Krankheit, die in den Urwäldern Afrikas, Mittelamerikas und Asiens verbreitet ist. Jährlich erkranken viele Millionen Menschen an Malaria, selbst in Deutschland sterben pro Jahr mehrere Hundert Menschen an nicht erkannter Malaria.

Es gibt mehrere Arten von Erregern, die verschiedene Malariaformen hervorrufen, darunter sind u. a. *Plasmodium malariae* (**Malaria quartana** oder Viertagefieber), *Plasmodium vivax* (**Malaria tertiana** oder Dreitagefieber) und *Plasmodium falciparum* (**Malaria tropica** mit unregelmäßigen Fieberschüben) humanpathogen.

Die Erreger der Malaria werden durch den Stich von **Anophelesmücken** auf den Menschen übertragen und durchlaufen einen charakteristischen Lebenszyklus (Abb. 5.11).

Die Entwicklung der Malariaerreger im Mückendarm bedarf einer Mindesttemperatur von 20 °C und

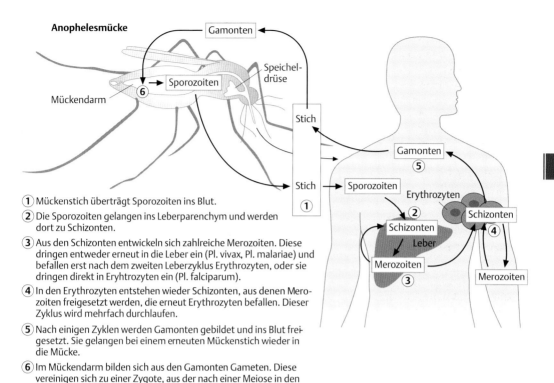

① Mückenstich überträgt Sporozoiten ins Blut.

② Die Sporozoiten gelangen ins Leberparenchym und werden dort zu Schizonten.

③ Aus den Schizonten entwickeln sich zahlreiche Merozoiten. Diese dringen entweder erneut in die Leber ein (Pl. vivax, Pl. malariae) und befallen erst nach dem zweiten Leberzyklus Erythrozyten, oder sie dringen direkt in Erythrozyten ein (Pl. falciparum).

④ In den Erythrozyten entstehen wieder Schizonten, aus denen Merozoiten freigesetzt werden, die erneut Erythrozyten befallen. Dieser Zyklus wird mehrfach durchlaufen.

⑤ Nach einigen Zyklen werden Gamonten gebildet und ins Blut freigesetzt. Sie gelangen bei einem erneuten Mückenstich wieder in die Mücke.

⑥ Im Mückendarm bilden sich aus den Gamonten Gameten. Diese vereinigen sich zu einer Zygote, aus der nach einer Meiose in den Darmepithelzellen $10^3 - 10^4$ Sporozoiten gebildet werden. Diese Sporozoiten wandern in die Speicheldrüse und werden mit dem Speichel auf den nächsten Wirt übertragen.

Abb. 5.11   Malariazyklus.

dauert ca. 14 Tage. Unterhalb von 20 °C dauert die Reifung der **Sporozoiten** länger als das Mückenleben lang ist, daher ist das Infektionsrisiko in unseren Breiten gering, obwohl es Mücken der Gattung Anopheles gibt. Es handelt sich aber um andere Arten als in Afrika, auch aus diesem Grund ist eine Übertragung bei uns nicht möglich.

Klinischer Bezug

Malaria tropica, verursacht von *Plasmodium falciparum*, ist die gefährlichste Form der Malaria. Daher sollen die weiteren Ausführungen auf diese Form beschränkt bleiben. Besonders gefährdet sind mit einer Sterblichkeit von 5–25 % Kinder.

Bei einer Infektion mit *Plasmodium falciparum* werden bis zu 30 % aller **Erythrozyten** befallen. Trotzdem sind die Erreger im Blut schwer nachweisbar, da die befallenen Erythrozyten an den Gefäßwänden kleben. Das kann zur Verstopfung von Kapillaren mit den entsprechenden Symptomen führen (z. B. Blockade der Hirnkapillaren, Koma). Die Infektion kann innerhalb weniger Tage lebensbedrohend werden. Die Symptome der Malaria sind charakteristische Fieberanfälle, Milzschwellung, Anämien, Kopf- und Gliederschmerzen und Schüttelfrost.

Nach einer überstandenen Infektion treten keine Spätrezidive auf. Erst ab dem 6. Lebensjahr kann sich langsam eine **Semimmunität** gegen den Erreger ausbilden. Sie geht jedoch ohne ständige Reinfektion wieder verloren. Heterozygote **Sichelzellanämieträger** (S. 115) sind vor einer Infektion mit *Pl. falciparum* geschützt. Daher haben sie einen Selektionsvorteil und treten im Verbreitungsgebiet dieses Erregers verglichen mit anderen Regionen gehäuft auf. Man vermutet, dass durch die Infektion die unter normalen Bedingungen nicht sichelförmigen Erythrozyten sichelförmig werden und dann vom Körper als defekt erkannt und (mit den in ihnen enthaltenen Plasmodien) abgebaut werden.

Nach einer Malariainfektion können je nach Art des Erregers durch **latente Infektionen** Rückfälle auftreten, die nicht unbedingt gleich erkannt werden. Latente Infektionen sind charakteristisch für *Pl. malariae* (bis zu 20 Jahre, Quelle sind Blutformen) und für *Pl. vivax* (bis zu 2–3 Jahre, Quelle sind persistierende Merozoiten in der Leber).

Bekämpfung der Malaria

Vorbeugende Bekämpfung der Mücken:

– Einsatz von Insektiziden (sehr kritisch zu sehen!),

– Vernichtung der Brutplätze (ökologische Folgen beachten!),

5

- sterile Männchen einbringen,
- Einsatz natürlicher Feinde gegen die Mückenlarven (Gambusia affinis, eine Zahnkarpfenart),
- Einsatz pathogener Viren oder Bakterien bzw. toxischer Bakterienprodukte (nur wenn sie spezifisch für Anopheles sind!).

Individueller Schutz:
- Geeignete Kleidung,
- Moskitonetze,
- die Imprägnierung von Textilien.

Vernichtung der Parasiten im Körper des Menschen durch Medikamente:
- **Chemoprophylaxe und Chemotherapie** (z. B. Cloroquin, Doxycyclin, Mefloquin, Proguanil, Artemisin): Die Einnahme beginnt schon vor der Reise und wird nach Beendigung der Reise fortgesetzt (Nebenwirkungen!). Die Auswahl des Medikaments hängt von den in der Aufenthaltsregion bekannten Resistenzen ab.
- An der Entwicklung von **Impfstoffen** gegen die einzelnen Formen der Malaria wird seit vielen Jahren gearbeitet.

Toxoplasma gondii

Toxoplasma gondii ist ein halbmondförmiger Einzeller und gehört ebenfalls zu den **Apicomplexa**. Der Erreger löst die in Europa weit verbreitete **Toxoplasmose** aus. Kenntnisse des Erregers sind für den angehenden Mediziner von besonderer Bedeutung, da menschliche Embryonen bei einer **akuten Erstinfektion von Schwangeren** besonders gefährdet sind.

Der **spezifische Endwirt** von *Toxoplasma gondii* ist die **Katze**, die sich durch das Fressen von **Zwischenwirten** (infizierten Mäusen) selbst infiziert. In der Katze vermehrt sich der Erreger bei Erstinfektion geschlechtlich (bei weiteren Infektionen wird die Katze ebenfalls nur Zwischenwirt). Als Folge werden innerhalb von zwei Wochen nach der Erstinfektion einer jungen Katze ca. 600 Mill. Oozysten mit dem Kot ausgeschieden. Diese entwickeln sich zu **Dauerstadien (Sporozysten)**, mit denen sich andere Tiere und der Mensch infizieren können. Die Erreger befallen nach oraler Aufnahme **Darmepithelzellen**, vermehren sich darin und befallen anschließend die Zellen des **lymphatischen Systems** und **andere Gewebe**. Hier vermehren sie sich, bilden sogenannte **Pseudozysten** (z. B. in Muskelzellen) und sind dann infektiös. Die Infektion von Mensch und Tier kann also durch orale Aufnahme von Sporozysten in Katzenkot (Infektion von Weidetieren, Mensch nur bei mangelnder Hygiene im Umgang mit freilebenden Katzen, die Mäuse fressen!) oder durch das Essen von infiziertem Fleisch (z. B. Schweinefleisch, Schaffleisch) erfolgen. Der reine Kontakt mit infizierten Haus- und Wildtieren führt nicht zu einer Toxoplasmoseinfektion!

Klinischer Bezug

Toxoplasmose. Die Infektion des Menschen bleibt **meist ohne Symptome** oder die Symptome sind **unspezifisch**, vergleichbar etwa mit einem grippalen Infekt. Die Infektion führt zur Immunität (ca. 70 % der über 65 Jahre alten europäischen Bevölkerung sind immun), gleichwohl sind die Erreger in den Pseudozysten latent vorhanden. Sie sind in ihren Wirtszellen „gefangen", da inzwischen eine spezifische Immunität aufgebaut wurde. Der Mensch ist als Zwischenwirt also ein toter Nebenast im Zyklus von Toxoplasma gondii, denn die Zysten „warten" darauf von einer Katze gefressen zu werden.

Gefährlich ist die **akute Infektion von Schwangeren**, die noch nicht über eine Immunität verfügen. Die Infektionsgefahr des Embryos liegt je nach Zeitpunkt der Infektion der Mutter zwischen 15 % (1. Trimenon) und 70 % (3. Trimenon). Die Erreger können die Plazenta überwinden und den Embryo schwer schädigen (Hydrozephalus, Verkalkungen im Gehirn). Daher sollte bei der Kontrolle des Blutbildes bei Schwangeren nach Antikörpern gegen *Toxoplasma gondii* gesucht und der Titer bestimmt werden. Sind Antikörper vorhanden und ist der Titer nicht ansteigend, dann ist die Patientin bereits latent immunisiert, der Embryo ist geschützt. Sind keine Antikörper vorhanden, dann sollte die Schwangere engen Kontakt mit freilaufenden Katzen, die Mäuse fressen, vermeiden und kein rohes Fleisch essen. Treten während der Schwangerschaft Antikörper auf oder ist der Antikörpertiter ansteigend, ist eine sofortige Therapie nötig. Dadurch wird das Infektionsrisiko des Fetus von 50 % auf 20 % gesenkt. Die Behandlung erfolgt vor der 15. Schwangerschaftswoche mit **Spiramycin** (Makrolid-Antibiotikum, Translationshemmer), danach durch eine Kombination von **Sulfonamiden** (Antimetabolite der *p*-Aminobenzoesäure) mit **Spiramycin** oder mit **Pyrimethamin** (hemmt Folsäuresynthese).

In einigen Fällen verläuft die Infektion **nicht latent**, dann treten Beschwerden wie Lymphknotenschwellungen, Leber- und Milzbeschwerden auf. Bei Schwächung des Immunsystems (z. B. bei AIDS) kann eine bereits bestehende latente Infektion aktiviert und zu einer **akuten Toxoplasmose** werden, die u. U. tödlich enden kann.

5.4.4 Metazoa

Dieses Kapitel beschränkt sich auf einige wenige Vertreter der **Trematoda** (Saugwürmer), **Cestoda** (Bandwürmer), **Nematoda** (Fadenwürmer) und **Arthropoda** (Gliederfüßer).

Schistosoma spec. (Pärchenegel)

Schistosomiden gehören zu den **Trematoda**, sie sind die Erreger der **Schistosomiasis (Bilharziose)**, eine der bedrohlichsten parasitären Erkrankungen in den warmen Ländern der Erde (Afrika, Südamerika,

Abb. 5.12   Pärchenegel.

Asien). Weltweit sind ca. 200–300 Millionen Menschen in 74 Ländern mit diesem Parasiten infiziert. Durch Tourismus steigt gegenwärtig auch die Zahl der europäischen Bilharziose-Patienten an.

Es gibt mindestens **vier verschiedene Bilharziosen**, die sich durch die Lokalisation des Parasiten im Endwirt unterscheiden (Darmbilharziose, Blasenbilharziose). Beispielhaft soll hier *Schistosoma haematobium*, Erreger der **Blasenbilharziose**, besprochen werden.

1851 wurden adulte Stadien von *Schistosoma haematobium* bei einer Autopsie durch den deutschen Arzt **Theodor Bilharz** in Kairo entdeckt. 63 Jahre später war der Entwicklungszyklus des Erregers aufgeklärt: **Pärchenegel** (Abb. 5.12) leben paarweise als **Blutparasiten** in den Venen des **Urogenitaltraktes** und sind getrenntgeschlechtlich. Die Weibchen (16–20 mm) liegen in einer Bauchfalte des Männchens (13–14 mm). Sie dringen zur Eiablage in die Kapillaren vor. Hier werden die Stachel tragenden Eier in Ansammlungen abgelegt. Sie durchdringen das Kapillar- und Blasenepithel und gelangen anschließend mit dem Urin ins Freie. Für die weitere Entwicklung müssen die Eier in ein stehendes oder langsam fließendes Gewässer gelangen. Im Wasser entwickelt sich eine erste Larve **(Miracidium)**, die sich eine **Schnecke** als Zwischenwirt sucht. In dieser entwickelt sie sich zu einer **Sporozyste**, aus der sich die 2. Larve **(Cercarie)** entwickelt. Die Cercarien verlassen die Schnecke, schwimmen frei, und müssen innerhalb weniger Stunden auf einen Menschen tref-

fen. Die Infektion mit Schistosoma erfolgt dann perkutan (durch die Haut) im Wasser. Die Larven wandern mit dem Blutstrom über Lunge und Leber in die venösen Gefäße des Urogenitaltraktes, paaren sich und wachsen zu adulten Pärchenegeln heran. Bei der Passage der lymphoiden Organe wird eine Antikörperbildung und damit Immunität gegen weitere eindringende Cercarien ausgelöst. Dieses Phänomen wird als **Prämunition** bezeichnet und dient dem Schutz des Wirtes (und damit auch dem Schutz bereits vorhandener Pärchenegel) vor Überparasitierung. Adulte Pärchenegel kann das Immunsystem nicht effektiv bekämpfen, da sie sich durch die Präsentation von Wirtsantigenen auf ihrer Oberfläche tarnen.

Durch ansteigende künstliche Bewässerung in vielen Ländern (bessere Bedingungen für die Zwischenwirte Schnecken) breitet sich die Krankheit weltweit aus. Eine Ausbreitung in Europa ist nicht möglich, da die spezifischen Schneckengattungen als Zwischenwirte fehlen.

■ Klinischer Bezug

Bilharziose. Im Endwirt ist der Egel bis zu 10 Jahre lebensfähig und damit infektiös. Das Eindringen der Cercarien durch die Haut verursacht Juckreiz und kann zu allergischen Reaktionen führen. Die Symptome von **Blasenbilharziose** manifestieren sich nach einer jahrelangen Infektion und sind Harndrang, blutiger Harn und Beeinträchtigung des Allgemeinbefindens (Fieber, Kopf-, Nacken- und Gliederschmerzen). Gefährlich ist ein Massenbefall, insbesondere bei Jugendlichen, weil toxische Stoffwechselprodukte zu Wachstumshemmung und Retardierung der sexuellen Entwicklung führen. Durch Eiablagerungen in der Blasenwand, Leber und Lunge entstehen außerdem **Granulome**, die sich zu Tumoren entwickeln können.

Vorbeugend empfiehlt sich
— auf Hygiene zu achten (keine Verschmutzung von Gewässern mit Urin oder Fäkalien),
— Schneckenbekämpfung,
— nicht in stehenden Gewässern zu baden.

Seit den 80er Jahren ist eine unproblematische Chemotherapie mit **Praziquantel** (öffnet Ca^{2+}-Kanäle → Lähmung des Parasiten) möglich.

Taenia spec.

Der **Rinderfinnenbandwurm** (*Taenia saginata*) und **Schweinefinnenbandwurm** (*Taenia solium*) gehören beide zu den **Cestoda** und sind als Parasiten des Menschen von Bedeutung.

Der Körper der Bandwürmer ist immer in Kopf (**Scolex**, Abb. 5.13), Hals (**Proliferationszone**) und Gliederkette (**Strobila**) unterteilt. Alle Glieder (**Proglottiden**) sind **zwittrig**, d. h. sie bilden sowohl männliche als

5

Abb. 5.13   Taenia-Scolex.

auch weibliche Geschlechtsorgane aus. Im geschlechtsreifen Zustand leben sie **endoparasitisch**, Mund- und Darmöffnungen fehlen völlig. Sie führen stets einen Wirtswechsel mit mindestens einem Zwischenwirt durch.

Weltweit sind 45 Millionen Menschen Bandwurmträger.

Der **Rinderfinnenbandwurm** wird 4–12 m lang und hat 1200–2000 Glieder. Er hält sich über vier Saugnäpfe im Darm fest. Die reifen Glieder haben einen stark verzweigten Uterus (mehr als 20 Verzweigungen).

Der **Schweinefinnenbandwurm** wird 2–8 m lang, hat 70–1000 Glieder und hält sich zusätzlich zu den vier Saugnäpfen noch mit einem Hakenkranz fest. Der Uterus in den reifen Proglottiden hat nur 8–12 Verzweigungen.

Die reifen Proglottiden enthalten die embryonierten Eier, gehen als kurze Gliederketten mit dem Stuhl ab und sind eigenbeweglich.

Der **Entwicklungszyklus** ist bei beiden Bandwürmern ähnlich. Das **Ei** enthält in einer Hülle bereits eine **Larve**, die nach oraler Aufnahme in den Zwischenwirt (Rind oder Schwein) austritt, die Darmwand durchbohrt und über die Blutbahn in alle Organe (bevorzugt Muskulatur) gelangt. Hier entsteht ein 3–10 mm großes **Finnenstadium**, eine Art Kapsel, die 4–5 Monate lang infektionstüchtig ist und bei Genuss rohen Fleisches in den Darm des Endwirtes, des Menschen, gelangt.

> **MERKE**
>
> Die Infektion mit dem **Rinder-** oder **Schweinefinnenbandwurm** erfolgt durch den Genuss von **rohem Fleisch**.

Die Finne trägt bereits in einer Blase den eingestülpten **Bandwurmkopf**. Im Darm wird die Blase aufgelöst und der Kopf herausgestülpt. Der **Bandwurm** saugt sich fest und beginnt zu wachsen, nach 2,5 Monaten ist er ausgewachsen. Er lebt länger als 10 (bis 25) Jahre und produziert 10^9 Eier.

> **Klinischer Bezug**
>
> **Rinder- und Schweinefinnenbandwurminfektion.** Klinische Erscheinungen einer Infektion mit *Taenia saginata* oder *Taenia solium* sind: Gewichtsverlust, Verdauungsbeschwerden, Koliken, nervöse Beschwerden, jedoch selten ernstere Beschwerden.
>
> Beim Schweinefinnenbandwurm (*Taenia solium*) besteht die Gefahr, dass der Mensch durch mangelnde Hygiene Eier aufnimmt und zum Zwischenwirt wird (Selbstinfektion). Dann bilden sich die Zysten mit den Finnen im Gewebe des Menschen **(Zystizerkosis)**, und zwar sowohl in der Muskulatur, als auch im Gehirn oder Auge, was zu Blindheit und zum Tod führen kann.
>
> Die chemotherapeutische Behandlung ist zuverlässig und erfolgt mit **Niclosamid** (hemmt Glucoseaufnahme bei den Bandwürmern, wird nicht resorbiert) und **Praziquantel**.

Bandwurmfinnen werden beim Kochen oder Braten bzw. nach Einfrieren über 24 Stunden bei –20 bis –30 °C abgetötet. In den Schlachthöfen Europas liegt der Befall mit dem Rinderfinnenbandwurm bei ca. 2 %, in den Herden Ostafrikas zwischen 10 und 100 %.

Diphyllobothrium latum (Fischbandwurm)

Diphyllobothrium latum ist der **Fischbandwurm** und gehört ebenfalls zu den **Cestoda**. Das Spektrum der **Endwirte** ist groß und erstreckt sich auf alle fischfressenden Säuger (z. B. Mensch, Hund, Katze). Der Fischbandwurm erreicht eine Größe von 20 m und hat 3000–4000 Proglottiden. Der Kopf hält sich mit zwei länglichen Sauggruben im Darm fest. Die reifen Proglottiden sind mehr breit als lang und haben einen zentralen sternförmigen Uterus. Der Fischbandwurm ist an Binnenseen, Küsten und Flussmündungen stark verbreitet, und kann im Endwirt bis zu 30 Jahre alt werden.

Im Unterschied zum Rinder- oder Schweinefinnenbandwurm werden die Eier des Fischbandwurms bereits im Darm aus den Proglottiden freigesetzt. Er braucht für seine Entwicklung **zwei Zwischenwirte**. Der erste Zwischenwirt sind planktonfressende Kleinkrebse **(Cyclops)**, welche die Larven aufnehmen. In den Kleinkrebsen entwickeln sich die Larven weiter. Werden die Krebse von **Weißfischen** gefressen, wandert die Larve in die Muskulatur des Fisches und entwickelt sich zu einer weiteren Larvenform. Wenn **Raubfische** infizierte Weißfische fressen, sammeln sich die Larven wiederum in ihrer Muskulatur an (sogenannte **Stapelwirte**). Erst in einem geeigneten Endwirt entwickeln sich reife Bandwürmer.

Klinischer Bezug

Fischbandwurminfektion. Die Hauptschädigung bei einer Fischbandwurminfektion liegt im **Entzug von Vitamin B$_{12}$**, wodurch Anämien entstehen. Eine Chemotherapie ist ohne Risiko möglich; vgl. Therapie der Rinderfinnenbandwurminfektion (S. 176). Vorbeugend führt Aufklärung zu einem drastischen Rückgang des Durchseuchungsgrades mit Fischbandwürmern, wenn kein roher Fisch mehr gegessen wird. Tieffrieren unter –10 °C tötet die Larven im Fisch ab.

Echinococcus granulosus (Hundebandwurm) und Echinococcus multiocularis (Fuchsbandwurm)

Diese beiden Bandwürmer gehören auch zu den **Cestoda** und sind für den Menschen sehr gefährlich. Der Mensch fungiert bei beiden als **Zwischenwirt**, Endwirte sind hundeartige Raubtiere (bei Hunde- und Fuchsbandwurm), aber auch katzenartige Raubtiere (beim Fuchsbandwurm). Beide Bandwürmer sind 3–6 mm groß und haben nur 3–4 Glieder. Sie halten sich mit 4 Saugnäpfen und einem doppelten Hakenkranz im Darm des Endwirtes fest und sind für diesen ungefährlich.

Hundebandwurm

Der Hundebandwurm ist weltweit überall dort verbreitet, wo es ein enges Zusammenleben von Mensch, Hund und Weidetieren gibt, z. B. bei Nomaden, wo Hunde Kot auf Weideflächen absetzen können und mit Schlachtabfällen gefüttert werden. In der Türkei und den Anrainerstaaten des Mittelmeeres sind bis zu 60 % der streunenden Hunde befallen. In Deutschland (insbesondere in den Städten) ist die Infektion kaum verbreitet (ca. 80–90 Fälle/Jahr), da hier die Bedingungen für einen intakten Zyklus nicht gegeben sind (Ausnahme: Schafhaltung mit Hütehunden und Hausschlachtung).

Die Infektion des Menschen mit dem Hundebandwurm erfolgt durch mangelnde Hygiene beim Umgang mit infizierten Hunden. Der Hund verteilt die Bandwurmeier durch Lecken (erst die Analregion, dann sein Fell) auf seinem Körper, der Mensch infiziert sich durch Schmusen oder Streicheln des Hundes mit anschließender Nahrungsaufnahme (ohne Händewaschen).

Das aus dem Hund abgehende jeweils letzte Bandwurmglied enthält ca. 1000 **Eier**, die sehr langlebig sind. Innerhalb dieser Eier liegt eine **Larve** mit 6 Haken. Wird ein solches Ei von einem Zwischenwirt (z. B. Schafe beim Grasen oder einem Menschen) aufgenommen, schlüpft die Larve im Darm, durchbricht die Darmwand und wandert in verschiedene Organe (meist die Leber, aber auch ins Gehirn). Hier setzt sie sich fest und entwickelt sich zu einer Zyste (**Hydatide**, das Finnenstadium). Diese mit Flüssigkeit gefüllte

Hydatide kann bis auf Fußballgröße heranwachsen und schnürt aus einem undifferenzierten Keimgewebe in ihren Hohlraum durch ungeschlechtliche Vermehrung Tochter- und Enkelblasen ab, in denen sich die Vorstufen der Skolizes (**Protoskolizes**) entwickeln (**zystische Echinokokkose**). Um den Kreislauf zu schließen, muss der infizierte Zwischenwirt von einem Hund gefressen werden (Fütterung von Hunden mit Schlachtabfällen). Der Mensch ist daher in diesem Zyklus ein toter Seitenast.

Frisst der Hund infiziertes Fleisch, entwickeln sich in seinem Darm die adulten Bandwürmer.

Klinischer Bezug

Hundebandwurminfektion. Nach Infektion des Menschen mit einem Hundebandwurm ist das Ausmaß der Beschwerden von der Größe und Lokalisation der Hydatiden abhängig und reicht von Symptomfreiheit bis zur Druckatrophie der Leber. Falls im Gehirn Hydatiden vorhanden sind, treten neuronale Symptome auf, bis hin zum Tod, da durch das Wachstum der Hydatide das Nervengewebe gequetscht wird.

Die **Hydatiden** sind von einer festen bindegewebigen Hülle umgeben und können daher gut **operativ entfernt** werden. Dabei darf die Hydatide jedoch nicht beschädigt werden, da die Gefahr des anaphylaktischen Schocks besteht und aus jedem freigesetzten Protoskolex eine neue Hydatide heranwachsen kann.

Die Chemotherapie des Menschen ist nicht befriedigend, eine Langzeitbehandlung mit **Albendazol** oder **Mebendazol** (Störung der Glucoseaufnahme, Hemmung der Spindelapparatbildung) führt jedoch meist zur Heilung (Vorsicht, beide Medikamente sind teratogen). Die chemotherapeutische Behandlung des Hundes ist kein Problem (**Praziquantel**).

Fuchsbandwurm

Der Fuchsbandwurm hat einen ganz ähnlichen Zyklus wie der Hundebandwurm. Der natürliche Zwischenwirt dieses Bandwurms sind kleine Nagetiere. Der Fuchs (aber auch Katze oder Hund) infiziert sich durch das Fressen dieser Kleinnager.

Die Infektion des Menschen als **Zwischenwirt** erfolgt durch die Aufnahme von **Eiern** beim Verzehr von kontaminierten **Waldbeeren** und **Pilzen** (theoretisch möglich, aber sehr unwahrscheinlich), durch Einatmen und Abschlucken von Eiern beim Umgang mit Fuchskadavern (Jäger) oder durch das Einatmen von aufgewirbelten Eiern (z. B. Bauern beim Pflügen ihrer Felder). Da in ca. 70 % der Fälle jedoch **Katzen- oder Hundehalter** betroffen sind, dürfte dies die Hauptinfektionsquelle sein, da auch Katzen und Hunde sich durch das Fressen von Mäusen infizieren. Regelmäßige Entwurmung kann dieses Risiko mindern. In Deutschland werden jährlich ca. 30 Erkrankungsfälle gemeldet.

5

5

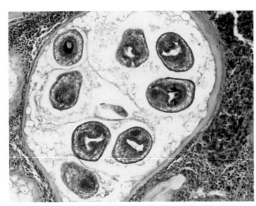

Abb. 5.14 Fuchsbandwürmer im Zystenstadium in der Leber eines Zwischenwirtes.

Fuchsbandwurminfektion. Die Fuchsbandwurminfektion ist für den Menschen **lebensgefährlich**, weil die Zysten (Abb. 5.14) nicht wie beim Hundebandwurm klar abgegrenzt sind, sondern wie ein Tumor **infiltrativ** die befallenen Organe (meist die Leber) durchwachsen und zerstören **(alveoläre Echinokokkose)**. Durch Chemotherapie mit **Albendazol** oder **Mebendazol** ist eine Wachstumsverzögerung möglich. Nur eine weiträumige **radikale Resektion** kann das Leben des Patienten retten (u. U. muss ein ganzer Leberlappen entfernt werden).

Enterobius vermicularis (Madenwurm)

Madenwürmer gehören zu den **Nematoda** (Fadenwürmer). Der Madenwurm ist relativ harmlos und überall dort verbreitet, wo Obst und Gemüse mit Fäkalien gedüngt werden. Die Weibchen sind 9–12 mm, die Männchen 3–5 mm groß. Sie leben ausschließlich im Darm des Menschen.

Madenwurminfektion. Die Madenwurminfektion erfolgt über ungewaschenes Gemüse in Gebieten mit Fäkaliendüngung, durch Inhalation von aufgewühltem Staub (Sandkästen, Kindergarten, Bettenstaub) oder durch Selbstinfektion bei mangelnder Hygiene. Jedes Weibchen legt ca. 10 000 Eier in die Analfalte ab und stirbt danach ab. Dies führt zu heftigem Juckreiz, was bei Kindern häufig die Ursache für eine ständige Selbstinfektion ist.
Symptome sind Juckreiz, Bauchschmerzen, Appetit- und Schlaflosigkeit. Die Behandlung ist chemotherapeutisch mit **Mebendazol** oder **Albendazol** kein Problem.

Ascaris lumbricoides (Spulwurm)

Der Spulwurm ist ein **Nematode**, der im Dünndarm des Menschen lebt. Das Weibchen ist 20–40 cm groß, das Männchen 15–17 cm. Ascaris gehört zu den größten und häufigsten Darmparasiten, weltweit sind 1,3 Milliarden Menschen infiziert. In manchen Gebieten Asiens und Lateinamerikas sind zwischen 50 und 95 % der Bevölkerung befallen. Ein Weibchen legt innerhalb von 9–12 Monaten 50–60 Millionen **Eier** (Lebensdauer des Wurms 1–2 Jahre). Die Eier enthalten das **erste Larvenstadium** und sind sehr resistent. Sie haben eine Überlebensdauer von 5–7 Jahren.

Die Infektion des Menschen mit Spulwürmern erfolgt bei der Nahrungsaufnahme durch ungewaschenes (fäkaliengedüngtes) Gemüse, Fallobst, aber auch durch das Trinken von kontaminiertem Wasser. Nach neueren Erkenntnissen ist eine Infektion auch durch mit Larven infiziertes Schweinefleisch möglich.

Die Eier gelangen in den Dünndarm, dort schlüpfen die Larven, durchdringen die Darmwand und begeben sich über das Blut in die Leber und von dort in die Lunge. Auf diesem Weg machen sie mehrere larvale Häutungen durch. Sie durchbrechen die Lungenalveolen und gelangen passiv über die Bronchien in den Nasen-/Rachenraum und durch Abschlucken wieder in den Verdauungstrakt. Im Duodenum entwickeln sich die Larven wieder zu adulten Spulwürmern.

Spulwurminfektion. 85 % der Erkrankungen bleiben symptomlos. Klinisch kann es bei der Lungenpassage zu Fieber und Husten kommen. Weitere Symptome sind: Leibschmerzen, Erbrechen, Unruhe und Schlaflosigkeit, bei Massenbefall Darmverschluss. Da Spulwürmer gegen die Richtung des Nahrungsstromes schwimmen, kann es passieren, dass sie in den Gallengang eindringen und diesen verschließen (Gelbsucht!).
Die Chemotherapie erfolgt mit **Mebendazol** oder **Pyrantelembonat** (Nervenlähmung beim Wurm) und ist unproblematisch.
Vorsicht ist bei **Schwangeren** geboten, da eine **diaplazentare Infektion** des Embryos möglich ist. Als Reaktion auf den Wurmbefall werden Antikörper (IgG und IgE) gebildet **(Reinfektionsschutz)**.
Manchmal verfehlen die Larven der Spulwürmer den Weg in die Lunge (regelmäßig z. B. bei artfremden Wirten wie Hundespulwurmlarven im Menschen). Dann wandern die Larven im Wirt ziellos umher **(Larva migrans cutanea)** und lösen das Krankheitsbild Creeping eruption **(Hautmaulwurf)** aus.

Trichinella spiralis (Trichine)

Ein für den Menschen sehr gefährlicher **Nematode** ist die Trichine (*Trichinella spiralis*). Hauptinfektionsquelle sind Haus- und Wildschweine, das Erregerreservoir ist jedoch viel größer und umfasst alle wildlebenden Fleisch- und Allesfresser (Ratte/Fuchs/

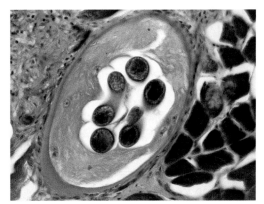

Abb. 5.15   Muskeltrichine. Im Bild sind Anschnitte der spiralförmig aufgewundenen Trichine zu sehen.

Dachs/Bär). Die Infektion erfolgt durch den Verzehr von rohem oder ungenügend gegartem Fleisch. Durch die Fleischbeschau ist die früher sehr verbreitete Erkrankung in Europa stark zurückgegangen, jedoch in Ländern ohne Fleischbeschau immer noch verbreitet. In Deutschland wurden in den letzten Jahren < 5 Fälle/Jahr gemeldet.

Das Besondere an den Trichinen ist, dass die adulten **Darmtrichinen** und ihre Larven **(Muskeltrichinen)** sich in ein und demselben Wirt entwickeln. Nach Infektion mit trichinösem Fleisch (Muskeltrichine) entwickeln sich im Darm die adulten Darmtrichinen. Die Weibchen gebären 1000–2000 ca. 100 µm große Larven, die das Darmepithel durchdringen und über Lymph- und Blutbahnen im Körper verteilt werden. Sie dringen aktiv in die quer gestreifte Muskulatur ein, wachsen innerhalb der Muskelfasern zu einem ca. 1 mm großen Larvenstadium heran (Zellparasit!) und werden von einer bindegewebigen Hülle umschlossen. Diese Muskeltrichinen (Abb. 5.15) sind 20–30 Jahre lang infektiös und leben bevorzugt in Zwerchfell-, Zwischenrippen-, Kehlkopf-, Zungen- und Augenmuskeln.

Klinischer Bezug

Trichinose. Erhebliche Schädigungen der Darmmukosa und Muskelschmerzen sind die Folgen einer Infektion, wobei die Schwere der Symptome von der Zahl der Parasiten abhängt, und bis zum Tode führen kann (Lähmung von Atemmuskeln, Herzmuskeln). Der Tod durch Herzmuskelentzündung und Lungenversagen tritt 4–6 Wochen nach der Infektion ein, falls eine hohe Dosis an Muskeltrichinen aufgenommen wurde. Die Chemotherapie erfolgt mit **Albendazol**, **Thiabendazol** oder **Mebendazol** und bekämpft die Darmformen sowie noch nicht abgekapselte Muskeltrichinen.

Arthropoden

Arthropoda **(Gliederfüßer)** sind die artenreichste systematische Kategorie des Tierreiches. Zu den Arthropoda gehören **Spinnentiere** und **Insekten**.

Sie sind als Parasiten für den Menschen zwar unangenehm, doch selbst nicht lebensbedrohlich. Ihre Gefährlichkeit resultiert aus ihrer Rolle als **Vektoren** für andere, lebensbedrohliche Krankheitserreger. Einige Beispiele wurden bereits besprochen:

- **Stechfliegen** und **Raubwanzen** als Überträger von Trypanosomen (Schlafkrankheit, Chagas-Krankheit),
- **Schmetterlingsmücken** als Überträger von Leishmanien (Leishmaniosen),
- **Anophelesmücken** als Überträger von Plasmodien (Malaria),
- weitere Beispiele sind: **Kleiderläuse** als Überträger von Bakterien (Fleckfieber), **Rattenflöhe** als Überträger von Bakterien (Pest).

MERKE

Manche **Arthropoden** sind **Vektoren für Krankheitserreger** und deshalb für den Menschen gefährlich.

Zecken (Holzböcke)

Zecken sind blutsaugende Spinnentiere **(temporäre Ektoparasiten)**. Die Weibchen sind 4 mm groß, schwellen aber nach einer Blutmahlzeit auf 11 mm an. Die **zwei Larvenstadien** und die **adulten Zecken** erklettern Gräser, Stauden und Büsche und heften sich an zufällig vorbeikommende Tiere (und Menschen) an. Sie bohren ihren Kopfteil in die Haut und verankern sich fest durch Widerhaken. Dann graben sie kleine Gruben, die mit Blut voll laufen und ausgesaugt werden. Zecken sollen vorsichtig aus der Haut herausgezogen werden, jedoch ohne Druck auf den Körper auszuüben (Zeckenzange, abgewinkelte spitze Pinzette).

Gefährlich sind Zecken durch die Übertragung von zwei Krankheitserregern: **Enzephalitisviren** (FSME = Frühsommermeningoenzephalitis) und **Borrelien** (*Borrelia burgdorferi*, Lyme-Krankheit).

- **Enzephalitisviren:** Es gibt endemisch auch in Deutschland Gebiete mit einem hohen Durchseuchungsgrad an Zecken, die Enzephalitisviren übertragen können (5 % z. B. im Bayerischen Wald, Harz). Waldarbeitern ist eine vorbeugende Immunisierung zu empfehlen. Andere Waldbesucher, die abseits von ausgebauten Wegen wandern, sollten lange Hosen tragen und sich abends nach Zecken absuchen.

5

FSME (Frühsommermeningoenzephalitis). Eine Infektion des Menschen mit Enzephalitisviren erfolgt bei ca. 1 : 1000–2000 aller Zeckenstiche. Sie kann lebensbedrohlich werden. 60–70 % der FSME-Infektionen verlaufen jedoch ohne klinische Symptome, bei 20–30 % treten grippale Symptome auf. Bei ca. 10 % der Infektionen kommt es zur Entzündung der Hirnhäute **(Meningitis)** oder des ganzen Gehirns **(Meningoenzephalitis)**. Bei 1–2 % verläuft die Krankheit tödlich. Symptome der Infektion sind Fieber (> 40 °C), Kopf- und Gliederschmerzen, Nackenschmerzen, Übelkeit, Erbrechen und Schwindel. In Deutschland erkranken pro Jahr ca. 300 Menschen an FSME, die meisten in Baden-Württemberg, Bayern und Hessen.

– **Borrelien:** Borrelien-infizierte Zecken kommen praktisch überall vor, jedoch ist das Infektionsrisiko in den Mittelgebirgen am höchsten (Bayerischer Wald!). Borrelien werden erst gegen Ende des Saugaktes übertragen, daher sollte man Zecken möglichst schnell entfernen.

Borreliose. Das erste, allerdings nicht immer auftretende, Symptom einer Borrelieninfektion ist die Wanderröte **(Erythema chronicum migrans)**. Hinzu kommen uncharakteristische Symptome wie Kopfschmerzen, Muskelschmerzen, Fieber und Lymphknotenschwellungen. Später treten Gelenkentzündungen und Nervenlähmungen (N. facialis) auf. Bei einer Borrelieninfektion sollten unverzüglich hochdosiert und langanhaltend **Antibiotika** gegeben werden, ein vorbeugender Impfschutz für den Menschen ist nicht möglich (wird für Tiere angeboten, eine generelle Wirksamkeit ist aufgrund der vielen Borrelien-Stämme jedoch zweifelhaft).

Flöhe

Flöhe (*Pulex irritans* – der Menschenfloh; *Xenopsylla cheopis* – der Rattenfloh) sind 2–3 mm große, lateral abgeflachte flügellose Insekten, deren Hinterextremitäten zu Sprungbeinen ausgebildet sind. Durch die laterale Abplattung sind sie optimal an das Leben zwischen Haaren angepasst. Die **Larvenstadien** sind Saprobionten und leben in Dielen- und Bettritzen. Ein Weibchen legt 400–500 Eier. **Adulte Flöhe** benötigen viel Blut, sie saugen daher 1- bis 3-mal täglich, können aber auch sehr lange hungern. Die geschlechtsreifen Tiere leben 3–4 Monate.

Der Rattenfloh ist Überträger der **Pest** (*Yersinia pestis*). Sind Menschen infiziert, überträgt auch der Menschenfloh die Pest. Flöhe sind auch Zwischenwirte für einige Bandwürmer. Fehlt ihr spezifischer Wirt, wechseln sie auch auf andere Wirte über (z. B.

Hundefloh, Katzenfloh, Rattenfloh auf den Menschen).

Läuse

Zu den unangenehmen Insekten gehören natürlich auch die Läuse, wobei zwischen **Kopflaus** (*Pediculus humanis capitis*), der **Kleiderlaus** (*Pediculus humanis corporis*) und der **Schamlaus** (*Phthirius pubis*) zu unterscheiden ist. Es handelt sich um flügellose, 2–3 mm große, blutsaugende Insekten, die **obligatorische Parasiten** sind. Sie erzeugen einen starken Juckreiz, der durch das Kratzen zur Ekzembildung führt.

Die **Kopflaus** (Abb. 5.16) lebt vorwiegend im Kopfhaar und wird durch Kontakt (Kindergarten, öffentliche Verkehrsmittel, Wohnheime) übertragen. Die Eier werden mit einer Kittsubstanz am Haar befestigt (**Nissen**, Abb. 5.17). Die Behandlung von Kopfläusen erfolgt mit Insektenbekämpfungsmitteln und hygienischen Maßnahmen, dabei ist die ganze Familie einzubeziehen.

Die **Kleiderlaus** lebt in den Innennähten der Kleidung, wo sie auch ihre Eier ablegt. Sie ist Überträger verschiedener Fleckfieberarten (ausgelöst durch Rickettsien).

Die **Schamlaus** (Filzlaus) lebt an Scham- und Achselbehaarung und wird beim Geschlechtsverkehr übertragen. Sie saugt sich fest und bewegt sich relativ wenig.

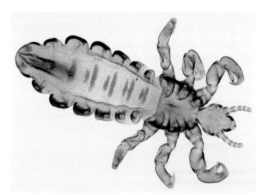

Abb. 5.16   Kopflaus.

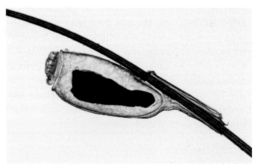

Abb. 5.17   Nisse an einem Haar.

5.4.5 Klinische Bedeutung

Die medizinische Bedeutung dieses Kapitels zeigt sich schon darin, dass z. B. jährlich 200–300 Millionen Menschen an Malaria, und viele 100 Millionen Menschen jährlich an Helminthosen (Wurmerkrankungen) erkranken.

Parasitäre Erkrankungen haben in der Menschheitsgeschichte eine große Rolle gespielt. Die **Pest** war eine der am meisten gefürchteten Epidemien. Der erste Bericht über die Pest stammt aus Babylon und liegt mehr als 3000 Jahre zurück. Von 1347–1350 starben in Europa 25 Millionen Menschen (¼ der Bevölkerung) an der Pest und anschließend starben noch einmal 13 Millionen Menschen in China. Eine eindrucksvolle Schilderung des Ablaufs einer Pestepidemie kann man in dem Buch „Die Pest" von Camus finden.

Eine weitere Krankheit, die viele Opfer forderte, ist das **Fleckfieber.**

- Im spanisch-maurischen Krieg 1489 gab es 3000 Tote durch Waffengewalt, 17 000 Tote durch das Fleckfieber.
- Als Napoleon auf Moskau marschierte, verlor er 60 000 Mann durch Waffengewalt, 200 000 Mann starben durch Seuchen (Ruhr, Fleckfieber).
- Beim Bau des Panamakanals (1904) starben über 80 % der Arbeiter an der Malaria oder am Gelbfieber.

Durch **hygienische Maßnahmen** und den **medizinischen Fortschritt** konnten viele Infektionskrankheiten **eingedämmt** werden, aber es treten neue, bislang unbekannte Krankheiten auf und gefährden die Menschheit (AIDS, Vogelgrippe). Immer wenn Parasiten die Artgrenzen überschreiten, vom Tier auf den Menschen überspringen, gibt es eine besonders große Gefährdung des Menschen, da keine evolutive Anpassung zwischen Wirt und Parasit erfolgen konnte.

👁 🏃 Check-up

✓ Wiederholen Sie den Malariakreislauf. Machen Sie sich klar, warum trotz starken Erythrozytenbefalls kaum befallene Erythrozyten im peripheren Blutausstrich nachweisbar sind.

✓ Rekapitulieren Sie, warum die Schlafkrankheit unbehandelt immer tödlich endet.

✓ Überlegen Sie sich, warum in Deutschland Infektionen mit dem Hundebandwurm kaum eine Rolle spielen.

✓ Überlegen Sie sich, wie groß die Wahrscheinlichkeit ist, dass man nach dem Genuss von ungenügend gegartem Schaffleisch eine Infektion mit Trichinen bekommt.

5

© iStockphoto.com/enviromantic

Kapitel 6

Anhang

6.1 Weiterführende Literatur

Alberts, B. et al.: Molekularbiologie der Zelle. 4. Aufl., Weinheim: WILEY-VCH 2004

Campbell, N. A., Reece, J. B.: Biology. 9. Aufl., Upper Saddle River, New Jersey: Prentice Hall International 2011

Graw, J.: Genetik. 5. Aufl. Berlin, Heidelberg: Springer 2010

Janning, W., Knust, E.: Genetik. 2. Aufl. Stuttgart: Thieme 2008

Kayser, F. H. et al.: Taschenlehrbuch Medizinische Mikrobiologie. 12. Aufl., Stuttgart: Thieme 2010

Lewin, B.: Genes XI. 8. Aufl. Jones & Bartlett 2011

Madigan, M. T., Martinko, J. M., Parker, J., Brock, T. D.: Brock Biology of Microorganisms. 12. Aufl., Pearson US Imports & PHIPEs 2008

Mehlhorn, H., Piekarski, G.: Grundriß der Parasitenkunde. 6. Aufl. Heidelberg: Spektrum Akademischer Verlag 2002

Ude, J., Koch, M.: Die Zelle. Atlas der Ultrastruktur. 3. Aufl., Heidelberg: Spektrum Akademischer Verlag 2002

Wenk, P., Renz, A.: Parasitologie. Biologie der Humanparasiten. Stuttgart: Thieme 2003

Lewin, R.: Die Herkunft des Menschen. 200000 Jahre Evolution. Heidelberg: Spektrum Akademischer Verlag 2000

6

6.2 Sachverzeichnis

Halbfette Seitenzahlen = Hauptfundstelle
Kursive Seitenzahlen = Abbildungen

6

6

6

6

6

6